ATZ/MTZ-Fachbuch

Die komplexe Technik heutiger Kraftfahrzeuge und Antriebsstränge macht einen immer größer werdenden Fundus an Informationen notwendig, um die Funktion und die Arbeitsweise von Komponenten oder Systemen zu verstehen. Den raschen und sicheren Zugriff auf diese Informationen bietet die Reihe ATZ/MTZ-Fachbuch, welche die zum Verständnis erforderlichen Grundlagen, Daten und Erklärungen anschaulich, systematisch, anwendungsorientiert und aktuell zusammenstellt.

Die Reihe wendet sich an Ingenieure der Kraftfahrzeugentwicklung und Antriebstechnik sowie Studierende, die Nachschlagebedarf haben und im Zusammenhang Fragestellungen ihres Arbeitsfeldes verstehen müssen und an Professoren und Dozenten an Universitäten und Hochschulen mit Schwerpunkt Fahrzeug- und Antriebstechnik. Sie liefert gleichzeitig das theoretische Rüstzeug für das Verständnis wie auch die Anwendungen, wie sie für Gutachter, Forscher und Entwicklungsingenieure in der Automobil- und Zulieferindustrie sowie bei Dienstleistern benötigt werden.

Thomas Schütz

Fahrzeugaerodynamik

Basiswissen für das Studium

Thomas Schütz
München, Deutschland

ATZ/MTZ-Fachbuch
ISBN 978-3-658-12817-3   ISBN 978-3-658-12818-0 (eBook)
DOI 10.1007/978-3-658-12818-0

Die Deutsche Nationalbibliothek verzeichnet diese Publikation in der Deutschen Nationalbibliografie;
detaillierte bibliografische Daten sind im Internet über http://dnb.d-nb.de abrufbar.

Vorwort

Die aerodynamischen Eigenschaften neuer Fahrzeuge gewinnen immer mehr an Bedeutung, denn mit der Aerodynamik werden wesentliche Eigenschaften eines Automobils festgelegt. Dabei steht der Energie- bzw. Kraftstoffverbrauch in Zeiten von Rohstoffverknappung und dem Streben nach konkurrenzfähigen elektrifizierten Antriebssträngen im Vordergrund. Steigende Kraftstoffpreise, immer strengere Emissionsgesetze und nicht zuletzt die hoch gesteckten Verbrauchsziele der Automobilindustrie haben bewirkt, dass diese seit Langem bekannten Zusammenhänge nunmehr vorbehaltlos Anerkennung finden. Doch geht es keineswegs nur um die hierfür notwendige Reduzierung des Luftwiderstands. Ferner ist der Luftwiderstand ebenso maßgeblich für die Emissionen und die Fahrleistungen wie bspw. die Spitzengeschwindigkeit. Aber der Luftwiderstand, repräsentiert durch den c_W-Wert, ist nicht alles; die übrigen Zielgrößen der Fahrzeugaerodynamik sind für die Funktion eines Automobils nicht weniger bedeutsam: Auftriebsverteilung und Seitenwindstabilität sowie der Geradeauslauf beeinflussen die Fahreigenschaften, insbesondere die Querdynamik des Autos. Windgeräusche, Verschmutzung der Karosserie sowie Kühlung von Motor, Getriebe und Bremsen hängen von der Umströmung und der Durchströmung des Fahrzeugs ab.

Das vorliegende Buch beinhaltet neben derartigen fahrzeugtechnischen, auch strömungsmechanische, aerodynamische und aeroakustische Grundlagen. Anschließend werden diejenigen Stellhebel diskutiert, mit denen die Aerodynamik, die Aeroakustik und die Verschmutzung des Autos optimiert werden können. Außerdem werden die Werkzeuge des Aerodynamikers, Windkanal und Strömungssimulation am Computer erörtert und die Entwicklungsabläufe umrissen.

Das Buch wendet sich vor allem an Studenten der Fahrzeugaerodynamik, aber auch an Automobilingenieure in der Industrie, in Forschung und Lehre, in den Technischen Überwachungsvereinen und Behörden. Fahrzeugtechniker – Konstrukteure, Versuchs- und Berechnungsingenieure – sollen ebenso angesprochen werden wie Aerodynamiker, die aus anderen Branchen kommen.

Das vorliegende Manuskript entstand während meiner Tätigkeit in der Entwicklung Aerodynamik/Aeroakustik der AUDI AG in Ingolstadt und wurde in den folgenden Jahren auch während meiner Tätigkeit bei der BMW Group in München stetig aktualisiert.

Infolgedessen konnten eine Reihe von Erfahrungen aus dem Entwicklungsalltag in die Ausgestaltung einfließen.

Bei der Formulierung der einzelnen Textpassagen erfuhr ich tatkräftige Unterstützung von meinen Kollegen bei Audi, insbesondere von den Mitarbeitern des Windkanalzentrums. Im Besonderen möchte ich mich bei den Herren Dr. Moni Islam, Dipl.-Ing. Norbert Lindener, Walter Menth, Dipl.-phys. Hans Miehling, Dipl.-Ing. Robby Pyttel, Dr.-Ing. Markus Rothenwöhrer, Dr.-Ing. Gerhard Wickern und Dr.-Ing. Kentaro Zens, sowie bei meinem Freund Pedja Boskovic hierfür herzlich bedanken.

München, im Frühjahr 2016   Thomas Schütz

Abkürzungen und Formelzeichen

Abkürzungen

Abkürzung	Beschreibung
ADAC	Allgemeiner deutscher Automobilclub
ASME	American Society of Mechanical Engineers
BGK	Bhatnagar Gross Krook
BMW	Bayerische Motorenwerke
CAD	Computer Aided Design
CCD	Charge-coupled Device
CFD	Computational Fluid Dynamics
CO	Kohlenstoffmonoxid
CO_2	Kohlenstoffdioxid
CPU	Central Processing Unit
DB	Daimler Benz
DE	Direkteinspritzung
DES	Detached Eddy Simulation
DGL	Differenzialgleichung
DIN	Deutsche Industrie Norm
DLR	Deutsches Zentrum für Luft und Raumfahrt
DNS	Direkte Numerische Simulation
DNW	Deutsch-Niederländischer Windkanal
EOP	End of Production
EUDC	European Driving Cycle
EWG	Europäische Wirtschaftsgemeinschaft
FAT	Forschungsvereinigung Automobiltechnik der VDA
FDM	Finite-Differenzen-Methode
FEM	Finite-Elemente-Methode

Abkürzung	Beschreibung
FFT	Fast Fourier Transformation
FKFS	Forschungsinstitut für Kraftfahrwesen und Fahrzeugmotoren Stuttgart
FLOPS	Floating-point Operations per Second
FVM	Finite-Volumen-Methode
Fzg	Fahrzeug
IVK	Institut für Verbrennungsmotoren und Kraftfahrwesen
Kfz	Kraftfahrzeug
LBM	Lattice-Boltzmann-Methode
LDA	Laser Doppler Anemometrie
LES	Large Eddy Simulation
Lkw	Lastkraftwagen
LLF	Large Low-Speed Facility
MRF	Multiple Reference Frame
MVEG	Motor Vehicle Emissions Group
NACA	National Advisory Committee for Aeronautics
NEFZ / NEDC	Neuer Europäischer Fahrzyklus / New European Driving Cycle
NOx	Stickoxide
NSG	Navier-Stokes-Gleichungen
PF	Pininfarina
PIV	Particle Image Velocimetry
Pkw	Personenkraftwagen
RANS	Reynolds averaged Navier-Stokes
RSM	Reynolds-Spannungs-Modelle
SAE	Society of Automotive Engineering
SKE	Steuerbarer Kühllufteinlass
SM	Spektralmethode
SOP	Start of Production
SUV	Sport Utility Vehicle
TGS	Turbulence Generating System
TV	Triebstrangverlust
URANS	Unsteady Reynolds averaged Navier-Stokes
US / ÜS	Untersteuern / Übersteuern
UV	Ultraviolett
VDA	Verband der Deutschen Automobilindustrie
VLES	Very Large Eddy Simulation
VR	Variable Resolution
VW	Volkswagen
WK	Windkanal
WLTC	Worldwide harmonized Light vehicles Test Cycle
WLTP	Worldwide harmonized Light vehicles Test Procedure
WT	Wind Tunnel

Formelzeichen

Zeichen	Beschreibung	Einheit	In Kapitel/Abschnitt[a]
A	Fläche	$[\text{m}^2]$	
A_A	Austrittsfläche	$[\text{m}^2]$	
A_K	Kühlerquerschnitt	$[\text{m}^2]$	
A_x	Stirnfläche	$[\text{m}^2]$	
a	Beschleunigung	$[\text{m/s}^2]$	
b	Breite	$[\text{m}]$	
b_e	spezifischer Kraftstoffverbrauch	$[\text{g/kWh}]$	
b_S	Streckenverbrauch	$[\text{l/100 km}]$	
c	Schallgeschwindigkeit	$[\text{m/s}]$	
$c_{A,v}$	Vorderachsauftriebsbeiwert	$[-]$	
$c_{A,h}$	Hinterachsauftriebsbeiwert	$[-]$	
$c_{M,x}$	Rollmomentenbeiwert	$[-]$	
$c_{M,y}$	Nickmomentenbeiwert	$[-]$	
$c_{M,z}, c_N$	Giermomentenbeiwert	$[-]$	
c_p	Druckbeiwert	$[-]$	
$c_{p,A}$	Druckbeiwert am Austritt	$[-]$	
$c_{M,x}$	Rollmomentenbeiwert	$[-]$	
c_W	Luftwiderstandsbeiwert	$[-]$	
$c_{W,K}$	Kühlluftwiderstandsbeiwert	$[-]$	
D	Dämpfungsterm	$[-]$	
d	Durchmesser	$[\text{m}]$	
e	Massenzuschlagsfaktor	$[-]$	
F	Kraft allgemein	$[\text{N}]$	
F_A	Auftriebskraft	$[\text{kg·m/s}^2]$	
$F_{A,v}$	Vorderachsauftriebskraft	$[\text{kg·m/s}^2]$	
$F_{A,h}$	Hinterachsauftriebskraft	$[\text{kg·m/s}^2]$	
F_a	Beschleunigungswiderstand	$[\text{kg·m/s}^2]$	
F_C	Corioliskraft	$[\text{kg·m/s}^2]$	
F_L	Luftwiderstand	$[\text{kg·m/s}^2]$	
F_L	Lagerkraft	$[\text{kg·m/s}^2]$	3.2.3
F_N	Normalkraft	$[\text{kg·m/s}^2]$	
F_p	Druckkraft	$[\text{kg·m/s}^2]$	
F_R	Rollwiderstand	$[\text{kg·m/s}^2]$	

[a] Wird hier nur angegeben, wenn Formelzeichen doppelt vorhanden ist und eine Differenzierung nicht direkt möglich ist.

Zeichen	Beschreibung	Einheit	In Kapitel/Abschnitt[a]
F_S	Seitenkraft	$[\text{kg·m/s}^2]$	
$F_{S,v}$	Vorderachsseitenkraft	$[\text{kg·m/s}^2]$	
$F_{S,h}$	Hinterachsseitenkraft	$[\text{kg·m/s}^2]$	
F_V	Volumenkraft	$[\text{kg·m/s}^2]$	
F_W	Widerstandskraft	$[\text{kg·m/s}^2]$	
$F_{W,K}$	Kühlluftwiderstand	$[\text{kg·m/s}^2]$	
f_R	Rollwiderstandsbeiwert	$[-]$	
F_{st}	Steigungswiderstand	$[\text{kg·m/s}^2]$	
F_Z	Zugkraft	$[\text{kg·m/s}^2]$	2
f	Geschwindigkeitsverteilungsfunktion	$[\text{m}^3/\text{s}^6]$	3, 8
f	Frequenz	$[1/\text{s}]$	4, 6
g	Erdbeschleunigung	$[\text{m/s}^2]$	
h	Höhe	$[\text{m}]$	
h	Spezifische Enthalpie	$[\text{m}^2/\text{s}^2]$	3
h_W	Höhe des Angriffspunkts der Widerstandskraft	$[\text{m}]$	
h_z	Höhe	$[\text{m}]$	
I	Impuls	$[\text{kg·m/s}]$	3
I	Intensität	$[\text{W/s}^2]$	
i, j, k	Indizes	$[-]$	
J	Massenträgheitsmoment	$[\text{kg/m}^2]$	
Kn	Knudsenzahl	$[-]$	
k	Turbulente kinetische Energie	$[\text{m}^2/\text{s}^2]$	
L_I	Intensitätspegel	$[-]$	
L_p	Schalldruckpegel	$[-]$	
L_W	Schallleistungspegel	$[-]$	
l	Länge	$[\text{m}]$	
l_0	Radstand	$[\text{m}]$	
l_{char}	Charakteristische Länge	$[\text{m}]$	
Ma	Machzahl	$[-]$	
M_M	Motormoment	$[\text{Nm}]$	
M_y	Nickmoment	$[\text{Nm}]$	
M_z	Giermoment	$[\text{Nm}]$	
m_F	Fahrzeugmasse	$[\text{kg}]$	
m_P	Partikelmasse	$[\text{kg}]$	
O	Größenordnung	$[-]$	
P_S	Schallleistung	$[\text{W}]$	
P_a	Leistung des Beschleunigungswiderstands	$[\text{W}]$	
P_e	Effektive Motorleistung	$[\text{W}]$	
P_{FW}	Fahrwiderstandsleistung	$[\text{W}]$	
P_K	Kraftstoffenergie	$[\text{W}]$	

Zeichen	Beschreibung	Einheit	In Kapitel/Abschnitt[a]
P_L	Luftwiderstandsleistung	[W]	
P_N	Nabenleistung	[W]	
P_R	Rollwiderstandsleistung	[W]	
P_S	Schlupfverlustleistung	[W]	
P_{st}	Leistung des Steigungswiderstands	[W]	
P_{TV}	Triebstrangverlustleistung	[W]	
p	Druck	[Pa]	
p_∞	Druck der ungestörten Anströmung	[Pa]	
p_A	Druck am Austritt	[Pa]	
p_{eff}	Effektivdruck	[Pa]	
p_K	Druckverlust im Kühler	[Pa]	
q	Steigung	[–]	2
q	Spezifische Wärme	[W/m^2]	3
q_∞	Staudruck	[Pa]	
R	Spezifische Gaskonstante	[kJ/(kg·K)]	
Re	Reynoldszahl	[–]	
r_{dyn}	Dynamischer Radhalbmesser	[m]	
Sr	Strouhalzahl	[–]	
T	Temperatur	[K]	
Tu	Turbulenzgrad	[–]	
t	Zeit	[s]	
t	Tiefe	[m]	3.2.3
$ü_T$	Gesamtübersetzung des Triebstrangs	[–]	
u, v, w	Geschwindigkeit / Geschwindigkeitskomponenten	[m/s]	
u_∞, v_∞	Anströmgeschwindigkeit	[m/s]	
u	Geschwindigkeitsvektor	[m/s]	
V	Volumen	[m^3]	
v_A	Austrittsgeschwindigkeit	[m/s]	
v_F	Fahrgeschwindigkeit	[m/s]	
v_K	Fahrgeschwindigkeit	[m/s]	
v_{th}	Theoretische Fahrgeschwindigkeit	[m/s]	
v_{Wind}	Durchströmungsgeschwindigkeit des Kühlers	[m/s]	
x, y, z	Koordinatenachsen	[m]	
α	Steigungswinkel	[°]	
δ	Grenzschichtdicke	[m]	
δ^*	Verdrängungsdicke	[m]	
$\delta_{i,j}$	Kronecker-Delta	[–]	
ε	Turbulente Dissipation	[m^2/s^3]	
ϕ	Heckscheibenneigungswinkel	[°]	

Zeichen	Beschreibung	Einheit	In Kapitel/Abschnitt[a]
λ_A	Spezifische Wärmeleitfähigkeit	[W/(m·K)]	
λ_A	Antriebsschlupf	[–]	
λ_m	Mittlere freie Weglänge	[m]	
μ	Dynamische Viskosität	[kg/(m·s)]	
μ_{Gleit}	Gleitreibungsbeiwert	[–]	
μ_{Max}	Maximaler Kraftschlussbeiwert	[–]	
ν_e	kinematische Viskosität	[m²/s]	
ν_t	Wirbelviskosität	[m²/s]	
η_{EV}	Wirkungsgrad der Kühlerdurchströmung	[–]	
η_e	Effektiver Motorwirkungsgrad	[–]	
η_T	Triebstrangwirkungsgrad	[–]	
κ	von-Kármán-Konstante	[–]	3
κ	Isentropenexponent	[–]	4
ρ	Dichte	[kg/m³]	
ρ_L	Luftdichte	[kg/m³]	
$\sigma_{i,i}$	Normalspannung (Fläche i = konst. in i-Richtung)	[Pa]	
$\tau_{i,j}$	Schubspannung (Fläche i = konst. in j-Richtung)	[Pa]	
τ_W	Wandschubspannung	[Pa]	
ω	Kollisionsfrequenz	[1/s]	8
ω_{rad}	Winkelgeschwindigkeit des Rads	[1/s]	2
ξ	Molekulare Geschwindigkeit (Vektor)	[m/s]	
ζ_K	Druckverlustbeiwert	[–]	

Inhaltsverzeichnis

Die Fahrt eines Fahrzeugs ist mit zahlreichen Strömungsvorgängen verbunden. Zu nennen sind die Umströmung des Fahrzeugs, die Durchströmung des Vorderwagens, die Durchströmung des Passagierraums, die motorinternen Strömungen inklusive Verbrennungsvorgänge sowie die Flüssigkeitsströmungen von Kühl- und Kältemitteln oder auch Ölschmierungen.

Die beiden zuerst genannten Strömungsfelder sind eng miteinander gekoppelt. So hängt z. B. der Luftdurchsatz im Motorraum direkt von dem das Fahrzeug umgebenden Strömungsfeld ab. Beide Felder sind Gegenstand der Fahrzeugaerodynamik und müssen gemeinsam betrachtet werden. Dagegen sind die übrigen Strömungsprozesse (Fahrzeuginnenraum, Verbrennungsströmung) fast vollständig bzw. völlig (Flüssigkeitsströmungen, Ölschmierungen) entkoppelt. Sie werden nicht zur Aerodynamik gerechnet und sollen hier nicht behandelt werden.

Das Hauptaugenmerk für Kunden und Entwickler liegt bei der Fahrzeugaerodynamik auf dem Luftwiderstand. Dessen Kennzahl, der c_W-Wert, ist vor allem durch seine Aussagekraft unter einer Reihe weiterer Größen das wichtigste aerodynamische Bewertungskriterium. In der Motorentechnik ist seine Bedeutung mit dem Verdichtungsverhältnis zu vergleichen. Verbrauch und Fahrleistungen eines Autos wie Höchstgeschwindigkeit und, wenn auch weniger ausgeprägt, Beschleunigungsvermögen, hängen vom Luftwiderstand ab und sie sind kaufentscheidende Produktmerkmale. Dass aber die Aerodynamik viel mehr umfasst, verdeutlicht Abb. 1.1.

Die Umströmung ist auch für die Richtungsstabilität des Autos maßgeblich. Geradeauslauf, Eigenlenkverhalten und Reaktion auf Seitenwind werden von ihr beeinflusst. Weiterhin ist die Luft so um das Fahrzeug zu führen, dass Scheiben und Leuchten frei von Schmutz und Regenwasser bleiben, dass keine störenden Windgeräusche entstehen, die Scheibenwischer nicht abheben und dass Kühlmittel und Betriebsflüssigkeiten ebenso zuverlässig gekühlt werden wie Bremsen und verschiedene Nebenaggregate. Die Durchströmung der Karosserie ist so auszulegen, dass die Verlustwärme des Motors unter allen

© Springer Fachmedien Wiesbaden 2016

T. Schütz, *Fahrzeugaerodynamik*, ATZ/MTZ-Fachbuch, DOI 10.1007/978-3-658-12818-0_1

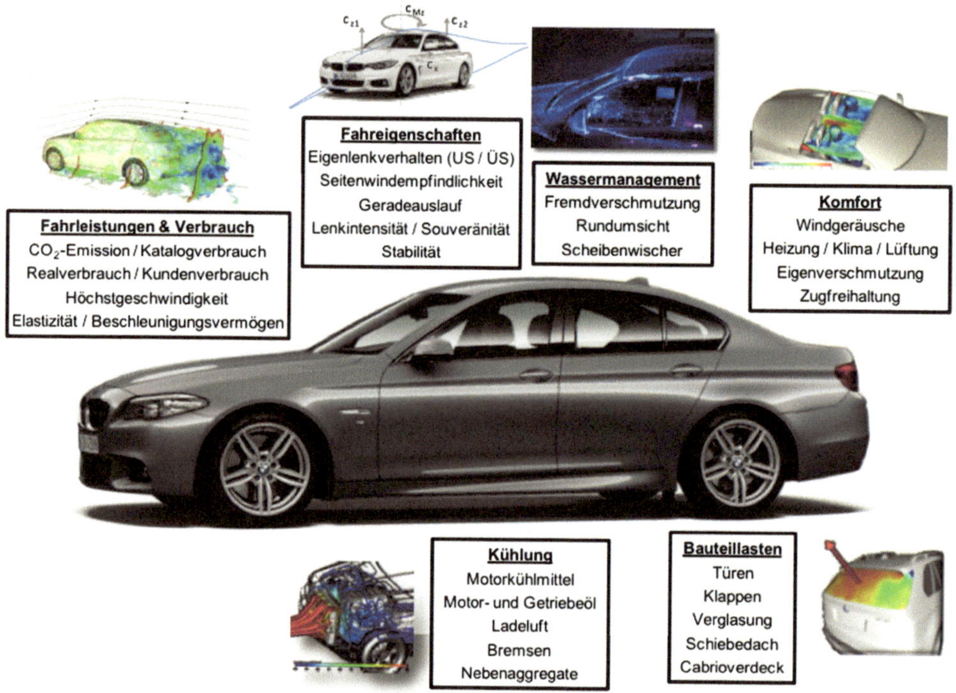

Abb. 1.1   Arbeitsgebiete der Fahrzeugaerodynamik

Betriebsbedingungen abgeführt wird. Im Fahrgastraum hat sie ein behagliches Klima zu gewährleisten. Zum Strömungsfeld tritt in beiden Fällen ein Temperaturfeld hinzu.

Die Aerodynamik nimmt auf die Gestaltung des Fahrzeuges einen nachhaltigen Einfluss, und zwar nicht nur auf seine äußere Form, das Design, sondern auch auf viele seiner konstruktiven Details. Der interdisziplinäre Charakter macht den besonderen Reiz der Fahrzeugaerodynamik aus. Nur wenn er die Probleme der anderen Entwickler aus Design und Konstruktion richtig versteht, kann der Aerodynamiker im Automobilbau seine Wissenschaft zur Geltung bringen.

All cars look the same because they are designed in the wind tunnel (J.P. Howell, Tata Motors).

Abb. 1.2 verdeutlicht, wie die aerodynamischen Untersuchungen in allen Teildisziplinen bei der Entwicklung eines neuen Fahrzeuges in allen Projektphasen integriert sind. Daraus wird auch die Tragweite von Produktentscheidungen ersichtlich, die durch die Aerodynamik motiviert sind.

Die Geschichte der Fahrzeugaerodynamik ist in Abb. 1.3 aufgezeigt. Die Entwicklung zu Beginn des 20. Jahrhunderts wurde von einzelnen Personen geprägt. Später verlagerte

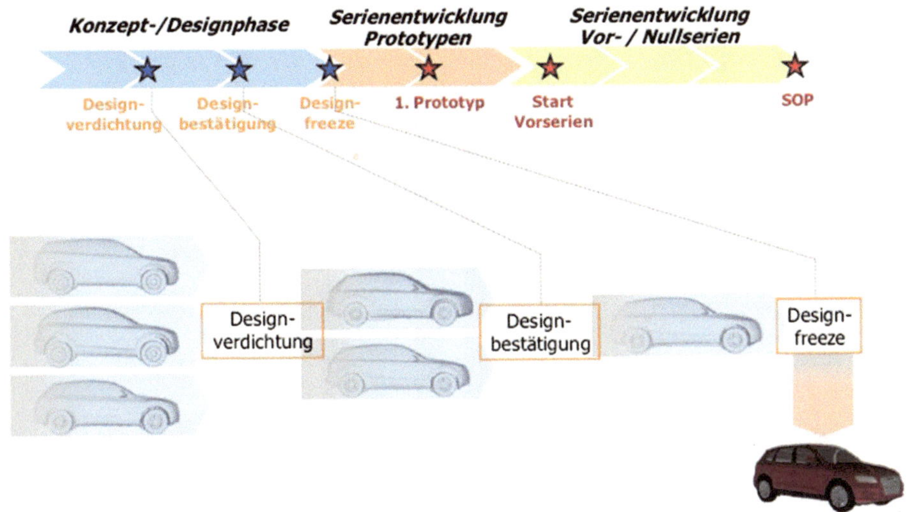

Abb. 1.2 Zeitlicher Ablauf der Aerodynamikentwicklung mit der Angabe verschiedener Meilensteine. (Nach Wagner [59])

sich die Entwicklung der Aerodynamik in die Autofirmen, verschmolzen mit deren Produktentwicklung. Statt der Namen einzelner Entwickler treten nun Typenbezeichnungen und Fahrzeugnamen hervor, wenn aerodynamische Phänomene benannt werden.

Abb. 1.3 Geschichte der Fahrzeugaerodynamik, c_W-Wert von Serienfahrzeugen

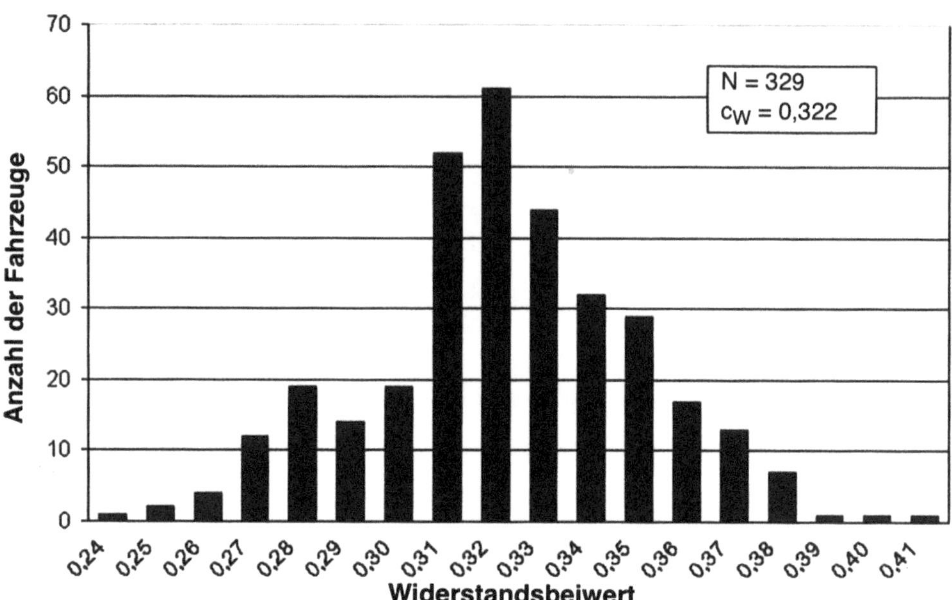

Abb. 1.4 c_W-Wert-Klassifizierung für Fahrzeuge. (Nach Glück in [16])

Wenn vom „Stand der Technik" die Rede ist, dann ist damit in der Regel die Spitze einer Entwicklung gemeint. Der gegenüber liegt jedoch der Durchschnitt nicht selten weit zurück. Das ist auch in der Fahrzeug-Aerodynamik der Fall. Ein Widerstandsbeiwert von $c_W < 0{,}25$ wird nur von wenigen Limousinen erreicht. Wie aus der Statistik in Abb. 1.4 hervorgeht, liegt der Mittelwert der im Markt befindlichen Pkw noch immer bei $c_W = 0{,}32$. Insgesamt besteht also noch ein beträchtliches Potential für Verbesserungen.

Die Bereiche in denen sich die Luftwiderstandsbeiwerte für die unterschiedlichen Fahrzeugkategorien befinden, sind in Abb. 1.5 dargestellt. Zu erkennen ist, dass die Palette von $c_W = 0{,}25$ bei Mittel- und Oberklassenlimousinen bis hin zu $c_W = 0{,}4$ für SUVs reicht.

Die Zielvorgaben des c_W-Werts an neue Modelle sind für das Beispiel des 3er BMW in Abb. 1.6 dargestellt. Mit immer neueren Modellen des Fahrzeuges hat sich offenbar die Forderung an den Widerstandsbeiwert c_W von ursprünglich etwa 0,47 auf ca. 0,26 verringert. In der Realität ergibt sich kein einzelner Wert, sondern eine Wertespanne, begründet durch unterschiedliche Motorisierungen und damit verschiedene Kühlluftanteile und unterschiedliche Bereifungen.

Um den Luftwiderstand zu reduzieren, ist neben der c_W-Senkung auch die Reduktion der Fahrzeugstirnfläche möglich. In den wesentlichen Fahrzeugklassen konvergiert die Stirnfläche bei allen Herstellern auf jeweils fast identische Werte. Abb. 1.7 zeigt die Stirn-

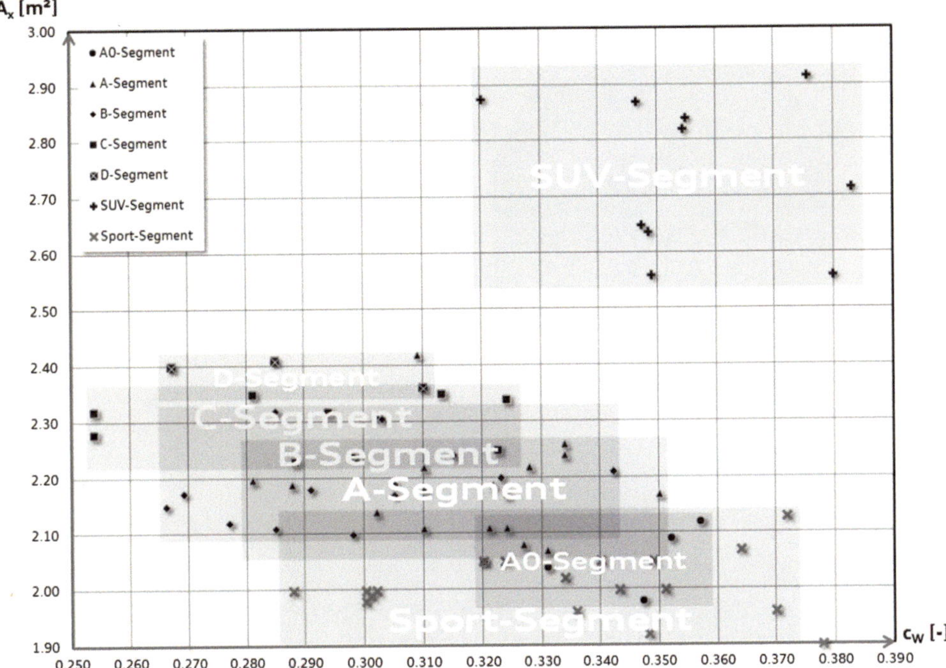

Abb. 1.5 Widerstandsbeiwerte verschiedener Straßenfahrzeuge in verschiedenen Marktsegmenten

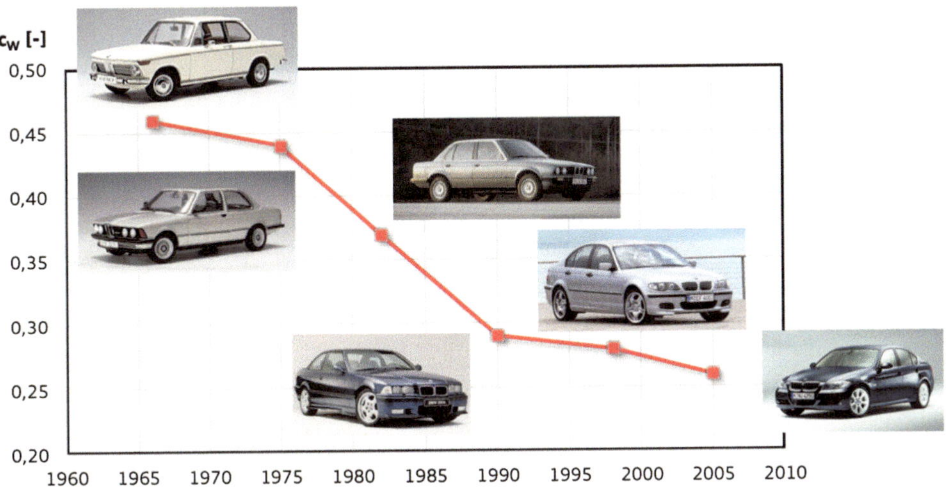

Abb. 1.6 c_W-Wertspanne für verschiedene Modellvarianten der BMW 3er-Reihe und deren Entwicklung über die Jahre. (BMW AG [8])

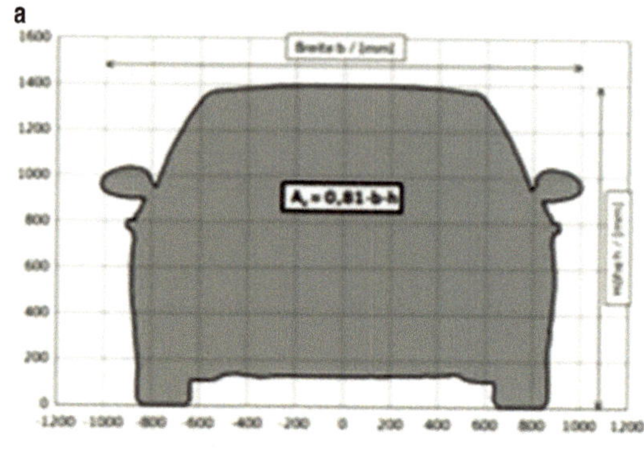

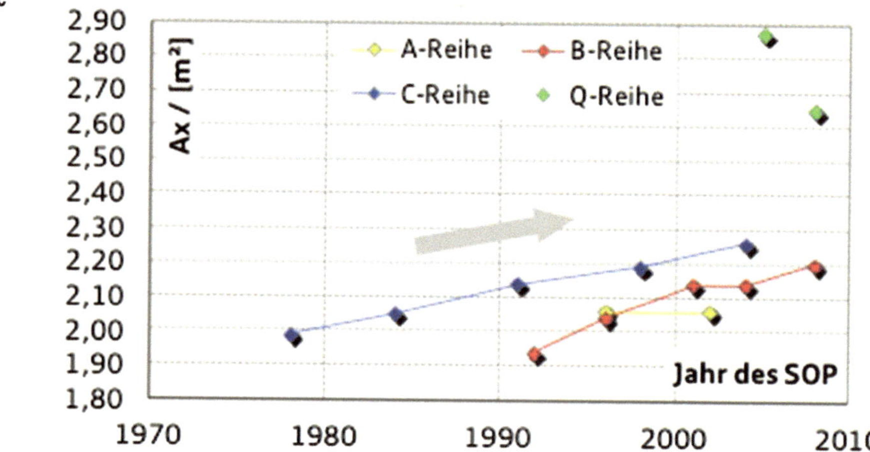

Abb. 1.7 Definition der Fahrzeugstirnfläche (**a**), Stirnflächen von Pkw in den verschiedenen Fahrzeugklassen (**b**) und ihre Entwicklung über die vergangenen 40 Jahre (**c**). (Vgl. Schütz in [52] und [5])

fläche einiger Fahrzeuge unterschiedlicher Klasse sowie ihre Entwicklung seit den 1970er-Jahren.

Dass die Stirnfläche selbst ein gutes Maß für die Größe eines Fahrzeugs darstellt, wird aus ihrer Korrelation mit der Fahrzeugmasse deutlich. Durch Schrägstellung der Scheiben und dynamisches Styling der Karosserien sind alle „überflüssigen Ecken" der Stirnfläche bereits abgeschnitten worden. Ihre weitere Verkleinerung ist wenig wahrscheinlich; sie würde zu einer inakzeptablen Komforteinbuße führen. Eher ist mit einer Trendumkehr zu rechnen. Kompakte, kürzere Autos erfordern eine aufrechte Sitzposition, also eine größere Höhe. Um die Sonneneinstrahlung zu reduzieren, werden die Seitenscheiben zunehmend wieder steiler gestellt. Beide Maßnahmen führen zu einem Anstieg der Stirnfläche. Auch im Einsatz von Kopfairbags liegt ein Grund einer weiteren Zunahme der Stirnfläche. In Tab. 1.1 ist beispielhaft für die verschiedenen Modellgenerationen des VW Golfs die Entwicklung der wesentlichen aerodynamischen Kenngrößen dargestellt.

Tab. 1.1 Aerodynamische Kennwerte der Golf-Generationen I (1974) bis VI (2008). (Vgl. ATZ/MTZ [4])

Fahrzeug	Reifen	Leistung	c_W [–]	A_x/[m^2]	$c_W \cdot A_x$/[m^2]	$c_{A,v}$ [–]	$c_{A,h}$ [–]
Golf I	155R13	37 kW	0,42	1,83	0,77	0,08	0,11
Golf II	175/70R13	40 kW	0,35	1,89	0,67	0,04	0,06
Golf III	175/70R13	44 kW	0,34	1,98	0,67	0,03	0,11
Golf IV	195/65R15	55 kW	0,33	2,11	0,69	0,03	0,10
Golf V	195/65R15	55 kW	0,32	2,22	0,72	0,02	0,09
Golf VI	195/65R15	59 kW	0,31	2,22	0,69	0,02	0,09

Der Anstieg der Stirnfläche wurde durch eine stete Verbesserung des c_W-Werts kompensiert.

Die wesentlichen Eigenarten der Strömung um ein Auto lassen sich in einem Windkanal sichtbar machen. Abb. 1.8 zeigt ein Fahrzeug messfertig aufgebaut im 1:1-Aeroakustikwindkanal der Universität Stuttgart. Im Windkanal können auf das Fahrzeug wirkende

Abb. 1.8 Fahrzeug, messbereit aufgebaut im 1:1-Aeroakustikwindkanal der Universität Stuttgart inkl. applizierter Druckmesstechnik an der Beifahrertür und hinter dem Fahrzeug. (Nach Schütz [53])

Abb. 1.9 Strömungsvisualisierung im Windkanal mit Rauch, Darstellung von Stromlinien

Luftkräfte sowie eine Vielzahl an zusätzlichen Strömungsgrößen erfasst werden. Im Bild sind auch entsprechende Druckmesssonden auf der Fahrzeugoberfläche und im Totwassergebiet hinter dem Fahrzeug zu sehen.

Das Sichtbarmachen der Strömung gelingt durch das Einbringen von Rauch in die Strömung. Die Rauchfäden in Abb. 1.9, die in einer Ebene des Längsmittelschnittes eingeleitet wurden, zeigen den Verlauf der Stromlinien bei symmetrischer Anströmung, wenn also das Fahrzeug bei Windstille fährt. Besonders auffallend ist die Ablösung am Heck. Während die Stromlinien über weite Strecken der Fahrzeugkontur auch in Bereichen starker Krümmung folgen, löst die Strömung an der Hinterkante des Daches ab. Es bildet sich ein großvolumiges „Totwasser" aus. Ablösungen sind charakteristisch für die Umströmung. Sie vor allem verursachen den Luftwiderstand, ihre Gestaltung stellt den wesentlichen Teil der Entwicklungsarbeit im Windkanal dar.

Ein weiteres Werkzeug, welches dem Aerodynamiker zur Verfügung steht um Strömungen zu visualisieren, ist die Strömungsberechnung (Computational Fluid Dynamics CFD). Das Ergebnis solch einer verhältnismäßig aufwändigen Berechnung der Fahrzeugumströmung zeigt Abb. 1.10.

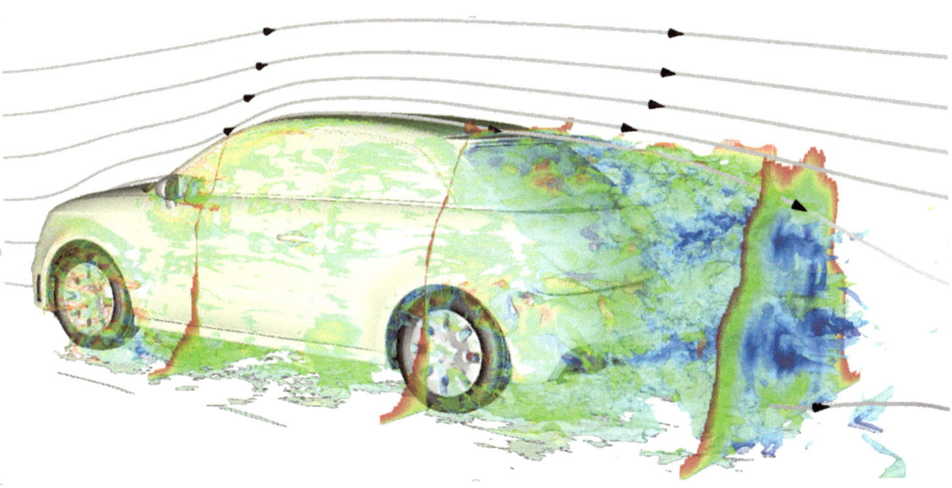

Abb. 1.10 Visualisierungsmöglichkeiten der Strömung nach Simulation mit Computational Fluid Dynamics, dargestellt sind Stromlinien, Geschwindigkeitsverteilungen in x-Schnittebenen und eine mit der Strömungsgeschwindigkeit kolorierte Totaldruckisofläche. (Vgl. AUDI AG [5])

Auf der einen Seite ist die Strömungssimulation einer einzigen Fahrzeugkonfiguration ungleich zeitaufwändiger als die hierzu entsprechende Windkanalmessung. Allerdings liegt als Ergebnis das gesamte Strömungsfeld um das Fahrzeug vor, mit allen relevanten und ortsaufgelösten physikalischen Größen, ein Datenschatz, der im Windkanal nur unter größtem zeitlichen und monitären Aufwand erarbeitet werden kann. Während also der Windkanal in kurzer Zeit eine große Variantenzahl hinsichtlich der Hauptkenngrößen (bspw. c_W) bewerten kann, klärt die CFD eher kausale Zusammenhänge.

Abb. 1.11 zeigt schließlich die Widerstandsbeiwerte verschiedener Grundkörper. Die Spanne der stumpfen Körper reicht von sehr strömungsgünstigen Körpern mit c_W-Werten von 0,04 bis zu 1,17 im Falle eines kurzen Kreiszylinders.

Abb. 1.11 Widerstandsbeiwerte für verschiedene Körper. (Vgl. Schütz [54])

Körper	Anströmung	c_w
Kreisplatte		1,17
Kugel	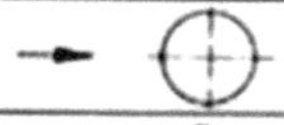	0,47*)
Halbkugel		0,42*)
60°-Kegel		0,50
Würfel	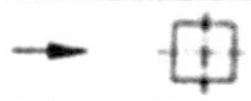	1,05*)
Würfel		0,80*)
Kreiszylinder l/D > 2	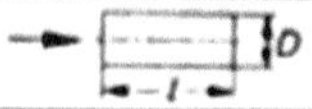	0,82
Kreiszylinder l/D > 1	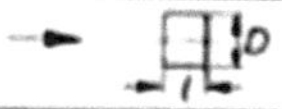	1,15
Stromlinienkörper l/D = 2,5	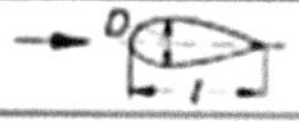	0,04
Halbkreisplatte am Boden		1,19
Halber Stromlinienkörper am Boden (l/D = 2,5)	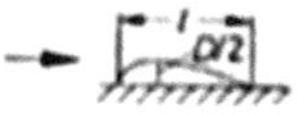	0,09

* unterkritische Strömung

Die vom Motor angebotene Leistung (Effektivleistung P_e) und die Leistung der in Längsrichtung auf das Fahrzeug wirkenden Kräfte (= Fahrwiderstände) zzgl. der inneren Verluste müssen sich zu jedem Zeitpunkt die Waage halten. Die Triebstrangverluste P_{TV} und die Schlupfverlustleistung P_S werden dabei als innere Verluste und die Rollwiderstandsleistung P_R, die Steigungsleistung P_{St}, die Beschleunigungsleistung P_a und die Luftwiderstandsleistung P_L als Leistung der (äußeren) Fahrwiderstände P_{FW} bezeichnet. Entsprechend Abb. 2.1b wird die Hauptgleichung des Kraftfahrzeugs formuliert als Leistungsbilanz

$$P_e = P_{TV} + P_N = P_{TV} + P_S + P_{FW} = P_{TV} + P_S + P_R + P_{St} + P_a + P_L. \quad (2.1)$$

Die Leistung an der Radnabe P_N setzt sich also aus der Summe von P_S und P_{FW} zusammen. Für die beiden inneren Verluste P_S und P_{TV} gilt mit dem Triebstrangwirkungsgrad η_T und dem Antriebsschlupf λ_A

$$P_N = P_e \cdot \eta_T \quad \text{und} \quad P_{TV} = P_N \cdot \frac{1 - \eta_T}{\eta_T}$$

$$\text{sowie} \quad P_N = \frac{1}{1 - \lambda_A} \cdot P_{FW} \quad \text{und} \quad P_S = P_N \cdot \lambda_A \quad \text{mit} \quad \lambda_A = \frac{r_{\text{dyn}} \cdot \omega_{\text{rad}} - v_F}{r_{\text{dyn}} \cdot \omega_{\text{rad}}}.$$
$$(2.2)$$

Mit dem effektiven Motorwirkungsgrad η_e und der Kraftstoffleistung P_K kann die Fahrwiderstandsgleichung insgesamt umgeformt werden zu

$$P_K = \frac{P_e}{\eta_e} = \frac{1}{\eta_e \cdot \eta_T} \cdot \frac{1}{1 - \lambda_A} \cdot (F_R + F_{St} + F_a + F_L) \cdot v_F. \quad (2.3)$$

Welche Kraftstoffleistung P_K benötigt wird, hängt also von der Fahrwiderstandsleistung ab, sie entscheidet damit über den Energieverbrauch. Die Fahrwiderstandsleistung P_{FW} kann mit der tatsächlichen Fahrgeschwindigkeit v_F und F_Z ausgerechnet werden. Es

© Springer Fachmedien Wiesbaden 2016
T. Schütz, *Fahrzeugaerodynamik*, ATZ/MTZ-Fachbuch, DOI 10.1007/978-3-658-12818-0_2

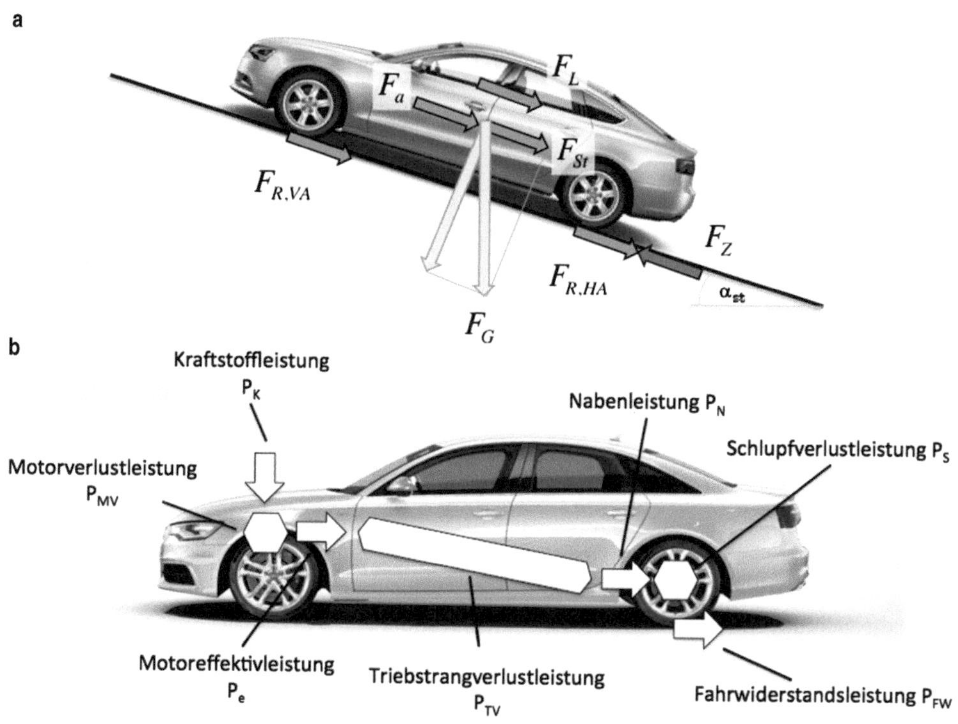

Abb. 2.1 Kräftebilanz in Fahrzeuglängsrichtung (**a**), Leistungspfad durch das Fahrzeug vom Tank zur Fahrbahn (**b**)

gilt

$$P_{FW} = F_Z \cdot v_F \quad \text{mit} \quad F_Z = M_M \cdot \ddot{u}_T \cdot \eta_T \cdot \frac{1}{r_{\mathrm{dyn}}} \quad \text{und} \quad F_Z = F_R + F_{St} + F_a + F_L. \tag{2.4}$$

Die Zugkraft F_Z ist die in den Reifenaufstandsflächen der Treibräder wirkende Antriebskraft, vgl. Abb. 2.1a. Sie ist von gleichem Betrag wie die Summe der Fahrwiderstände, aber von entgegengesetztem Vorzeichen. Sie ist proportional zum Motormoment M_M und zur gewählten Triebstranggesamtübersetzung $\ddot{u}_T$. Die Fahrgeschwindigkeit wird durch den zu durchlaufenden Fahrzyklus bestimmt. Fahrwiderstände und Fahrzyklen werden daher in der Folge beschrieben.

2.1 Fahrwiderstände

Im weiteren Verlauf sollen die Bedeutung und die Einflussmöglichkeiten auf den Luftwiderstand gezeigt werden. Daher wird an dieser Stelle vor allem auf die übrigen Fahrwiderstände eingegangen, um beurteilen zu können, welchen Stellenwert die Qualität der Aerodynamik in Bezug auf den Kraftstoffverbrauch einnimmt.

2.1.1 Triebstrangverluste

Die wichtigsten Elemente des Triebstrangs sind Kupplung, Getriebe, Gelenkwellen, Achsgetriebe und Steuerung, die auf Stellglieder oder Schaltelemente wirkt. Der Wirkungsgrad des Triebstrangs η_T ist lastabhängig. Die Verlustleistung des Triebstrangs P_{TV} verändert sich in Abhängigkeit von Last und Drehzahl. Da P_{TV} von der Nabenleistung P_N abhängt und diese wegen des Luftwiderstands von der dritten Potenz der Fahrgeschwindigkeit (Gl. 2.2 und 2.3) abhängt, gilt dies auch für die Triebstrangverluste.

Bei mechanischen Getrieben treten Verluste durch Ölpantschen, Reibung in den Lagern und Dichtungen sowie Verluste der lastfrei laufenden Zahnräder auf. Bei Volllast ergibt dies insgesamt etwa 2 % zusätzliche Verluste. Der Wirkungsgrad eines Zahnradpaares beträgt dabei ungefähr 0,985 (0,98 bis 0,99 und besser). Der Wirkungsgrad eines Achsgetriebes unter Volllast ist ungefähr 0,94 bis 0,98. Für einen kompletten Triebstrang bei Vernachlässigung von Lüfterverlusten, Schlupf in der Kupplung usw. gelten als Anhaltswert $\eta_T \geq 0,9$.

2.1.2 Schlupfverluste

Schlupfverluste treten sowohl beim Antreiben als auch beim Bremsen auf. Für die Beurteilung von Schlupf an den Rädern muss zwischen der Fahrgeschwindigkeit des Fahrzeugs über dem Boden v_F und der theoretischen Geschwindigkeit v_{th} unterschieden werden. Bei der theoretischen Geschwindigkeit handelt es sich um die Geschwindigkeit, die das Fahrzeug ohne Schlupf aufgrund der Raddrehzahl haben müsste ($r_{dyn} \cdot \omega_{rad}$). Der maximale Kraftschlussbeiwert wird im so genannten kritischen Schlupf λ_{krit} erreicht. Wird dieser Schlupfanteil überschritten, nähert sich der Kraftschlussbeiwert dem Gleitbeiwert μ_G, s. Abb. 2.2. Beispielwerte für gemessenen Schlupf an der Antriebsachse sind für einen Pkw bei 160 km/h und griffiger Straße ohne Steigung ca. 0,8 % und für einen leeren Lkw mit Anhänger bei niedriger Fahrgeschwindigkeit und griffiger Straße ohne Steigung bis zu 10 % [15]. Der Schlupf kann in vielen Fällen aber vernachlässigt werden (dann gilt: $v_{th} \approx v_F$). Auch starker Schlupf ändert im Übrigen die Höhe des Maximums von F_Z nicht, es wird lediglich zu niedriger Geschwindigkeit verschoben.

2.1.3 Rollwiderstandskraft

Der Rollwiderstand entsteht durch Verformung von Rad (in erster Linie Reifen) und Fahrbahn. Die Verformung der Fahrbahn ist abseits befestigter Wege groß, auf Straßen ist sie aber sehr klein. Meist wird nur die Verformung des Luftreifens berücksichtigt. Ein starres Rad auf einer starren Fahrbahn hätte keinen Rollwiderstand. Die Hauptkomponenten der Rollwiderstandskraft F_R beim Luftreifen sind innere Reibung des Reifenwerkstoffes bei Verformung (ca. 90 bis 95 % von F_R), sowie Reib- und Gleitvorgänge in der Berüh-

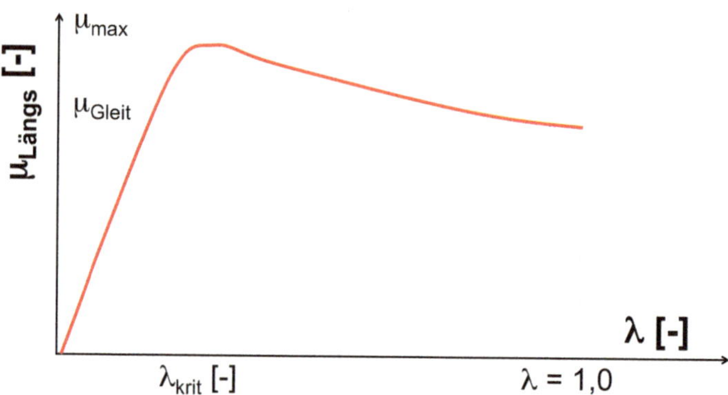

Abb. 2.2 Zusammenhang zwischen Kraftschlussbeiwert und Schlupf

rungsfläche mit der Fahrbahn (ca. 5–10 % von F_R). Die Dämpfungsarbeit des Reifens ist erwünscht zur Dämpfung von Schwingungen. Gleichzeitig verursacht sie aber den ungewollten Rollwiderstand. Alle Gummielemente in der Reifenaufstandsfläche des frei rollenden Rades gleiten, wenn auch meist nur sehr wenig. Für den Rollwiderstand eines Rades i in Abhängigkeit der Radlast $F_{N,i}$ gilt mit dem jeweiligen Rollwiderstandsbeiwert $f_{R,i}$

$$F_{R,i} = f_{R,i} \cdot F_{N,i}. \tag{2.5}$$

Die Normalkraft am Rad, auch als Radlast bezeichnet, berücksichtigt meist nur die Wirkung der Gewichtskraft. In Abhängigkeit vom Fahrzustand müssen jedoch auch aerodynamische Auftriebs- und Abtriebskräfte mit einfließen. Unter Annahme gleicher Reifen und Fahrbahnzustände in den Radaufstandspunkten ergibt sich der Rollwiderstand des gesamten Fahrzeugs auf Strecke mit dem Steigungswinkel α dann durch Summation zu

$$F_R = \sum_i f_{R,i} \cdot F_{N,i} = f_R \cdot \sum_i F_{N,i} = f_R \cdot (m_F \cdot g \cdot \cos\alpha - F_A). \tag{2.6}$$

Der Rollwiderstandsbeiwert f_R kann in großen Bereichen variieren. Für die Kombination Stahlrad auf Stahlschiene beträgt er 0,001 bis 0,002, für Luftreifen bei kleiner Geschwindigkeit auf festen Bodenbelägen (Beton, Asphalt, gewalzter Schotter) zwischen 0,01 und 0,02. Auf einem Erdweg oder einem Ackerboden liegen die Werte deutlich höher bei 0,05 bis 0,35.

Der Rollwiderstand nimmt mit zunehmendem Reifendruck ab und mit stärker werdender Querprofilierung zu. Außerdem kann der Rollreibungsbeiwert bis zu einer Geschwindigkeit von ca. 130 km/h in erster Näherung als konstant angesehen werden. Erst bei höheren Geschwindigkeiten ist ein Anwachsen festzustellen, vgl. Abb. 2.3. Bei Konstantfahrten im niedrigen Geschwindigkeitsbereich (≤ 100 km/h) beträgt der Rollwiderstand mehr als die Hälfte des gesamten Fahrwiderstandes, da der Einfluss des Luftwiderstands erst bei höheren Geschwindigkeiten bedeutend wird. Der Rollwiderstand ist irreversibel.

Abb. 2.3 Rollwiderstand in Abhängigkeit der Geschwindigkeit

2.1.4 Steigungswiderstand

Der Steigungswiderstand ist der Widerstand, den das Fahrzeug beim Befahren einer Steigung überwinden muss. Dieser Widerstand resultiert aus der am Fahrzeug wirkenden Hangabtriebskraft. Für die Steigungswiderstandskraft F_{St} gilt in Abhängigkeit des Steigungswinkels α

$$F_{St} = m_F \cdot g \cdot \sin\alpha \quad \text{und} \quad \alpha = \arctan q = \arctan \frac{dz}{dx}. \tag{2.7}$$

Der Steigungswert q wird in % angegeben. Der Steigungswiderstand ist kein Widerstand im eigentlichen Sinne (Energiedissipation), sondern es erfolgt lediglich eine Umwandlung in potentielle Energie. Im Verlaufe eines Fahrzyklus oder bei Ausrollversuchen spielt er also keine Rolle. Aus der Sicht des Motors ist es jedoch ein Widerstand, daher wird er auch so bezeichnet.

2.1.5 Beschleunigungswiderstand

Zusätzlich zu den Widerständen, die bei stationärer Fahrt auftreten, entstehen bei instationärer Fahrt Trägheitskräfte infolge von Beschleunigungen und Verzögerungen. Diese müssen im Falle der Beschleunigung vom Antrieb des Fahrzeugs überwunden werden. Trägheitskräfte setzen sich zusammen aus zwei Anteilen, dem translatorischen Anteil (resultiert aus instationärer Bewegung der Fahrzeugmasse) und dem rotatorischen Anteil (resultiert aus Beschleunigung und Verzögerung drehender Teile des Triebstrangs). Rotierende Teile sind die Getriebewellen und Zahnräder (außer die jeweils nicht geschalteten und dann freilaufenden), Kardanwelle, Achsgetriebe, Gelenkwellen und die Räder. Für den rein translatorischen Anteil der Beschleunigungswiderstandskraft F_a gilt nach Newton das Produkt von Masse und Beschleunigung. Unter Hinzunahme von i rotatorischen Massen mit dem Massenträgheitsmoment J_i ergibt sich

$$F_a = m_F \cdot a + \sum_i J_i \cdot \dot{\omega}_i = e \cdot m_F \cdot a. \tag{2.8}$$

Der Faktor e wird auch als Massenfaktor bezeichnet. Er ist vom Triebstrang des Fahrzeugs abhängig und bei Wechselgetrieben für jeden Gang unterschiedlich. Bei Pkw liegt der Faktor zwischen 1,04 für den direkten Gang und 1,4 für den ersten Gang [19]. Der Beschleunigungswiderstand ist wie der Steigungswiderstand kein Widerstand im eigentlichen Sinne (Energiedissipation), sondern es erfolgt lediglich eine Umwandlung in kinetische Energie. Aus der Sicht des Motors ist es jedoch ein Widerstand und wird daher auch so bezeichnet. Bei elektrifizierten Fahrzeugkonzepten mit der Möglichkeit der Bremsenergierückgewinnung (= Rekuperation) kann der zyklusrelevante Anteil der Beschleunigung stark minimiert werden.

2.1.6 Luftwiderstand

Bewegt sich ein Körper in der Atmosphäre, so muss er das umgebende Fluid permanent verdrängen, also in Bewegung versetzen. Da aufgrund der fluidinternen Reibung Verluste entstehen, wirkt aufgrund des Prinzips actio = reactio auf den Körper ein Widerstand. Der Luftwiderstand ist aufgrund der Strömungsverluste ein irreversibler Energieverlust. Die Luftwiderstandskraft F_L wird dabei berechnet nach

$$F_L = c_W \cdot A_x \cdot \frac{\rho_L}{2} \left(v_F - v_{\text{Wind}}\right)^2 . \tag{2.9}$$

Darin ist ρ_L die Dichte des Strömungsmediums, v_F ist die Fahrgeschwindigkeit und v_{Wind} die Geschwindigkeit eines eventuell vorhandenen Gegenwinds. Die wichtigsten Einflussparameter auf den Luftwiderstand sind indes die durch konzeptionelle Raumanforderungen bestimmte Stirn- oder Schattenfläche des Fahrzeugs A_x und der hauptsächlich von der Außenkontur des Fahrzeugs abhängige c_W-Wert. Stirnflächen verschiedener Pkw bewegen sich zwischen $2\,\text{m}^2$ (Kleinwagen) und $3\,\text{m}^2$ (SUV, Kleinbus), c_W-Werte reichen bei heutigen Serienfahrzeugen von 0,22 (Limousinen) bis 0,40 (Klein- und Sportwagen), vgl. auch Kap. 1. Es existieren allerdings auch Studien mit c_W-Werten kleiner 0,2.

Detaillierte Maßnahmen zur Beeinflussung des c_W-Werts werden in den Folgekapiteln noch ausführlich diskutiert. Um den Luftwiderstand zu reduzieren, ist neben der Verkleinerung des c_W-Wertes theoretisch aber auch eine Reduktion der Fahrzeugstirnfläche A_x denkbar. Die Definition der Stirnfläche wurde in Abb. 1.7 dargestellt.

2.2 Kraftstoffverbrauch

Anhand der Hauptgleichung (Gl. 2.1) kann abgeleitet werden, wie der Kraftstoffverbrauch optimiert werden kann. Zum einen kann der effektive Motorwirkungsgrad (Verbrennung, Lagerung) und der Wirkungsgrad der Kraftübertragung (Getriebe, Differentiale, Lager etc.) erhöht werden, andererseits können die Fahrwiderstände reduziert werden (Fahrzeuggewicht, Rollwiderstand, Luftwiderstandsfläche).

In DIN 70030 (Teil 1) ist seit Juli 1978 das Vorgehen bei der Ermittlung des Kraftstoffverbrauchs von Kraftfahrzeugen (Pkw) festgelegt. Inzwischen wurde die EWG Richtlinie
70/220 eingeführt, diese enthält aber im Wesentlichen die DIN 70030. Hier sind Voraussetzungen für Reifen, Fahrzeuggewicht und Fahrbahn formuliert. Die Reifen müssen der
vom Fahrzeughersteller angegebenen Originalausrüstung entsprechen und müssen den für
den Beladungszustand und die Geschwindigkeit entsprechenden Reifenluftdruck haben.
Gegebenenfalls ist er bei kleinem Durchmesser der Rollen an dem Fahrleistungsprüfstand
entsprechend zu erhöhen. Der angewendete Reifenluftdruck ist im Prüfbericht anzugeben.
Das Gewicht des Fahrzeuges ist das Leergewicht des betriebsfähigen Fahrzeuges zuzüg-
lich 180 kg oder halbe zulässige Zuladung, falls diese größer als 180 kg ist, einschließlich
Messausrüstung und Insassen.

Zunächst erfolgt ein Ausrollversuch, bei dem über das Geschwindigkeits-Zeit-Verhalten des ausgekuppelten Fahrzeugs die Fahrwiderstände ermittelt werden. Diese skalieren
entsprechend Abschn. 2.1 quadratisch mit der Geschwindigkeit. Die Prüffahrbahn muss
eine konstante Geschwindigkeit zulassen. Sie muss mindestens 2 km lang und in sich
geschlossen und in gutem Zustand sein. Eine gerade Fahrbahn kann verwendet werden,
vorausgesetzt, dass die Fahrt von 2 km in beiden Richtungen ausgeführt wird. Die Steigung darf an keiner Stelle mehr als $\pm 2\%$ betragen.

Die so ermittelten Fahrwiderstände werden nun auf einem Fahrleistungsprüfstand mit
äquivalenten Schwungmassen eingestellt. Das Fahrzeug fährt dabei ein vorgeschriebe-
nes Geschwindigkeits-Zeit-Verhalten ab, den so genannten Fahrzyklus. Dabei ist auf die
Einhaltung einer Vielzahl von Randbedingungen (Treibstoffqualität, Reifendruck, Serienzustand des Fahrzeugs) zu achten.

Nach einer Vorwärmphase wird der Verbrauch durch volumetrische oder gravimetri-
sche Messung des Abgases errechnet. Der ursprünglich vorgeschriebene Stadtfahrzyklus
wurde zum 1. Juli 1992 (Typprüfung) bzw. 31. Dezember 1992 (neue Fahrzeuge) durch
einen außerstädtischen Fahrzyklus ergänzt, um die tatsächlichen Fahrbedingungen besser
abbilden zu können. Das Ergebnis dieser Überarbeitung ist der seit 1996 gültige Neue
Europäische Fahrzyklus (NEFZ, vgl. Abb. 2.4).

Der NEFZ besteht aus zwei Abschnitten. Teil 1 (City) ist aus vier identischen Stadt-
fahrzyklen mit einer Maximalgeschwindigkeit von 50 km/h aufgebaut. Ein Einzelzyklus
besteht aus 15 mit enger Toleranz festgelegten Abschnitten (31 % der Zeit im Leerlauf,
22 % für Beschleunigung, Konstantfahrt 29 % und Verzögerung 18 % der Zeit), wobei die
Schaltpunkte bei 15 und 35 km/h gesetzlich festgelegt sind. Ergänzt wird dieser durch
einen Überlandzyklus EUDC (Teil 2) mit Geschwindigkeiten bis zu 120 km/h. Der Neue
Europäische Fahrzyklus wird auch als NEDC (New European Driving Cycle) bzw. MVEG
(Motor Vehicle Emissions Group) bezeichnet.

Ab 2018 soll ein nahezu weltweit gültiger Fahrzyklus für die Verbrauchsbestimmung
verwendet werden, der ebenfalls aus realen Fahrprofilen abgleitet wurde. Dieser wird als
WLTC bezeichnet (Worldwide harmonized Light Car Test Cycle). Viele Hersteller de-
finieren darüber hinaus spezielle, dem Kundenfahrverhalten angepasste Zyklen, die die
Realität weitaus besser abbilden.

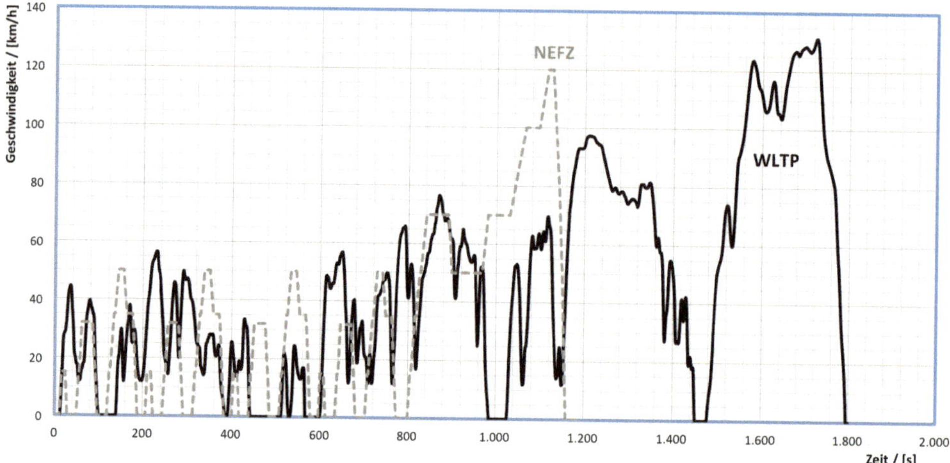

Abb. 2.4 Darstellung der Zyklusgeschwindigkeit über Zeit für den NEFZ und den WLTC

Zur Beurteilung von Motoren dient u. a. der spezifische Kraftstoffverbrauch b_e, zur Beurteilung von Fahrzeug und Motor wird dagegen der Streckenverbrauch b_s verwendet. Diese sind wie folgt definiert:

$$b_e = \frac{\text{Kraftstoffmasse}}{\text{geleistete Arbeit}} \left[\frac{g}{\text{kWh}}\right] \quad \text{und} \quad b_S = \frac{\text{Kraftstoffvolumen}}{\text{gefahrene Strecke}} \left[\frac{1}{100\,\text{km}}\right]. \quad (2.10)$$

Anhand des spezifischen Kraftstoffverbrauchs gelingt eine Klassifizierung der Motoren nach ihrer Effizienz, der Streckenverbrauch hingegen wird zur Bewertung des Verbrauchs- und Emissionsverhaltens des Gesamtfahrzeugs herangezogen.

2.3 Gesamtwiderstand

Um den gesamten Fahrzeugfahrwiderstand abzubilden und hiermit Verbrauchsaussagen treffen zu können, muss überlegt werden, welcher Gesetzmäßigkeit die Summe der Fahrwiderstände in Abhängigkeit der Fahrgeschwindigkeit folgt. Da die Luftwiderstandskraft als einziger Fahrwiderstand von der Fahrgeschwindigkeit abhängt, kann auch für den gesamten Fahrwiderstand eine quadratische Abhängigkeit angenommen werden. Die Fahrwiderstandsleistung P_{FW} hängt dann kubisch mit der Fahrgeschwindigkeit zusammen. Es gilt die aufgelöste Hauptgleichung des Kraftfahrzeugs (ohne Auftriebseinfluss):

$$P_e = \frac{1}{\eta_T} \cdot \frac{1}{1-\lambda_A} \cdot v_F \cdot \left[m_F \cdot g \cdot (\sin a + f_R \cdot \cos a) + m_F \cdot e \cdot a + c_W \cdot A_x \cdot \frac{\rho_L}{2} \cdot (v_F - v_{\text{Wind}})^2 \right].$$

$$(2.11)$$

Die zyklusrelevanten Haupteinflussgrößen sind die Fahrzeugmasse, der Rollwiderstandsbeiwert sowie die Antriebswirkungsgrade, die Stirnfläche und der c_W-Wert, wobei

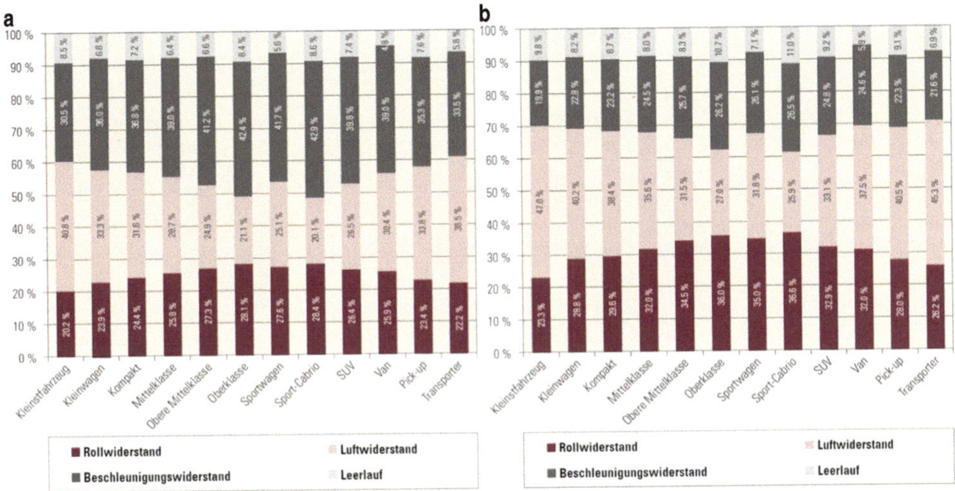

Abb. 2.5 Relativer Anteil der Fahrwiderstände an den CO_2-Emissionen im NEFZ bei konventionellen Fahrzeugkonzepten (**a**) und bei Elektrofahrzeugen mit Ausnutzung von 66 % der theoretisch rekuperierbaren Bremsenergie (**b**). (Wiedemann [66])

die Aerodynamik aufgrund ihrer überlinearen Geschwindigkeitsabhängigkeit insbesondere bei hoher Fahrgeschwindigkeit überproportional an Bedeutung gewinnt. Abb. 2.5 zeigt für verschiedene Fahrzeugklassen, welcher Anteil den unterschiedlichen Widerstandsbeiträgen am Gesamtverbrauch im NEFZ zuzuordnen ist. Dabei nimmt das linke Schaubild Bezug auf konventionelle Fahrzeugkonzepte, das rechte Bild auf fortschrittliche Konzepte mit der Möglichkeit der Bremsenergierückgewinnung.

Der Anteil der Aerodynamik liegt im ersten Falle zwischen 20,1 und 40,8 % und wächst im zweiten Fall auf 25,9 bis 47,0 % an. Daraus kann zunächst abgeleitet werden, dass der Entwicklung verbesserter Luftwiderstände ein beträchtlicher und wichtiger Kundennutzen bzgl. niedrigerer Verbräuche zuzuordnen ist. In der Abbildung taucht ein weiterer Verbrauchsgrund auf, nämlich die Leerlaufverluste. Im Stillstand des Fahrzeugs läuft der Motor weiter und muss unter Kraftstoffeinsatz am Laufen gehalten werden. Mit moderner Start-Stopp-Technologie kann dieser Verbrauchsanteil aber zu null hin gedrückt werden. Des Weiteren hin scheint aber auch der Bedarf an aerodynamischer Optimierung in Zukunft noch größer zu werden, wie der Anstieg des Aerodynamikanteils bei Elektrifizierung zeigt. Da kleine Verbesserungen des Luftwiderstands im NEFZ noch keine sehr deutlichen Auswirkungen haben, ist in Abb. 2.6 für ein Mittelklassefahrzeug die obige Aufstellung ergänzt durch entsprechende, aber aus einem typischen Kundenfahrverhalten abgeleitete prozentuale Anteile.

Ausgehend vom NEFZ wächst der der Aerodynamik zugeordnete Anteil des Verbrauchs aufgrund der vom Kunden gefahrenen höheren Fahrgeschwindigkeiten beim konventionellen Fahrzeugkonzept von 28,7 auf 48,0 % an. Unter dem zu Grunde gelegten

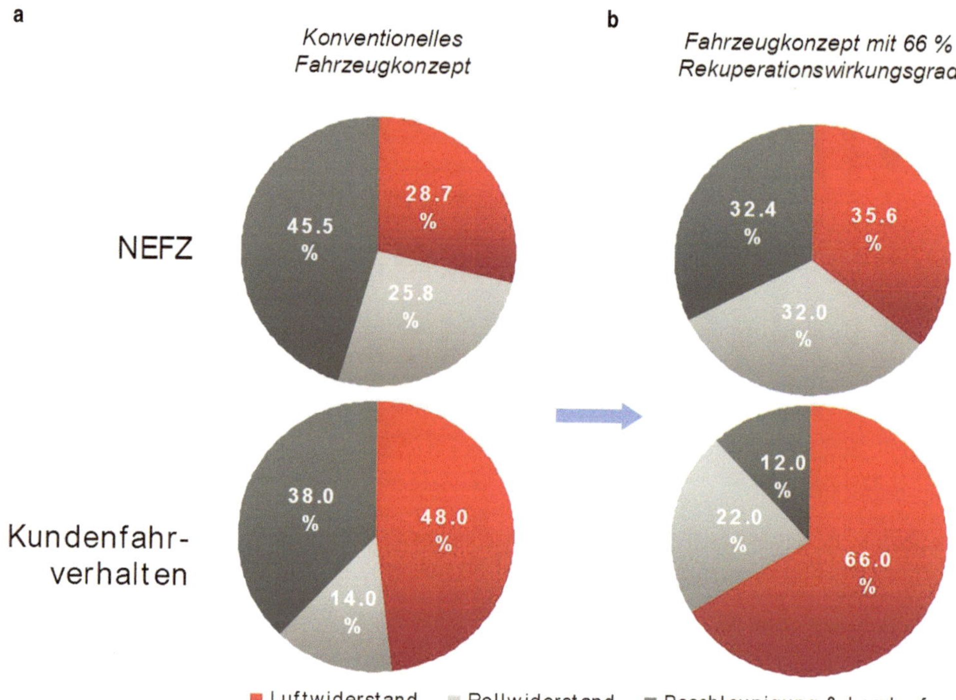

Abb. 2.6 Relativer Anteil der Fahrwiderstände an den CO_2-Emissionen im NEFZ und bei typischem Kundenfahrverhalten für ein Mittelklassefahrzeug ohne (**a**) und mit Elektrifizierung (**b**)

Elektrifizierungsgrad von 66 % erhöht sich der Anteil von 35,6 auf 66,0 %. Das bedeutet, dass bei solchen Fahrzeugen zwei Drittel des Kraftstoffverbrauchs auf den Luftwiderstand zurückzuführen ist. Wird beispielsweise das SUV-Segment in der Wettbewerbsübersicht aus Abb. 1.6 betrachtet, heißt das, dass zwischen bestem und schlechtestem Fahrzeug im elektrifizierten Falle alleine aus den aerodynamischen Unterschieden ein Mehrverbrauch des schlechtesten Wagen von 22,7 % folgt.

2.4 Höchstgeschwindigkeit

Der aerodynamische Fahrwiderstand bestimmt auch die Höchstgeschwindigkeit eines Fahrzeugs. In Abb. 2.7 ist der Verlauf der einzelnen Fahrwiderstände in der Ebene bei Konstantfahrt, sowie der Gesamtfahrwiderstand für drei verschiedene Fahrzeuge über der Fahrgeschwindigkeit dargestellt.

Das linke Schaubild zeigt, dass der Luftwiderstand für dieses Fahrzeug ab ca. 75 km/h der vorherrschende Fahrwiderstand ist. Im rechten Schaubild ist anhand einer zu Verfügung stehenden Motorleistung die theoretisch mögliche Maximalgeschwindigkeit anhand

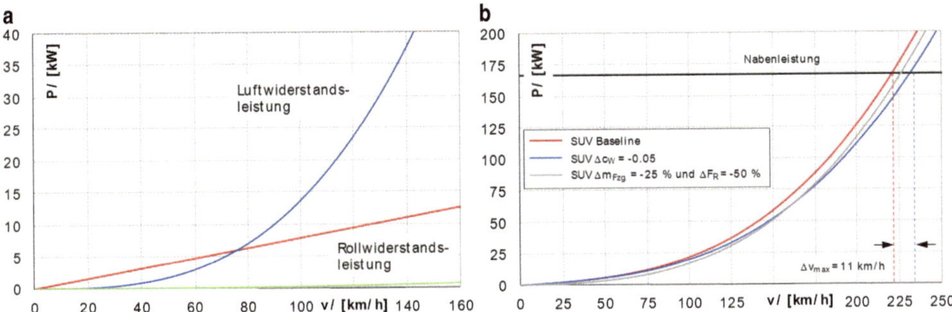

Abb. 2.7 Fahrwiderstände eines Geländewagens (**a**) und Gesamtfahrwiderstand (**b**), aufgetragen über der Fahrgeschwindigkeit. (Schütz in [52])

der Fahrwiderstandsparabel abgeleitet. Ausgehend von $v_{\mathrm{max}} = 220$ km/h im Ausgangsfall (entspricht den Fahrwiderstandsanteilen im linken Bild) kann die Höchstgeschwindigkeit mit einer Widerstandsverbesserung von $\Delta c_W = -0{,}05$ um ca. 11 km/h verbessert werden.

Als weiteres Beispiel werden die Auswirkungen einer 25-%igen reduzierten Fahrzeugmasse gemeinsam mit der Reduzierung des Rollwiderstands um (utopische) 50 % dargestellt. Hier ergäbe sich lediglich eine Erhöhung von v_{max} um ca. 5 km/h. Der Vergleich beider Fälle zeigt, welche Bedeutung die Optimierung des Luftwiderstands von Kraftfahrzeugen auch für die Fahrleistungen, und hier insbesondere für die Höchstgeschwindigkeit hat.

Grundgleichungen der Strömungsmechanik

Das vorliegende Kapitel soll zum einen zeigen, wie Strömungen mathematisch exakt beschrieben werden können, aber auch welche vereinfachten Formulierungsansätze zur Verfügung stehen, um ein Verständnis für die komplexen Strömungsvorgänge am Fahrzeug zu fördern.

3.1 Exakte Beschreibung der Strömungsmechanik

In der Strömungsmechanik gelten für eine Reihe von Bilanzgrößen sogenannte Erhaltungsgleichungen, mit denen die Physik der Strömung genau beschrieben werden kann. Freilich sind diese Gleichungen, die im folgenden Abschnitt behandelt werden, nur für wenige Spezialfälle und keinesfalls für eine Fahrzeugumströmung exakt zu lösen, trotzdem soll hier darauf eingegangen werden, weil insbesondere die numerische Simulation von Strömungsvorgängen hierauf aufbaut (vgl. Kap. 8).

Erhaltungssätze gibt es für die Größen Masse (s. Kontinuitätsgleichung), Impuls (s. Navier-Stokes-Gleichungen), Energie (Energiegleichung), Turbulenz (Turbulenzerhaltungsgleichung) und Teilchendichte (Boltzmann-Gleichung). Dabei gilt der logische Grundsatz, dass die in ein System einströmenden „Mengen" der betreffenden physikalischen Größe in dem System verbleiben oder wieder ausströmen. Anhand der Kontinuitätsgleichung soll dieses beispielhaft für die weiteren Kapitel detailliert formuliert werden.

3.1.1 Kontinuitätsgleichung

Der o. g. Satz ist für den Erhalt der Masse logisch gut verständlich. In der klassischen Mechanik kann Masse nicht verschwinden. Der in ein System eintretende Massestrom, muss also zum gleichen Zeitpunkt an anderer Stelle aus dem System wieder entweichen oder erhöht den Masseninhalt des Systems. Der Massenstrom kann allgemein berechnet

© Springer Fachmedien Wiesbaden 2016
T. Schütz, *Fahrzeugaerodynamik*, ATZ/MTZ-Fachbuch, DOI 10.1007/978-3-658-12818-0_3

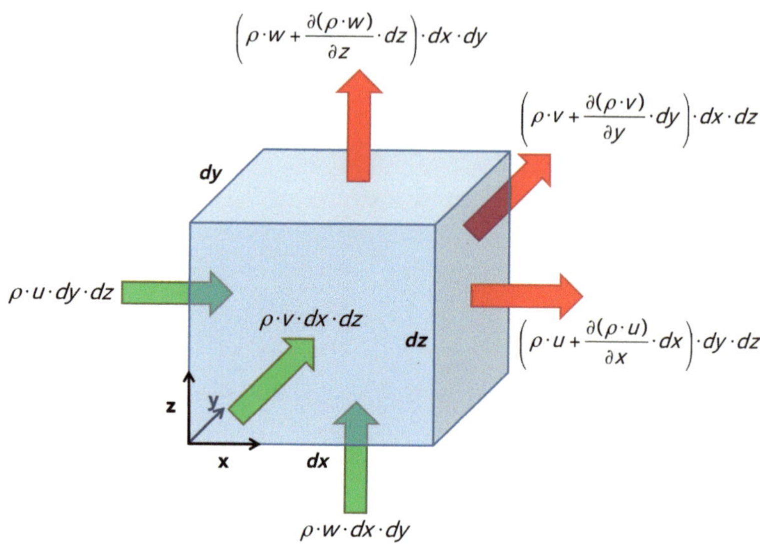

Abb. 3.1 Ein- und austretende Massenströme am Volumenelement

werden als

$$\dot{m} = \rho \cdot v \cdot A. \tag{3.1}$$

Die Kontinuitätsgleichung wird wie folgt hergeleitet. Ganz allgemein lässt sich die Massenerhaltung am infinitesimalen Volumenelement formulieren. Die zeitliche Änderung der Masse am Volumenelement ist die Summe der einströmenden Massenströme am Volumenelement minus der Summe der ausströmenden Massenströme aus dem Volumenelement. In Abb. 3.1 ist das Volumenelement dV mit den ein- und austretenden Massenströmen dargestellt.

Seine Kanten besitzen die Längen dx, dy und dz. Durch die linke Oberfläche des Volumenelements mit der Fläche $dy \cdot dz$ tritt der Massenstrom $\rho \cdot u \cdot dy \cdot dz$ ein. Die Größe $\rho \cdot u$ ändert ihren Wert von der Stelle x zur Stelle $x + dx$ in x-Richtung um

$$\frac{\partial (\rho \cdot u)}{\partial x} \cdot dx, \tag{3.2}$$

so dass sich der durch die rechte Oberfläche $dy \cdot dz$ des Volumenelements austretende Massenstrom mit dem Ausdruck

$$\left(\rho \cdot u + \frac{\partial (\rho \cdot u)}{\partial x} \cdot dx\right) \cdot dy \cdot dz \tag{3.3}$$

angeben lässt. Für die y- und z-Richtung gelten die analogen Größen auf den entsprechenden Oberflächen $dx \cdot dz$ und $dx \cdot dy$. Werden also die zeitliche Massenänderung im Volumenelement sowie die ein- und ausströmenden Massenströme bilanziert

$$
\begin{aligned}
\frac{\partial\left(\rho \cdot dx \cdot dy \cdot dz\right)}{\partial t} \\
= \rho \cdot u \cdot dy \cdot dz - \left(\rho \cdot u + \frac{\partial\left(\rho \cdot u\right)}{\partial x} \cdot dx\right) \cdot dy \cdot dz \\
+ \rho \cdot v \cdot dx \cdot dz - \left(\rho \cdot v + \frac{\partial\left(\rho \cdot v\right)}{\partial y} \cdot dy\right) \cdot dx \cdot dz \\
+ \rho \cdot w \cdot dx \cdot dy - \left(\rho \cdot w + \frac{\partial\left(\rho \cdot w\right)}{\partial z} \cdot dz\right) \cdot dx \cdot dy,
\end{aligned}
\tag{3.4}
$$

ergibt sich nach Vereinfachung die Kontinuitätsgleichung allgemein zu

$$
\frac{\partial\left(\rho\right)}{\partial t} + \frac{\partial\left(\rho \cdot u\right)}{\partial x} + \frac{\partial\left(\rho \cdot v\right)}{\partial y} + \frac{\partial\left(\rho \cdot w\right)}{\partial z} = 0
\tag{3.5}
$$

und im Spezialfall inkompressibler Strömungen zu

$$
\frac{\partial u}{\partial x} + \frac{\partial v}{\partial y} + \frac{\partial w}{\partial z} = 0.
\tag{3.6}
$$

3.1.2 Navier-Stokes-Gleichungen

Wie bereits zuvor erwähnt, ist der Strömungsimpuls ebenfalls eine Erhaltungsgröße, daher kann hierfür ebenfalls auf gleiche Weise wie in Abschn. 3.1.1 eine Bilanz am Volumenelement dV aufgestellt werden. Der Impuls ist in der Mechanik definiert als Produkt aus Masse und Geschwindigkeit, ist also eine Vektorgröße in Richtung der Geschwindigkeit. Der Impulsstrom I_i in Richtung der Geschwindigkeitskomponente v_i kann daher geschrieben werden als

$$
\dot{I}_i = \rho \cdot v \cdot A \cdot v_i.
\tag{3.7}
$$

In der Mechanik kann der Impuls nur durch die Wirkung äußerer Kräfte verändert werden. Die zeitliche Änderung des Impulses im Volumenelement entspricht also der Summe der eintretenden Impulsströme in das Volumenelement minus der Summe der austretenden Impulsströme aus dem Volumenelement plus der Summe der auf das Volumenelement wirkenden Scher- und Normalspannungen. In Abb. 3.2 ist das Volumenelement dV zur Bilanzierung der Impulskomponente in x-Richtung dargestellt und die ein- und ausströmenden Impulskomponenten sind analog der Massenbilanz in Abschn. 3.1.1 angegeben.

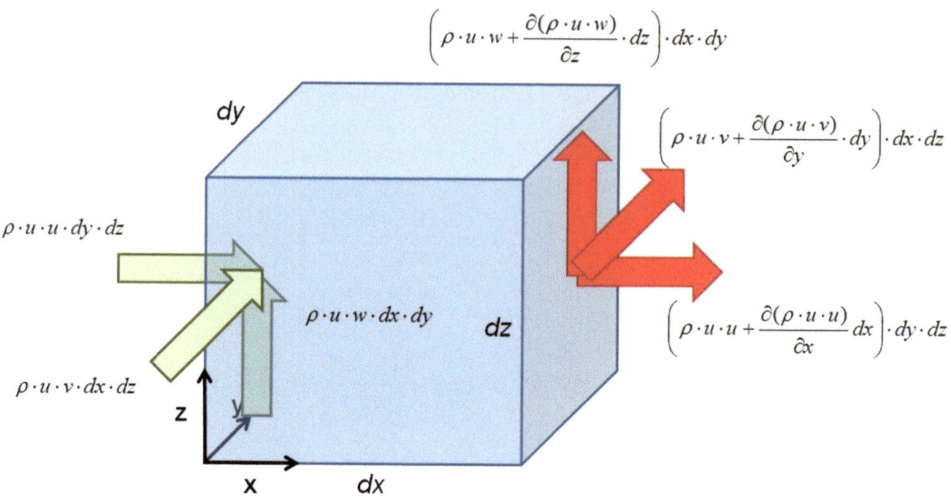

Abb. 3.2 Ein- und austretende Impulsströme in x-Richtung am Volumenelement

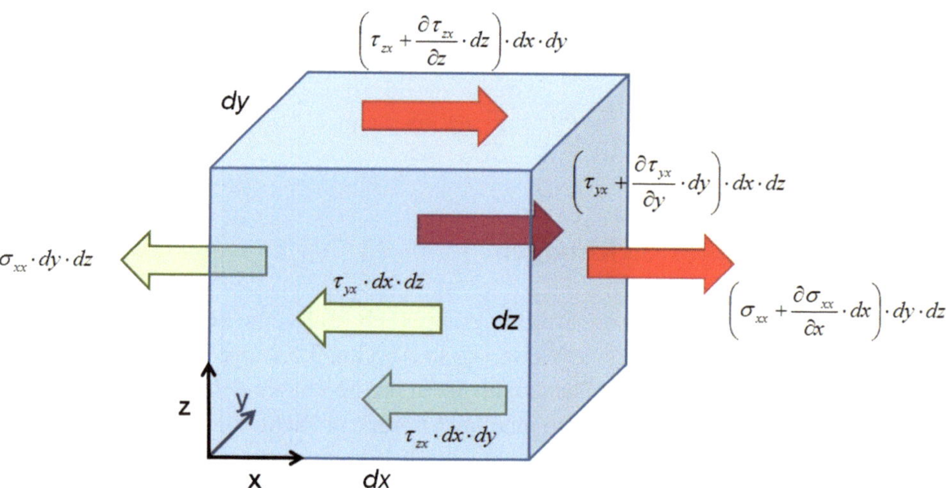

Abb. 3.3 Am Volumenelement angreifenden Normal- und Schubspannungen in x-Richtung

Analoge Überlegungen lassen sich auch für die Komponenten in y- und z-Richtung machen. Auch die aus den angreifenden Normal- und Schubspannungen resultierenden Kräfte auf das Volumenelement müssen vektoriell betrachtet werden. Sie ändern den Impuls im Volumenelement. Die Beiträge für die x-Komponente sind in Abb. 3.3 dargestellt.

Die Bilanzierung der zeitlichen Änderung der Impulskomponente in x-Richtung und der zuvor genannten Beiträge von Impulsströmen, Normal- und Schubspannungen ergibt somit (unter Vernachlässigung weiterer Feldkräfte auf die Masse im Volumenelement wie

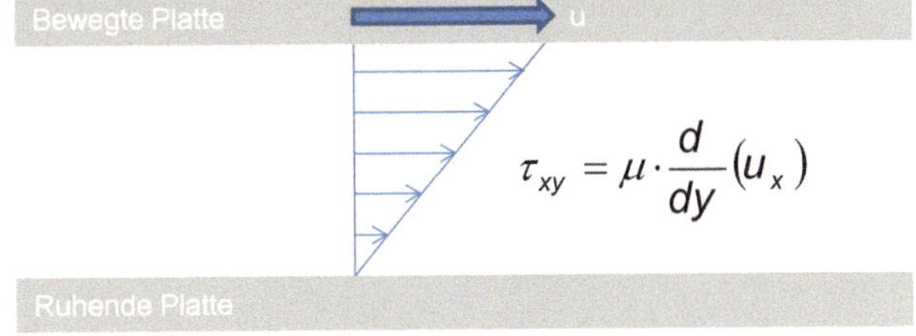

$$\tau_{xy} = \mu \cdot \frac{d}{dy}\left(u_x\right)$$

Abb. 3.4 Prinzipversuch mit zwei zueinander bewegten Platten zur Bestimmung der dynamischen Viskosität μ

bspw. Gravität, Magnetismus oder Trägheitskräfte in Relativsystemen)

$$\frac{\partial\left(\rho \cdot u \cdot dx \cdot dy \cdot dz\right)}{\partial t}$$

$$= \rho \cdot u^2 \cdot dy \cdot dz - \left(\rho \cdot u^2 + \frac{\partial\left(\rho \cdot u^2\right)}{\partial x} \cdot dx\right) \cdot dy \cdot dz$$

$$+ \rho \cdot u \cdot v \cdot dx \cdot dz - \left(\rho \cdot u \cdot v + \frac{\partial\left(\rho \cdot u \cdot v\right)}{\partial y} \cdot dy\right) \cdot dx \cdot dz$$

$$+ \rho \cdot u \cdot w \cdot dx \cdot dy - \left(\rho \cdot u \cdot w + \frac{\partial\left(\rho \cdot u \cdot w\right)}{\partial z} \cdot dz\right) \cdot dx \cdot dy \qquad (3.8)$$

$$- \sigma_{xx} \cdot dy \cdot dz + \left(\sigma_{xx} + \frac{\partial\sigma_{xx}}{\partial x} \cdot dx\right) \cdot dy \cdot dz$$

$$- \tau_{xy} \cdot dx \cdot dz + \left(\tau_{xy} + \frac{\partial\tau_{xy}}{\partial y} \cdot dy\right) \cdot dx \cdot dz$$

$$- \tau_{xz} \cdot dx \cdot dy + \left(\tau_{xz} + \frac{\partial\tau_{xz}}{\partial z} \cdot dz\right) \cdot dx \cdot dy$$

und vereinfacht sich so (inkl. analog gebildeter y- und z-Komponenten) zu:

$$\frac{\partial\left(\rho \cdot u\right)}{\partial t} + \frac{\partial\left(\rho \cdot u^2\right)}{\partial x} + \frac{\partial\left(\rho \cdot u \cdot v\right)}{\partial y} + \frac{\partial\left(\rho \cdot u \cdot w\right)}{\partial z} = \frac{\partial\sigma_{xx}}{\partial x} + \frac{\partial\tau_{xy}}{\partial y} + \frac{\partial\tau_{xz}}{\partial z},$$

$$\frac{\partial\left(\rho \cdot v\right)}{\partial t} + \frac{\partial\left(\rho \cdot v \cdot u\right)}{\partial x} + \frac{\partial\left(\rho \cdot v^2\right)}{\partial y} + \frac{\partial\left(\rho \cdot v \cdot w\right)}{\partial z} = \frac{\partial\tau_{xy}}{\partial x} + \frac{\partial\sigma_{yy}}{\partial y} + \frac{\partial\tau_{yz}}{\partial z}, \qquad (3.9)$$

$$\frac{\partial\left(\rho \cdot w\right)}{\partial t} + \frac{\partial\left(\rho \cdot w \cdot u\right)}{\partial x} + \frac{\partial\left(\rho \cdot w \cdot v\right)}{\partial y} + \frac{\partial\left(\rho \cdot w^2\right)}{\partial z} = \frac{\partial\tau_{xz}}{\partial x} + \frac{\partial\tau_{yz}}{\partial y} + \frac{\partial\sigma_{zz}}{\partial z}.$$

Schubspannungen treten in Fluiden dann auf, wenn Geschwindigkeitsgradienten einer Komponente in einer Querrichtung zur selben auftreten. $\tau_{i,j}$ gibt dann die Schubspannung in Richtung der i-Geschwindigkeitskomponente auf einer Fläche senkrecht zur j-Achse an. Die Schubspannung ist bei Newton'schen Fluiden proportional zu dem genannten Gradienten, die Proportionalitätskonstante ist die dynamische Viskosität μ. Abb. 3.4 zeigt hierfür ein Beispiel der Schubspannung τ_{xy}.

In einem solchen Versuch zweier zueinander bewegter Platten kann die Viskosität des Fluids experimentell bestimmt werden, wenn die Geschwindigkeit sowie der Plattenabstand bekannt sind und die wirkenden Kräfte gemessen werden. Der allgemeine Spannungstensor kann durch Separation des hydrostatischen Anteils p (Hauptachsentransformation) umgeschrieben werden zu

$$\vec{\sigma}_{ij} = \begin{pmatrix} \sigma_{xx} & \tau_{xy} & \tau_{xz} \\ \tau_{xy} & \sigma_{yy} & \tau_{yz} \\ \tau_{xz} & \tau_{yz} & \sigma_{zz} \end{pmatrix} = \begin{pmatrix} \tau_{xx} & \tau_{xy} & \tau_{xz} \\ \tau_{xy} & \tau_{yy} & \tau_{yz} \\ \tau_{xz} & \tau_{yz} & \tau_{zz} \end{pmatrix} - p \cdot \begin{pmatrix} 1 & 0 & 0 \\ 0 & 1 & 0 \\ 0 & 0 & 1 \end{pmatrix}. \tag{3.10}$$

Die Spannungsanteile τ_{ii} geben die Reibungsanteile der Normalspannungen an. Außerdem gilt für die Schubspannungen Newton'sche Fluide

$$\tau_{yx} = \mu \cdot \left(\frac{\partial v}{\partial x} + \frac{\partial u}{\partial y} \right),$$
$$\tau_{yz} = \mu \cdot \left(\frac{\partial w}{\partial y} + \frac{\partial v}{\partial z} \right), \tag{3.11}$$
$$\tau_{xz} = \mu \cdot \left(\frac{\partial u}{\partial z} + \frac{\partial w}{\partial x} \right)$$

und die Stokes'sche Hypothese für die Reibungsanteile der Normalspannungen

$$\tau_{xx} = 2 \cdot \mu \cdot \frac{\partial u}{\partial x} - \frac{2}{3} \cdot \mu \cdot \left(\frac{\partial u}{\partial x} + \frac{\partial v}{\partial y} + \frac{\partial w}{\partial z} \right),$$
$$\tau_{yy} = 2 \cdot \mu \cdot \frac{\partial v}{\partial y} - \frac{2}{3} \cdot \mu \cdot \left(\frac{\partial u}{\partial x} + \frac{\partial v}{\partial y} + \frac{\partial w}{\partial z} \right), \tag{3.12}$$
$$\tau_{zz} = 2 \cdot \mu \cdot \frac{\partial w}{\partial z} - \frac{2}{3} \cdot \mu \cdot \left(\frac{\partial u}{\partial x} + \frac{\partial v}{\partial y} + \frac{\partial w}{\partial z} \right).$$

Mit diesen Formulierungen, eingesetzt in die Terme auf der rechten Seite der Impulsbilanz, resultieren die Navier-Stokes-Gleichungen. Der Einfachheit halber wird hier der Gleichungssatz lediglich für inkompressible Strömungen angegeben:

$$\rho \cdot \left(\frac{\partial u}{\partial t} + u\frac{\partial u}{\partial x} + v\frac{\partial u}{\partial y} + w\frac{\partial u}{\partial z} \right) = -\frac{\partial p}{\partial x} + \mu \cdot \left(\frac{\partial^2 u}{\partial x^2} + \frac{\partial^2 u}{\partial y^2} + \frac{\partial^2 u}{\partial z^2} \right),$$
$$\rho \cdot \left(\frac{\partial v}{\partial t} + u\frac{\partial v}{\partial x} + v\frac{\partial v}{\partial y} + w\frac{\partial v}{\partial z} \right) = -\frac{\partial p}{\partial y} + \mu \cdot \left(\frac{\partial^2 v}{\partial x^2} + \frac{\partial^2 v}{\partial y^2} + \frac{\partial^2 v}{\partial z^2} \right), \tag{3.13}$$
$$\rho \cdot \left(\frac{\partial w}{\partial t} + u\frac{\partial w}{\partial x} + v\frac{\partial w}{\partial y} + w\frac{\partial w}{\partial z} \right) = -\frac{\partial p}{\partial z} + \mu \cdot \left(\frac{\partial^2 w}{\partial x^2} + \frac{\partial^2 w}{\partial y^2} + \frac{\partial^2 w}{\partial z^2} \right).$$

Auf der linken Seite befinden sich die Trägheitsterme, auf der rechten Seite die Druck- und Reibungsterme. Die Gleichungen bilden zusammen mit der Kontinuitätsgleichung ein Gleichungssystem von vier partiellen, nichtlinearen Differentialgleichungen zweiter Ordnung für die vier Unbekannten u, v, w und p. Dieses muss für vorgegebene Anfangs- und Randbedingungen gelöst werden. Wird darüber hinaus ein kompressibles Fluid betrachtet, so muss als zusätzliche Unbekannte noch die Dichte ρ berücksichtigt werden. Zum Schließen des Gleichungssystems werden dazu zwei weitere Gleichungen benötigt, zum einen die Energiegleichung und eine weitere Gleichung, bspw. das ideale Gasgesetz, vgl. Gl. 3.16.

3.1.3   Energiegleichung

Werden Strömungen mit Wärmeübergang oder mit großen Dissipationsverlusten betrachtet, spielen Kompressibilität und Strömungstemperatur eine wichtig Rolle. Diese beiden Größen können durch die Energiegleichung gemeinsam mit den Navier-Stokes-Gleichungen und der Kontinuitätsgleichung verknüpft werden. Auch die Energiegleichung ist eine Bilanzgleichung, hier wird der Energieinhalt des Volumenelements dV bilanziert. Die zeitliche Änderung der Enthalpie (Gesamtenergie) im Volumenelement ist gleich der Summe der durch die Strömung ein- und ausfließenden Energieströme plus der durch Wärmeleitung ein- und ausfließenden Energieströme plus der durch Normal- und Schubspannungskräfte entstehenden Leistungen plus der Energiezufuhr von außen. Die Leistung durch das Wirken von äußeren Feldkräften soll hier nicht berücksichtigt werden. Die spezifische

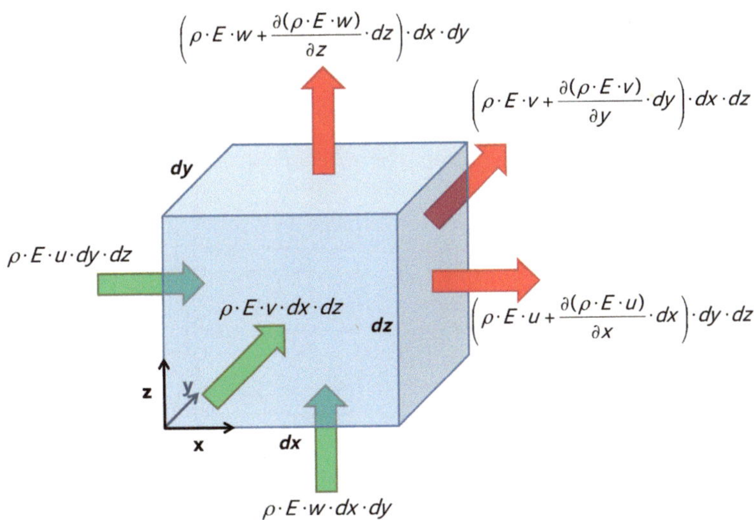

Abb. 3.5 Ein- und austretende Energieströme am Volumenelement dV

Enthalpie h setzt sich zusammen aus der spezifischen inneren Energie und der spezifischen kinetischen Energie des Strömungsmediums

$$h = c_v \cdot T + \frac{1}{2} \cdot \left(u^2 + v^2 + w^2\right) \tag{3.14}$$

und wird analog Abb. 3.5 bilanziert.

Die Wärmeströme ergeben sich aus dem Fourier'schen Wärmeleitungsgesetz

$$\dot{q} = -\lambda \cdot \frac{dT}{dx}. \tag{3.15}$$

Die Leistungen der Normal- und Schubspannungen errechnen sich aus dem Produkt von Spannung, Geschwindigkeit in Spannungswirkrichtung und Flächeninhalt der Elementoberfläche. Es gilt also alles in allem mit einer analog zu Abb. 3.5 durchgeführten Bilanzierung am Volumenelement

$$\frac{\partial \left(\rho \cdot h \cdot dx \cdot dy \cdot dz\right)}{\partial t}$$

$$= \rho \cdot h \cdot u \cdot dy \cdot dz - \left(\rho \cdot h \cdot u + \frac{\partial \left(\rho \cdot h \cdot u\right)}{\partial x} \cdot dx\right) \cdot dy \cdot dz$$

$$+ \rho \cdot h \cdot v \cdot dx \cdot dz - \left(\rho \cdot h \cdot v + \frac{\partial \left(\rho \cdot h \cdot v\right)}{\partial y} \cdot dy\right) \cdot dx \cdot dz$$

$$+ \rho \cdot h \cdot w \cdot dx \cdot dy - \left(\rho \cdot h \cdot w + \frac{\partial \left(\rho \cdot h \cdot w\right)}{\partial z} \cdot dz\right) \cdot dx \cdot dy$$

$$- \lambda \cdot \frac{\partial T}{\partial x} \cdot dy \cdot dz - \left(-\lambda \cdot \frac{\partial T}{\partial x} - \frac{\partial}{\partial x}\left(-\lambda \cdot \frac{\partial T}{\partial x}\right) \cdot dx\right) \cdot dy \cdot dz$$

$$- \lambda \cdot \frac{\partial T}{\partial y} \cdot dx \cdot dz - \left(-\lambda \cdot \frac{\partial T}{\partial y} - \frac{\partial}{\partial y}\left(-\lambda \cdot \frac{\partial T}{\partial y}\right) \cdot dy\right) \cdot dx \cdot dz$$

$$- \lambda \cdot \frac{\partial T}{\partial z} \cdot dx \cdot dy - \left(-\lambda \cdot \frac{\partial T}{\partial z} - \frac{\partial}{\partial z}\left(-\lambda \cdot \frac{\partial T}{\partial z}\right) \cdot dz\right) \cdot dx \cdot dy$$

$$- \sigma_{xx} \cdot dy \cdot dz \cdot u + \left(\sigma_{xx} \cdot u + \frac{\partial \left(\sigma_{xx} \cdot u\right)}{\partial x} \cdot dx\right) \cdot dy \cdot dz$$

$$- \tau_{xy} \cdot dy \cdot dz \cdot v + \left(\tau_{xy} \cdot v + \frac{\partial \left(\tau_{xy} \cdot v\right)}{\partial x} \cdot dx\right) \cdot dy \cdot dz$$

$$- \tau_{xz} \cdot dy \cdot dz \cdot w + \left(\tau_{xz} \cdot w + \frac{\partial \left(\tau_{xz} \cdot w\right)}{\partial x} \cdot dx\right) \cdot dy \cdot dz$$

$$- \tau_{xy} \cdot dx \cdot dz \cdot u + \left(\tau_{xy} \cdot u + \frac{\partial \left(\tau_{xy} \cdot u\right)}{\partial y} \cdot dy\right) \cdot dx \cdot dz$$

$$- \sigma_{yy} \cdot dx \cdot dz \cdot v + \left(\sigma_{yy} \cdot v + \frac{\partial \left(\sigma_{yy} \cdot v\right)}{\partial y} \cdot dy\right) \cdot dx \cdot dz$$

$$- \tau_{yz} \cdot dx \cdot dz \cdot w + \left(\tau_{yz} \cdot w + \frac{\partial \left(\tau_{yz} \cdot w \right)}{\partial y} \cdot dy \right) \cdot dx \cdot dz$$

$$- \tau_{xz} \cdot dx \cdot dy \cdot u + \left(\tau_{xz} \cdot u + \frac{\partial \left(\tau_{xz} \cdot u \right)}{\partial z} \cdot dz \right) \cdot dx \cdot dy$$

$$- \tau_{yz} \cdot dx \cdot dy \cdot v + \left(\tau_{yz} \cdot v + \frac{\partial \left(\tau_{yz} \cdot v \right)}{\partial z} \cdot dz \right) \cdot dx \cdot dy$$

$$- \sigma_{zz} \cdot dx \cdot dy \cdot w + \left(\sigma_{zz} \cdot w + \frac{\partial \left(\sigma_{zz} \cdot w \right)}{\partial z} \cdot dz \right) \cdot dx \cdot dy. \tag{3.16}$$

Daraus ergibt sich die allgemeine Form der Energiegleichung für kompressible Newton'sche Fluide:

$$\frac{\partial \left(\rho \cdot h \right)}{\partial t} + \frac{\partial \left(\rho \cdot h \cdot u \right)}{\partial x} + \frac{\partial \left(\rho \cdot h \cdot v \right)}{\partial y} + \frac{\partial \left(\rho \cdot h \cdot w \right)}{\partial z}$$

$$= \frac{\partial}{\partial x} \left(\lambda \cdot \frac{\partial T}{\partial x} \right) + \frac{\partial}{\partial y} \left(\lambda \cdot \frac{\partial T}{\partial y} \right) + \frac{\partial}{\partial z} \left(\lambda \cdot \frac{\partial T}{\partial z} \right) + \frac{\partial \left(\sigma_{xx} \cdot u \right)}{\partial x} + \frac{\partial \left(\tau_{xy} \cdot v \right)}{\partial x} + \frac{\partial \left(\tau_{xz} \cdot w \right)}{\partial x}$$

$$+ \frac{\partial \left(\tau_{xy} \cdot u \right)}{\partial y} + \frac{\partial \left(\sigma_{yy} \cdot v \right)}{\partial y} + \frac{\partial \left(\tau_{yz} \cdot w \right)}{\partial y} + \frac{\partial \left(\tau_{xz} \cdot u \right)}{\partial z} + \frac{\partial \left(\tau_{yz} \cdot v \right)}{\partial z} + \frac{\partial \left(\sigma_{zz} \cdot w \right)}{\partial z}. \tag{3.17}$$

Die Spannungsterme können mit Hilfe der Stokes'schen Hypothese umgeformt werden, sodass u, v, w, p, ρ und T als Unbekannte übrig bleiben. Ein Gleichungssystem, gebildet aus der Kontinuitätsgleichung, den Navier-Stokes-Gleichungen, der Energiegleichung und dem idealen Gasgesetz ($R = $ ideale Gaskonstante)

$$p = \rho \cdot R \cdot T \tag{3.18}$$

ist dann mathematisch geschlossen.

3.1.4 Boltzmann-Gleichung

Die Anwendung der Navier-Stokes-Gleichungen zur Strömungsberechnung setzt voraus, dass das Strömungsmedium unter den jeweiligen Bedingungen in guter Näherung als Kontinuum betrachtet werden kann. Ob das Strömungsproblem im Kontinuum stattfindet, kann mit der Knudsenzahl Kn abgeschätzt werden:

$$Kn = \frac{\lambda_m}{l_{\text{char}}}. \tag{3.19}$$

Die Knudsenzahl ist das Verhältnis zwischen der mittleren freien Weglänge λ_m, die ein Molekül eines Gases zwischen zwei Stößen zurücklegt und der charakteristischen Länge des Strömungsproblems l_{char}. Sie gibt Auskunft über das Verhältnis der Anzahl von Teilchen-Teilchen- und Teilchen-Wand-Stößen. Für kleine Werte $Kn \leq 0{,}01$ herrschen Stöße im Gas gegenüber Wandstößen vor. Dementsprechend bildet das Fluid ein Kontinuum.

Grundsätzlich wäre es aber auch möglich, die Bewegung jedes einzelnen Moleküls im Strömungsvolumen zu simulieren und aus den Ergebnissen auf makroskopische Größen wie Druck und Geschwindigkeit zu schließen. Hierfür existiert keine Einschränkung durch die Knudsenzahl. Da aber bereits in einem Volumen von $1\,\text{mm}^3$ etwa $2{,}5 \cdot 10^{16}$ Moleküle enthalten sind, ist eine solche Simulation aufgrund der heute verfügbaren Rechnerressourcen nur bedingt machbar und wegen der resultierenden hohen Rechenzeiten nur für Grundlagenfälle möglich. Daher wird eine statistische Beschreibung der Molekülzustände bewegter Moleküle in Form der molekularen Geschwindigkeitsverteilungsfunktion f verwendet. Sie ist nach *Hänel* [18] im molekularen Geschwindigkeitsbereich zwischen $\boldsymbol{\xi}$ und $\boldsymbol{\xi} + d\boldsymbol{\xi}$ und im infinitesimalen Kontrollvolumen dV am Ort $\boldsymbol{x} = (x,y,z)$ definiert als Quotient aus der Teilchenanzahl dN, dem infinitesimalen molekularen Geschwindigkeitsbereich $d\boldsymbol{\xi}$ und dem Kontrollvolumen dV. Es gilt

$$f\,(x,\xi) = \frac{\partial^2 N}{\partial V \cdot \partial \xi}. \tag{3.20}$$

Diese Verteilungsfunktion hat die Einheit $1\,\text{s}^3/\text{m}^6$. Die Verteilungsfunktion f ist Lösung der Boltzmann-Gleichung. Dabei handelt es sich um eine Integro-Differenzialgleichung, die auf der linken Seite den Teilchentransport und auf der rechten Seite die Teilchen-Teilchen-Stöße beschreibt. Dabei ist die Beschreibung der Teilchen-Teilchen-Stöße mathematisch gesehen deutlich komplexer.

Die Boltzmann-Gleichung kann aber durch den Ansatz nach *Bhatnagar*, *Gross* und *Krook* (BGK-Modell, bspw. in [18]) linearisiert werden, wobei dieses BGK-Modell trotz seiner einfacheren Form die wichtigsten Eigenschaften der ursprünglichen Boltzmann-Gleichung aufweist. Es erfüllt den zweiten thermodynamischen Hauptsatz (sog. H-Theorem) und führt durch geeignete Integration auf die makroskopischen Erhaltungsgleichungen. Im BGK-Modell werden die Kollisionen durch die Änderung (sog. Relaxation) der Verteilungsfunktion zu einer Gleichgewichtsverteilung $f^{(\text{Gl})}$ innerhalb einer Relaxationszeit τ beschrieben.

Die Gleichgewichtsverteilungsfunktion gibt dabei die Verteilung der Teilchengeschwindigkeiten im thermodynamischen Gleichgewicht an. Ein Beispiel für eine Gleichgewichtsverteilung ist die unten angegebene Maxwellverteilung $f^{(M)}$. Der Kehrwert der Relaxationszeit wird als Kollisionsfrequenz ω bezeichnet. Diese ist umgekehrt proportional zur Relaxationszeit τ.

$$\frac{\partial f}{\partial t} + \sum_{i=1}^{3}\left[\xi_i \cdot \frac{\partial f}{\partial x_i} + \frac{F_i}{m_p} \cdot \frac{\partial f}{\partial \xi_i}\right] = \omega \cdot \left(f^{(\text{Gl})} - f\right), \tag{3.21}$$

$$f^{(\text{Gl})} = f^{(M)}\left(\xi^2\right) = \frac{n}{(2\pi \cdot R \cdot T)^{\frac{3}{2}}} \cdot e^{\left[\frac{(\xi - u)^2}{2RT}\right]}. \tag{3.22}$$

Hierbei ist R die spezifische Gaskonstante und T die Temperatur des Strömungsmediums, F_i steht für ggf. auftretende äußere Feldkräfte. Makroskopische Größen wie Teilchen- und Massendichte, Geschwindigkeit, Druck etc. können dann aus geeigneter Integration von f über dem Geschwindigkeitsraum berechnet werden, Beispiele hierfür sind makroskopische Geschwindigkeit und Druck:

$$\rho = m \cdot \int_{-\infty}^{\infty} f \cdot d\xi \quad u_i = \frac{m}{\rho} \cdot \int_{-\infty}^{\infty} \xi_i \cdot f \cdot d\xi \quad p = \frac{m}{3} \cdot \int_{-\infty}^{\infty} (\xi - \boldsymbol{u})^2 \cdot f \cdot d(\xi - \boldsymbol{u}). \tag{3.23}$$

3.1.5 Strömungsformen und Turbulenz

Eine Körperumströmung ist bzgl. ihrer Topologie nicht bei allen Geschwindigkeiten gleich, es treten vielmehr eine Reihe von unterschiedlichen Zuständen auf, wie das Beispiel einer Kugelumströmung zeigt (Abb. 3.6). Zur verallgemeinerten Klassifizierung von Geschwindigkeitsbereichen bei unterschiedlichen Strömungsmedien muss hierfür zunächst die Reynoldszahl definiert werden. Mit der Anströmgeschwindigkeit v_∞, einer charakteristischen Körperabmessung l_{char} und der kinematischen Viskosität ν des Strömungsmediums wird sie wie folgt formuliert:

$$Re = \frac{l_{\text{char}} \cdot v_\infty}{\nu}. \tag{3.24}$$

Für die folgenden Überlegungen ist der Begriff der Grenzschicht von entscheidender Bedeutung. Dieser bezeichnet den Strömungsbereich nahe einer Wandung und soll anhand Abb. 3.7 erläutert werden.

Die direkt die Wand überstreichende Strömungsschicht muss aufgrund der Rauigkeit an der festen Wand haften. Hier herrscht also die Strömungsgeschwindigkeit null. Diese Tatsache wird auch als Wandhaftbedingung der Strömungsmechanik bezeichnet. Mit zunehmender Entfernung von der Wand nimmt die Strömungsgeschwindigkeit durch Zähigkeitseffekte langsam zu. In einigem Abstand zur Wand ist dann die Geschwindigkeit der Außenströmung erreicht. Der Bereich zwischen Wand und der Stelle an der gerade Außenströmungsgeschwindigkeit erreicht ist, wird Grenzschicht mit der Grenzschichtdicke δ genannt.

Die für die Kugelumströmung gezeigten Strömungsformen können in zwei grundlegende Klassen eingeteilt werden, wenn die Strömungsstruktur innerhalb der Grenzschicht betrachtet wird. Bis zu einer Reynoldszahl von etwa $2 \cdot 10^5$ findet in der Grenzschicht eine geordnete Teilchenbewegung in Strömungshauptrichtung statt, der keine Querbewegung überlagert ist. Eine solche Grenzschicht wird als laminare Grenzschicht bezeichnet. Das Geschwindigkeitsprofil vor Augen kann auch von einem Schichtmodell von Schichten anwachsender Geschwindigkeit gesprochen werden. Die Strömungszustände eins bis drei

Reynolds-Zahl-Bereich	Strömungsbereich	Strömungsform	Strömungs-charakteristik	Strouhal-Zahl Sr	Widerstands-beiwert c_W	Ablösungs-winkel Θ_A
$Re \to 0$	schleichende Strömung	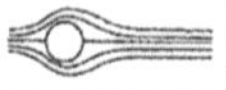	stationär. kein Nachlauf	–	siehe Bild 1.12	–
$3 - 4 < Re < 30 - 40$	Wirbelpaar im Nachlauf	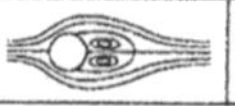	stationär. Ablösung symmetrisch	–	$1,59 < c_W < 4,52$ (Re = 30) (Re = 4)	$130° < \Theta_A < 180°$ (Re = 35) (Re = 5)
$\frac{30}{40} < Re < \frac{80}{90}$	Einsetzen der Kármánschen Wirbelstraße	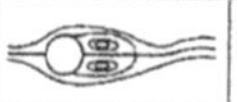	laminar. Nachlauf instabil	–	$1,17 < c_W < 1,59$ (Re = 100) (Re = 30)	$115° < \Theta_A < 130°$ (Re = 90) (Re = 35)
$\frac{80}{90} < Re < \frac{150}{300}$	reine Kármánsche Wirbelstraße	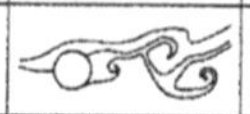	Karmansche Wirbelstraße	$0,14 < Sr < 0,21$		
$\frac{150}{300} < Re < \frac{10^5}{1,3 \cdot 10^5}$	unterkritischer Bereich	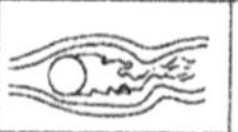	laminarer Nah-Nachlauf mit Wirbelstraßen-Instabilität	$Sr \approx 0,21$	$c_W \approx 1,2$	$\Theta_A \approx 80°$
$\frac{10^5}{1,3 \cdot 10^5} < Re < 3,5 \cdot 10^6$	kritischer Bereich		laminare Ablösung. turbulentes Anlegen turbulente Ablösung. turbulenter Nachlauf	keine bevorzugte. Frequenz	$0,2 < c_W < 1,2$	$80° < \Theta_A < 140°$
$3,5 \cdot 10^6 < Re$	überkritischer Bereich (transkritisch)		turbulente Ablösung	$0,25 < Sr < 0,30$	$c_W \approx 0,6$	$\Theta_A \approx 115°$

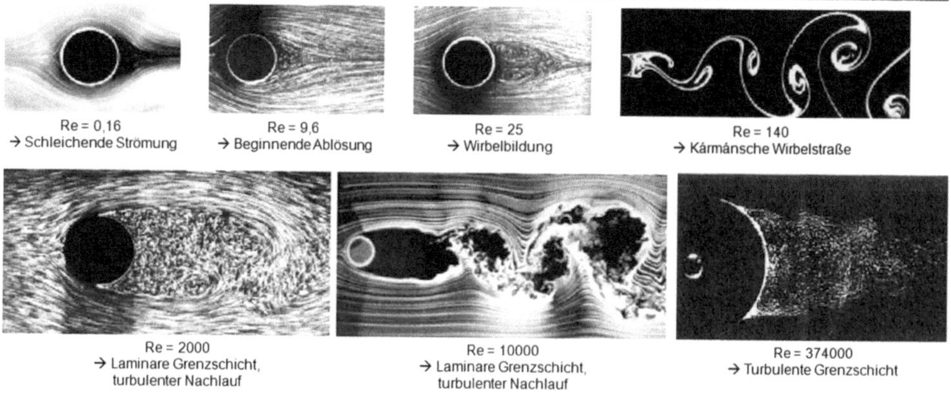

Re = 0,16
→ Schleichende Strömung

Re = 9,6
→ Beginnende Ablösung

Re = 25
→ Wirbelbildung

Re = 140
→ Kármánsche Wirbelstraße

Re = 2000
→ Laminare Grenzschicht, turbulenter Nachlauf

Re = 10000
→ Laminare Grenzschicht, turbulenter Nachlauf

Re = 374000
→ Turbulente Grenzschicht

Abb. 3.6 Unterschiedliche Kugelumströmungen in Abhängigkeit der Anströmgeschwindigkeit, ausgedrückt durch die Reynoldszahl *Re*. (Aus Schlichting und Gersten [48])

aus Abb. 3.6 zeigen eine solche laminare Grenzschicht. Bei Erhöhung der Anströmge-schwindigkeit wird irgendwann ein Punkt erreicht, an dem die Teilchenbewegung in der Grenzschicht instabil wird. Es kann zwar nach wie vor noch eine geordnete Struktur beob-achtet werden, allerdings treten spontane Bereiche mit überlagerter Querbewegung auf, so genannte Turbulenzballen. Dieser Strömungszustand wird als Transition zwischen lamina-rer und turbulenter Grenzschicht bezeichnet. Bei weiterer Erhöhung der Geschwindigkeit wird dann recht bald ein Zustand erreicht, in dem keine geordnete Struktur mehr auftritt, die Grenzschichtströmung besteht nun aus einer Hauptströmung und einer ihr überlager-ten chaotisch verteilten Querbewegung. Dieser Zustand wird als vollturbulent bezeichnet. Bei der Kugelumströmung ist das Beispiel sieben einer turbulenten Grenzschicht zuzu-ordnen. Abb. 3.8 zeigt die dimensionslosen Geschwindigkeitsprofile einer laminaren und einer turbulenten Grenzschicht.

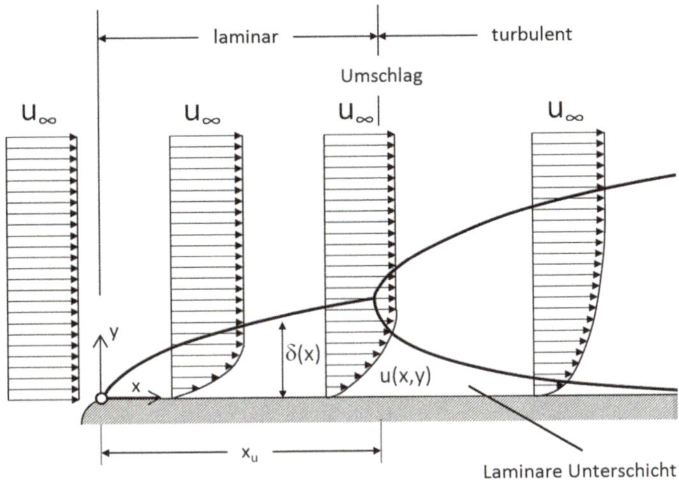

Abb. 3.7 Prinzipdarstellung einer Strömungsgrenzschicht und ihres Geschwindigkeitsprofils an einer längsangeströmten Platte inkl. laminar-turbulentem Umschlag (Abmessungen in y-Richtung sind sehr stark überhöht)

Abb. 3.8 Laminares und turbulentes Grenzschichtprofil an einer krümmungsfreien Oberfläche

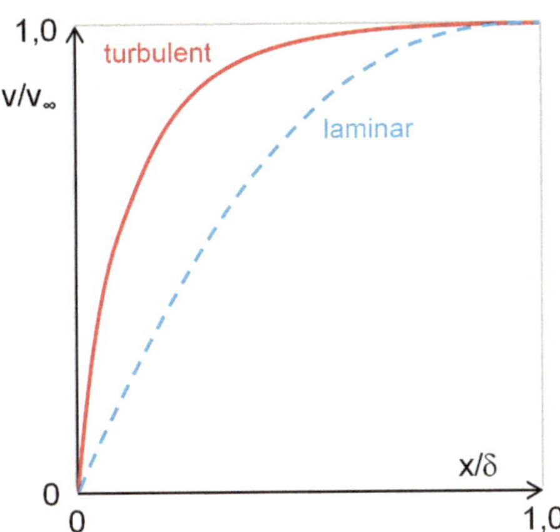

In der turbulenten Grenzschicht ist zunächst ein schnellerer Geschwindigkeitsanstieg zur Außenströmung zu beobachten, der Geschwindigkeitsgradient an der Wand ist also größer, was durch den Impulsaustausch in Querrichtung zu erklären ist. Dann verlangsamt der Geschwindigkeitsanstieg aber, was dazu führt, dass die Grenzschichtdicken größer sind als bei der laminaren. Das unterschiedliche Grenzschichtprofil wirkt sich auch auf die Schubspannung an der Oberfläche aus. Turbulente Grenzschichten haben aufgrund des größeren Geschwindigkeitsgradienten höhere Schubspannungswirkungen und sorgen damit für einen erhöhten Reibungswiderstand. Außerdem neigen turbulente Grenzschichten bei Druckanstieg (z. B. Aufweitung eines Kanalquerschnitts, sog. Diffusor) nicht so leicht

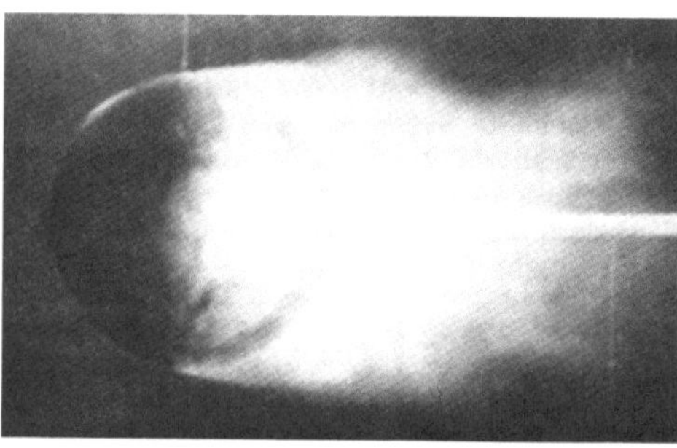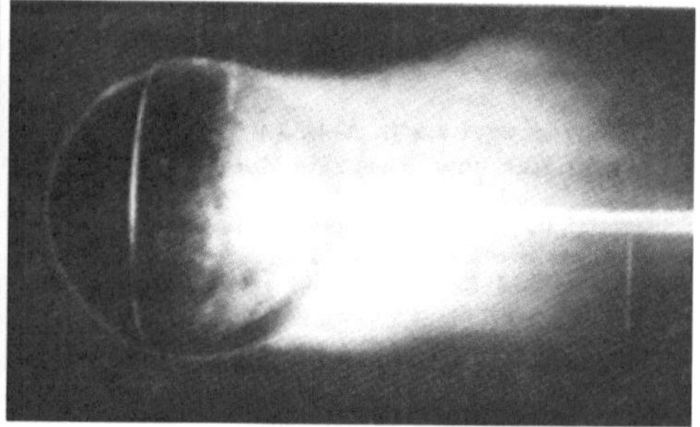

Abb. 3.9 Grenzschichtbeeinflussung bei einer Kugelumströmung mittels als Turbulator wirkendem Stolperdraht. (Schlichting und Gersten [48])

zur Ablösung als laminare. Größere Ablösegebiete führen daher bei laminaren Grenzschichten zu erhöhten Druckwiderständen. Soll die Strömung deshalb länger anliegen, kann über Turbulatoren die Grenzschicht kurzzeitig in einen turbulenten Zustand versetzt werden, vgl. Stolperdraht in Abb. 3.9.

Wie bereits erwähnt: Der laminare Strömungszustand in der Grenzschicht ist nur unter bestimmten Bedingungen gegenüber Störungen stabil. Bei großen überstrichenen Oberflächenlängen (Lauflängen) tritt ein Umschlag in den turbulenten Strömungszustand auf. Der Umschlagspunkt ist durch die Reynoldszahl beschreibbar. So liegt bei einer längsangeströmten Platte der Umschlagpunkt analog Abb. 3.7 bei etwa $Re = 5 \cdot 10^4$. In der Abbildung ist auch nochmals der Unterschied der Grenzschichtdicke dargestellt.

Die längsangeströmte Platte mit einem über der Lauflänge konstanten Strömungsdruck stellt dabei einen einfachen Fall dar. In dem realistischeren Fall der Druckänderung in Strömungsrichtung bewirkt Druckabfall (d. h. Aufweitung des Umströmungskörpers) eine Stabilisierung der laminaren Grenzschicht, während Druckanstieg (d. h. Verjüngung des Umströmungskörpers) sehr schnell zum Umschlag in den turbulenten Bereich führt. Wie in Abb. 3.7 ebenfalls dargestellt, bildet sich bei der turbulenten Grenzschicht direkt an der Wand stets eine laminare Unterschicht aus, da hier für die Strömung keine turbulente Bewegung möglich ist. Diese misst allerdings nur etwa ein Prozent der Gesamthöhe der turbulenten Grenzschicht. Auf die verschiedenen Gebiete in der turbulenten Grenzschicht wird in den Abschn. 3.1.6 und 8.5 bei der Vorstellung von Wandmodellen nochmals detailliert eingegangen.

In Abb. 3.10 sind die Widerstandsbeiwerte für einen querangeströmten Kreiszylinder und eine Kugel über der Reynoldszahl der ungestörten Anströmung mit D als Körperdurchmesser dargestellt. Der erwähnte laminar-turbulente Umschlag findet in dem schraffiert gezeichneten Reynoldszahl-Bereich statt. Sowohl für $Re < Re_{\text{krit}}$ als auch für $Re > Re_{\text{krit}}$ sind die Widerstandsbeiwerte nahezu konstant und bei turbulenter Strömung kleiner als bei laminarer. Grund hierfür ist die Verkleinerung der Ablösung durch die bereits beschriebene, länger anliegende Strömung im turbulenten Fall. Ähnliches wird in Abb. 3.11 für Straßenfahrzeuge gezeigt.

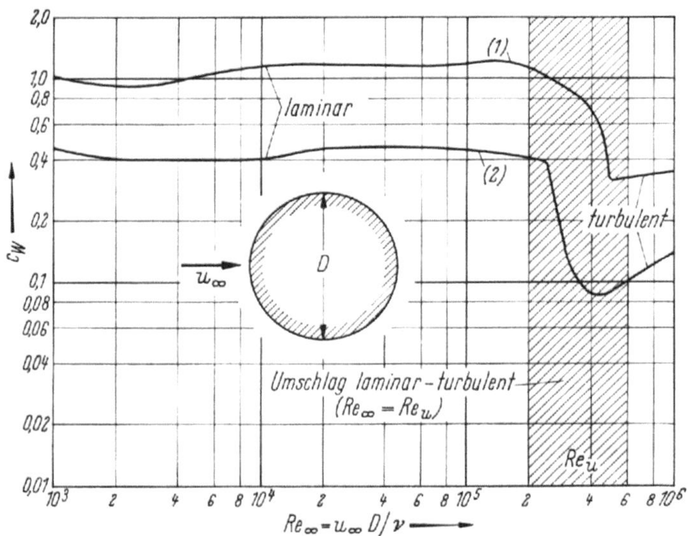

Abb. 3.10 Widerstandsbeiwerte von querangeströmtem Kreiszylinder (*1*) und Kugel (*2*) in Abhängigkeit von der Reynoldszahl. (Tuckenbrodt [57])

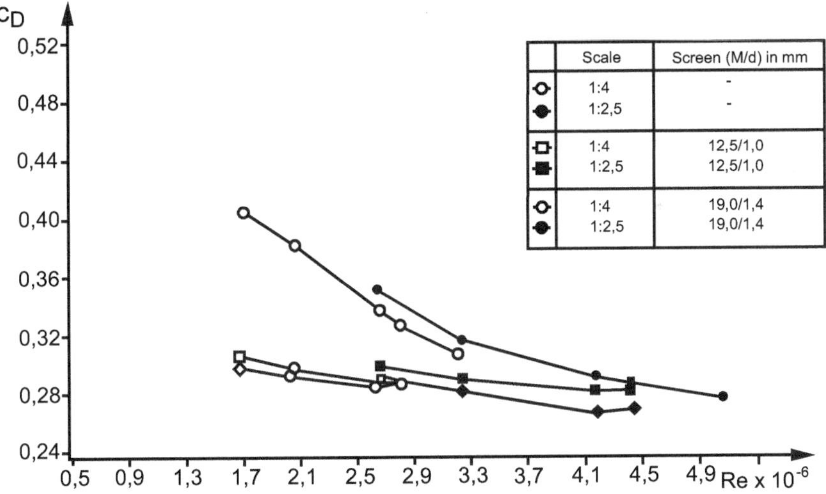

	Scale	Screen (M/d) in mm
○	1:4	-
●	1:2,5	-
□	1:4	12,5/1,0
■	1:2,5	12,5/1,0
◇	1:4	19,0/1,4
◆	1:2,5	19,0/1,4

Abb. 3.11 Widerstandsbeiwert von Straßenfahrzeugen in Abhängigkeit der Reynoldszahl

3.1.6 Turbulenzmodelle und Wandgesetze

Turbulente Strömungen können aufgefasst werden als eine superpositionierte Bewegung aus einem Bewegungsanteil in Hauptströmungsrichtung und einer dies überlagernden turbulenten Schwankungsbewegung. Für eine zeitlich hochauflösende Sonde zur Messung einer Strömungsgröße ergibt sich das Zeitsignal aus Abb. 3.12.

Abb. 3.12 Gemessenes Zeitsignal einer Strömungsgröße w_i
in turbulenter Strömung

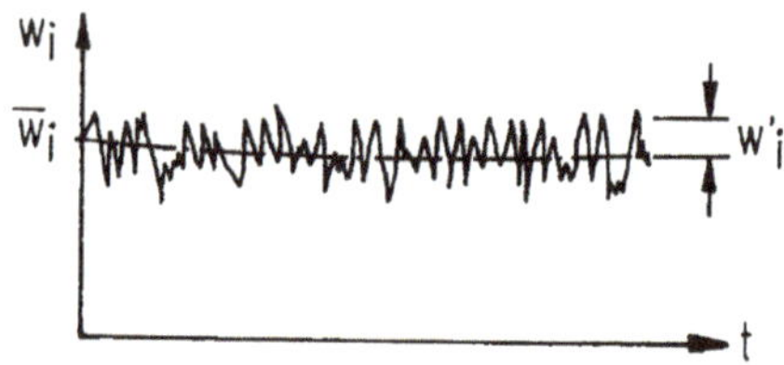

Entsprechend dieser Beobachtung lässt sich für die Strömungsgrößen u, v, w, p, T,
und ρ schreiben

$$u = \overline{u} + u'; v = \overline{v} + v'; \quad w = \overline{w} + w'; \quad p = \overline{p} + p'; \quad T = \overline{T} + T' \quad \text{und} \quad \rho = \overline{\rho} + \rho',$$

wobei die jeweils gestrichene Größe den zeitlichen Schwankungsanteil bezeichnet. Für
die meisten technischen Anwendungen ist nur der Hauptbewegungsanteil von Bedeutung, so interessiert bspw. bei einem Fahrzeugwasserkühler lediglich der Luftdurchsatz
als Mittelwert oder Schwankungen in Zeitintervallen der Größenordnung 1 s, nicht aber
eine turbulente Schwankungsgröße.

Numerische Verfahren (vgl. Kap. 8) kommen dann durch deutlich gröbere Zeit-, aber
auch durch gröbere Raumschrittweiten aufgrund der nicht aufzulösenden Turbulenzstruk-
turen mit deutlich geringeren Rechenzeiten bis zur Lösung aus. Je nach Mitteilungsin-
tervall werden klein- und großskalige Strukturen gemittelt, vgl. Abb. 3.13. Deshalb kann
durch Einsetzen obiger Superpositionsansätze in die Navier-Stokes-Gleichungen und an-
schließender Mittelung der Gleichungen über einem zu wählenden Zeitintervall der Größe
t_m versucht werden, lediglich den Hauptbewegungsanteil zu beschreiben. Dabei gilt

$$\overline{\overline{u} + u'} = \overline{\overline{u}} + \overline{u'} = \overline{u}, \quad \overline{\overline{u} \cdot u'} = \overline{\overline{u}} \cdot \overline{u'} = 0 \quad \text{und} \quad \overline{u' \cdot v'} \neq 0,$$

Abb. 3.13 Kolmogorow-Spek-
trum der Turbulenz

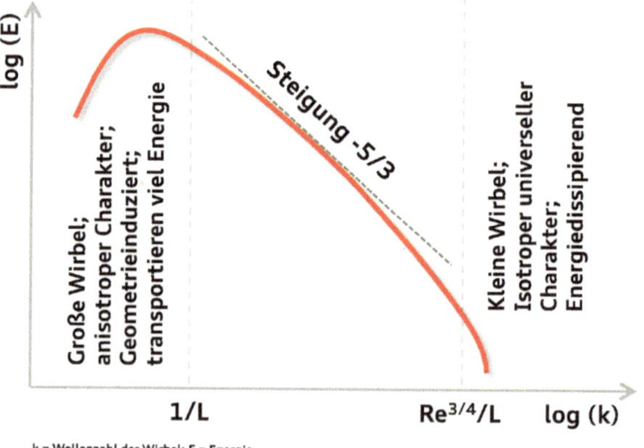

da die Mittelung des Schwankungsanteils null ergibt. Aus den (hier inkompressibel gewählten) Navier-Stokes-Gleichungen folgen hiermit die Reynoldsgemittelten Navier-Stokes-Gleichungen (RANS: Reynolds-Averaged-Navier-Stokes). Diese lauten

$$
\begin{aligned}
&\frac{\partial \overline{u}}{\partial t} + \overline{u}\frac{\partial \overline{u}}{\partial x} + \overline{v}\frac{\partial \overline{u}}{\partial y} + \overline{w}\frac{\partial \overline{u}}{\partial z} \\
&= -\frac{1}{\rho}\frac{\partial \overline{p}}{\partial x} + \nu\left(\frac{\partial^2 \overline{u}}{\partial x^2} + \frac{\partial^2 \overline{u}}{\partial y^2} + \frac{\partial^2 \overline{u}}{\partial z^2}\right) + \left(\frac{\partial \overline{u'^2}}{\partial x} + \frac{\partial \overline{u'v'}}{\partial y} + \frac{\partial \overline{u'w'}}{\partial z}\right), \\
&\frac{\partial \overline{v}}{\partial t} + \overline{u}\frac{\partial \overline{v}}{\partial x} + \overline{v}\frac{\partial \overline{v}}{\partial y} + \overline{w}\frac{\partial \overline{v}}{\partial z} \\
&= -\frac{1}{\rho}\frac{\partial \overline{p}}{\partial y} + \nu\left(\frac{\partial^2 \overline{v}}{\partial x^2} + \frac{\partial^2 \overline{v}}{\partial y^2} + \frac{\partial^2 \overline{v}}{\partial z^2}\right) + \left(\frac{\partial \overline{u'v'}}{\partial x} + \frac{\partial \overline{v'^2}}{\partial y} + \frac{\partial \overline{v'w'}}{\partial z}\right), \\
&\frac{\partial \overline{w}}{\partial t} + \overline{u}\frac{\partial \overline{w}}{\partial x} + \overline{v}\frac{\partial \overline{w}}{\partial y} + \overline{w}\frac{\partial \overline{w}}{\partial z} \\
&= -\frac{1}{\rho}\frac{\partial \overline{p}}{\partial z} + \nu\left(\frac{\partial^2 \overline{w}}{\partial x^2} + \frac{\partial^2 \overline{w}}{\partial y^2} + \frac{\partial^2 \overline{w}}{\partial z^2}\right) + \left(\frac{\partial \overline{u'w'}}{\partial x} + \frac{\partial \overline{v'w'}}{\partial y} + \frac{\partial \overline{w'^2}}{\partial z}\right).
\end{aligned}
\tag{3.25}
$$

Auf der rechten Seite tauchen Terme auf, die aus dem Produkt zweier Schwankungsgrößen bestehen, die also durch die Mittelung der Gleichung nicht null wurden. Mit der Dichte multipliziert haben diese die Dimension einer Spannung, werden daher als turbulente Schubspannungen oder auch Scheinschubspannungen bezeichnet und können wie die molekularen Spannungen in Tensorform geschrieben werden

$$
\vec{\tau}'_{ij} = \rho \cdot \begin{pmatrix} \overline{u'^2} & \overline{u'v'} & \overline{u'w'} \\ \overline{u'v'} & \overline{v'^2} & \overline{v'w'} \\ \overline{u'w'} & \overline{v'w'} & \overline{w'^2} \end{pmatrix}.
\tag{3.26}
$$

Im Weiteren sind auch die Größen Turbulenzgrad Tu und spezifische turbulente kinetische Energie k von Bedeutung. Diese sind anhand der turbulenten Schwankungsgeschwindigkeiten definiert. Es gilt

$$
Tu = \frac{1}{u_\infty}\sqrt{\frac{1}{3}\left(u'^2 + v'^2 + w'^2\right)} \quad \text{und} \quad k = \frac{1}{2}\cdot\left(u'^2 + v'^2 + w'^2\right).
\tag{3.27}
$$

Eine Folgerung aus dieser Reynolds-Mittelung ist, dass offenbar die Turbulenz die Hauptströmung beeinflusst und zwar in Form von scheinbar höheren Schubspannungen im Fluid. Die Mittelung wurde (zur Erinnerung!) mit dem Ziel durchgeführt, die NSG für die Anwendung auf Strömungsprobleme, bei denen nur die Hauptströmung interessiert, zu vereinfachen. Soll dieses Ziel mit den RANS-Gleichungen nach wie vor verfolgt werden, müssen die unbekannten turbulenten Schubspannungen in irgendeiner Weise modelliert

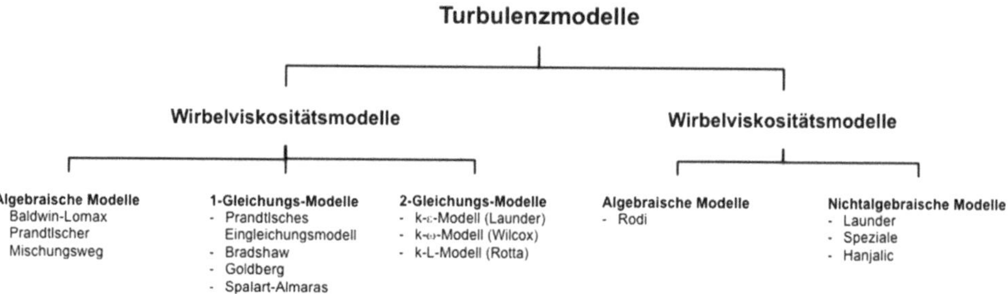

Abb. 3.14 Einteilung der Turbulenzmodelle. (Nach Schlichting und Gersten [48] und Oertel und Laurien [40])

werden. Das führt auf den Einsatz sogenannter Turbulenzmodelle. Diese können nach der Art der Modellierung entsprechend Abb. 3.14 unterschieden werden.

Zunächst wird zwischen Wirbelviskositäts- und Reynolds-Spannungs-Modellen unterschieden. Wirbelviskositätsmodellen liegt die Annahme zugrunde, dass sich die Turbulenz isotrop verhält, d. h. alle turbulenten Spannungen τ_{ij} skalieren mit einer Proportionalitätsgröße, der Wirbelviskosität. Nach Boussinesq gilt analog zum Newton'schen Reibungsgesetz

$$\tau_{ij} = \rho \cdot \overline{u_i' u_j'} = \rho \cdot v_t \cdot \left(\frac{\partial \overline{u}_i}{\partial x_j} + \frac{\partial \overline{u}_j}{\partial x_i} \right) - \frac{2}{3} \cdot \rho \cdot k \cdot \delta_{ij}. \tag{3.28}$$

Der rechte Term der Gleichung stellt den turbulenten Druck dar ($\delta_{i,j} = 0$ für $i \neq j$), kann aber meist vernachlässigt werden und wird hier nicht weiter betrachtet. Die Wirbelviskositätsmodelle teilen sich weiterhin auf in die Anzahl der Differenzialgleichungen, die benötigt werden, um die Wirbelviskosität zu bestimmen. Algebraische Modelle, wie das Prandtl'sche Mischungswegmodell, beinhalten keine zusätzliche Differenzialgleichung, werden daher auch Nullgleichungsmodelle oder auch algebraische Modelle genannt. Hier wird die Wirbelviskosität oder direkt die turbulente Schubspannung mit einfachen algebraischen Gleichungen bestimmt. Anwendung finden diese Modelle aufgrund ihrer begrenzten Genauigkeit in der Fahrzeugaerodynamik nur noch selten.

Ein- und Zweigleichungsmodelle sind dagegen heute weit verbreitet. Bei Eingleichungsmodellen wird für die Größe k eine zusätzliche Differenzialgleichung verwendet, mit deren Hilfe die Wirbelviskosität v_t bestimmt werden kann. Bei Zweigleichungsmodellen wird dies durch eine weitere Differenzialgleichung ergänzt, wie z. B. beim k-ε-Modell durch eine DGL für die spezifische Dissipation ε. Es sei hier noch angemerkt, dass für k auch eine exakte Bilanzgleichung vorliegt, deren numerische Lösung aber aufgrund der Komplexität in der Praxis der technischen Anwendungen nicht relevant ist. Die Größe ε ist anhand der turbulenten Schwankungsgeschwindigkeiten beschrieben. Hier sei auf weiterführende Literatur verwiesen, bspw. *Schlichting und Gersten* in [48, S. 504 f.].

Bei Zweigleichungsmodellen wird die Wirbelviskosität nach folgendem Ansatz aus der Dimensionsanalyse bestimmt:

$$v_t = c_\mu \cdot \frac{k^2}{\varepsilon}. \qquad (3.29)$$

Dabei ist c_μ eine empirisch bestimmte Konstante mit dem Wert $c_\mu = 0{,}09$. Im k-ε-Modell werden nun für die Größen k und ε zwei Differenzialgleichungen verwendet. Diese lauten in Indexschreibweise

$$\rho \left(\frac{\partial k}{\partial t} + \overline{u}_j \frac{\partial k}{\partial x_j} \right) = \mu_t \cdot \frac{\partial \overline{u}_i}{\partial x_j} \cdot \left(\frac{\partial \overline{u}_i}{\partial x_j} + \frac{\partial \overline{u}_j}{\partial x_i} \right) + \frac{\partial}{\partial x_j} \cdot \left(\mu \cdot \frac{\partial k}{\partial x_j} + \frac{\mu_t}{\sigma_k} \cdot \frac{\partial k}{\partial x_j} \right) - \rho \cdot \varepsilon$$

$$(3.30)$$

und

$$\rho \left(\frac{\partial \varepsilon}{\partial t} + \overline{u}_j \frac{\partial \varepsilon}{\partial x_j} \right) = c_{\varepsilon 1} \cdot \frac{\varepsilon}{k} \cdot \mu_t \cdot \frac{\partial \overline{u}_i}{\partial x_j} \cdot \left(\frac{\partial \overline{u}_i}{\partial x_j} + \frac{\partial \overline{u}_j}{\partial x_i} \right)$$

$$+ \frac{\partial}{\partial x_j} \cdot \left(\mu \cdot \frac{\partial \varepsilon}{\partial x_j} + \frac{\mu_t}{\sigma_\varepsilon} \cdot \frac{\partial \varepsilon}{\partial x_j} \right) - c_{\varepsilon 2} \cdot \rho \cdot \frac{\varepsilon^2}{k}. \qquad (3.31)$$

Die Differenzialgleichungen sind linearer Art zweiter Ordnung und damit numerisch verhältnismäßig einfach zu lösen. Mit den letzten drei Gleichungen ist nun das Schließungsproblem gelöst, da hier in drei Gleichungen noch zwei Unbekannte, nämlich k und ε, hinzugekommen sind. Die Wirbelviskosität ist damit bestimmbar und das Gleichungssystem gemeinsam mit den RANS-Gleichungen zumindest theoretisch lösbar.

Die wandnahe Strömung muss im Turbulenzmodell ebenfalls berücksichtigt werden. Die Dicke der Grenzschicht skaliert mit der Reynoldszahl, wobei der Geschwindigkeitsgradient an der Wand mit steigender Reynoldszahl größer wird und daher die Grenzschichtdicke abnimmt. Im Rahmen der Turbulenzmodellierung gibt es entsprechend Abb. 3.15 zwei Arten der Beschreibung der wandnahen Strömung.

Einerseits hat das Geschwindigkeitsprofil universellen Charakter, daher gibt es Standardwandfunktionen, die dieses Profil beschreiben. Hier sei beispielhaft das logarithmische Geschwindigkeitsgesetz mit der von-Kármán-Konstante $\kappa = 0{,}41$

$$u = \frac{1}{\kappa} \cdot \sqrt{\frac{\tau_W}{\rho}} \cdot ln \left(y \cdot \sqrt{\frac{\tau_W}{\rho \cdot v^2}} \right) + C \qquad (3.32)$$

genannt. Für die weitere empirische Konstante C gilt $C = 5{,}5$. In der viskosen Unterschicht gilt dann direkte Proportionalität zwischen u und y, nämlich

$$u = \frac{\tau_W}{\rho \cdot v} \cdot y. \qquad (3.33)$$

RANS-Gleichungen und Turbulenzmodell gelten bei der Verwendung solcher Wandfunktionen bis zur Grenzschicht, innerhalb dieser wird dann die Wandfunktion angesetzt.

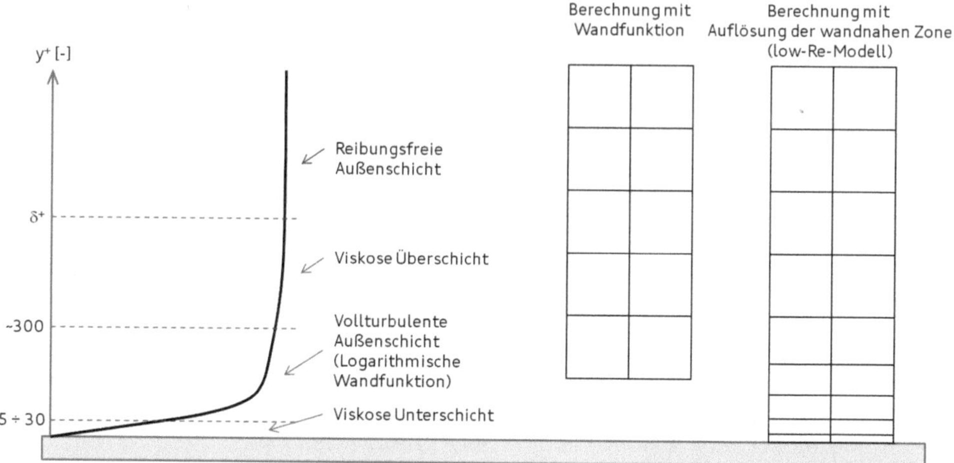

Abb. 3.15 Beschreibung des wandnahen Strömungsbereichs mit einer Wandfunktion und einem low-Reynolds-Modell. (Nach Oertel und Laurien [40])

Andererseits gelingt die Beschreibung der Strömung an der Wand und somit die Verwendung des Turbulenzmodells bis zur Wand, wenn im wandnahen Bereich der starke Rückgang der turbulenten Schubspannung und das Verhalten der Dissipation korrigiert wird. Dieses wird von dem Standard-k-ε-Modell nicht korrekt wiedergegeben. Hierzu existieren eine Reihe von Ansätzen, z. B. führen Launder und Sharma eine Dämpfungsfunktion bei der Berechnung der Wirbelviskosität

$$v_t = c_\mu \cdot f_\mu \cdot \frac{k^2}{\varepsilon} \quad \text{mit} \quad f_\mu = e^{\left(\frac{-3,4}{\left(1 + \frac{k^2}{50 \cdot v \cdot \varepsilon}\right)^2}\right)} \tag{3.34}$$

und einen Zusatzterm D auf der rechten Seite der k-Gleichung

$$D = 2 \cdot v \cdot \left(\frac{\partial}{\partial z}\left(\sqrt{k}\right)\right)^2 \tag{3.35}$$

ein. Da hiermit auch die Vorgänge in recht dicken Grenzschichten bei niedrigen Reynoldzahlen (vgl. Abschn. 3.2.4, Gl. 3.47) beschrieben werden können, ohne eine zu große Fehlerrückwirkung auf die Hauptströmungsbeschreibung in Kauf zu nehmen, werden diese Ansätze auch Niedrig-Reynoldszahl-Turbulenzmodelle genannt.

Bisher wurden die Turbulenzmodelle nur anhand der RANS-Gleichung verständlich. Aber auch bei der Anwendung der Boltzmann-Gleichung erlangen die Rechenverfahren erst dann Praktikabilität, wenn Turbulenzmodelle eine Vergröberung von Zeit- und Raumschrittweite möglich machen. In der Boltzmann-Gleichung wird bei numerischen Lösungsverfahren die Viskosität als physikalische Größe die Zeitschrittweite steuern (vgl.

Kap. 8), weshalb die Wirbelviskositätsansätze hier sehr einfach und auf explizitem Wege einsetzbar sind.

Reynolds-Spannungsmodelle (auch Schließungsmodelle zweiter Ordnung) verwenden je eine Bilanzgleichung für jede Reynolds-Spannung. Hierdurch ist auch die Behandlung anisotroper Turbulenz möglich. Hier sei auf die weiterführende Literatur verwiesen, bspw. *Schlichting und Gersten* in [48].

Auch die Kontinuitäts- und die Energiegleichung können mit dem Mittelungsansatz bearbeitet werden. Dabei verändert sich die Kontinuitätsgleichung nicht, sie wird allein anhand der Hauptströmungsanteile formuliert:

$$\frac{\partial \overline{u}}{\partial x} + \frac{\partial \overline{v}}{\partial y} + \frac{\partial \overline{w}}{\partial z} = 0. \tag{3.36}$$

Die Energiegleichung gewinnt durch die Mittelung ebenso wie die NSG zusätzliche Terme, die im Rahmen thermischer Turbulenzmodelle beschrieben werden können. Darauf soll an dieser Stelle allerdings nicht eingegangen werden.

3.1.7 Druckintegral

Das einen Strömungskörper umgebende Strömungsfeld prägt ihm Strömungsdrücke auf, die in Normalenrichtung auf die Körperoberfläche wirken, und die im Übrigen von der Grenzschicht in erster Näherung nicht verändert werden. Des Weiteren bildet sich aufgrund der zuvor diskutierten Haftbedingung an festen Wänden dort ein Geschwindigkeitsgradient aus, der aufgrund der Zähigkeitskräfte im Fluid eine Schubspannungsverteilung zur Folge hat. Insofern keine weiteren Kraftfelder (Gravität, Magnetismus, etc.) betrachtet werden, sind Druck- und Schubspannungsverteilung also die einzigen auf den Körper wirkenden Kräfte und folglich resultiert auch durch Aufsummierung bzw. Integration eine resultierende Strömungskraft:

$$\vec{F}_{\mathrm{air}} = \int\limits_{A} - p\,(x) \cdot d\vec{A} + \int\limits_{A} \vec{\tau}\,(x) \cdot |d\vec{A}|. \tag{3.37}$$

Das negative Vorzeichen im ersten und die Betragsstriche im zweiten Integral sind dabei notwendig, um die korrekte Richtung der resultierenden Kraft sicherzustellen.

3.2 Näherungsbestimmung und Abschätzungen

In der Praxis werden die in Abschn. 3.1 aufgezeigten Gleichungen vor allem für die numerische Strömungssimulation (CFD) verwendet, sind aber für Abschätzungen und Verständnisaufbau unhandlich und wenig geeignet. Vereinfachte Derivate dieser Gleichungen

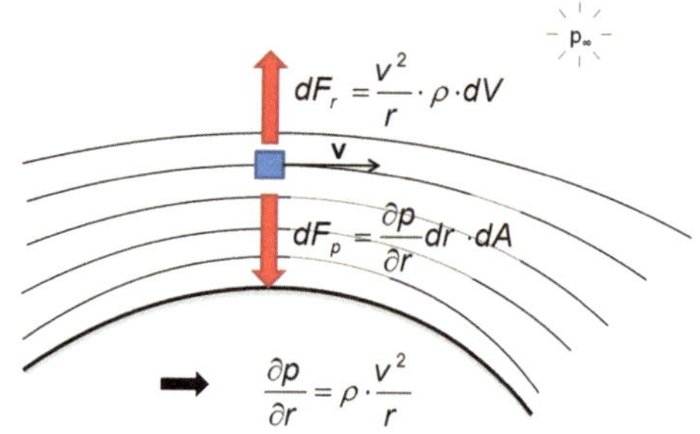

Abb. 3.16 Erklärung für die Entstehung von Über- und Unterdrücken bei der Umströmung gekrümmter Oberflächen

beschreiben zwar die Strömungsmechanik nicht exakt, können aber auf einfachem Wege Zusammenhänge veranschaulichen. Dies wird im Folgenden gezeigt.

3.2.1 Bernoulli-Gleichung

Für den Fall inkompressibler, reibungsloser und eindimensionaler (drehungsfreier) Strömungen ohne Zu- oder Abfuhr mechanischer Arbeit wird die Stromfadentheorie auf den Navier-Stokes-Gleichungen aufbauend formuliert. Die entstehende Gleichung heißt Bernoulli-Gleichung

$$p_x + \frac{\rho}{2} \cdot v_x^2 + \rho \cdot g \cdot h_x = \text{konst.} \tag{3.38}$$

und stellt nichts anderes als einen Energieerhaltungssatz dar, d. h. die Summe aus dem statischen Druck und dem dynamischen Druck an der Stelle x ist konstant. Sie entspricht dem hydrostatischen Druck des ruhenden Mediums. Für die Anwendung in der Kraftfahrzeug-Aerodynamik wird die Bernoulli-Gleichung ohne das Höhenglied verwendet. Mit Hilfe der Bernoulli-Gleichung können komplexe Zusammenhänge bei der Motorraumdurchströmung (Abschn. 4.2.3) oder auch der Windkanaltechnik (Kap. 7) gut veranschaulicht werden.

3.2.2 Radiale Druckgleichung

Soll die Entstehung einer Druckverteilung auf einer gekrümmten Oberfläche, wie bspw. auf einem Fahrzeug erklärt werden, eignet sich eine einfache Kräftebilanz am Fluidelement in radialer Richtung. In Abb. 3.16 werden die Kräfte auf ein Teilchen betrachtet, die senkrecht zur Bewegungsrichtung wirken. Dabei muss der Zentrifugalkraft dF_r eine Druckkraft dF_p entgegenwirken, wenn das Teilchen die gekrümmte Bahn nicht verlassen soll. Über- bzw. Unterdrücke hängen somit direkt mit der Stromlinienkrümmung zusammen.

Abb. 3.17 zeigt beispielhaft die Druckverteilung auf der Fahrzeugoberseite. Deutlich zu erkennen sind Druckänderungen in Gebieten mit starker Krümmung der Kontur.

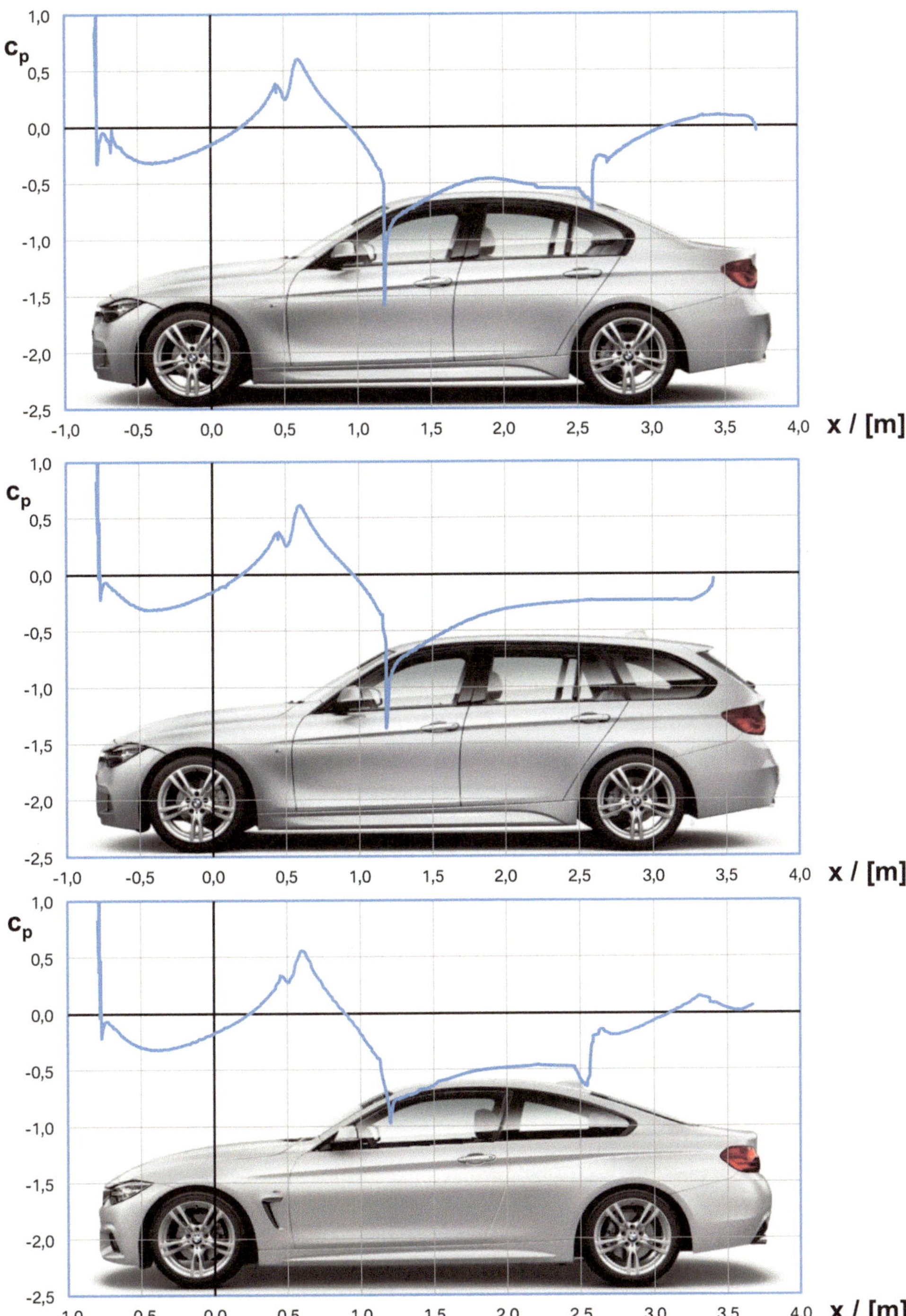

Abb. 3.17 Gemessene Druckverteilung in Längsrichtung auf der ebenfalls dargestellten Kontur der Fahrzeugoberseite im Mittelschnitt $y = 0$ für verschiedene Heckformen

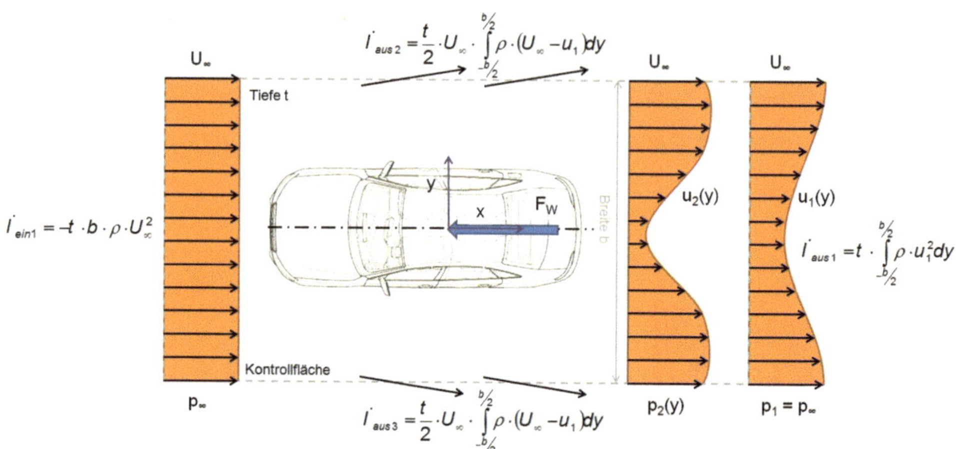

Abb. 3.18 Anwendung des Impulssatzes bei der Bestimmung des Luftwiderstands eines Fahrzeugs

3.2.3 Impulssatz

Der Impulssatz liefert Beziehungen zwischen äußeren Kräften und Strömungsvorgängen allgemein für reibungsbehaftete und kompressible Fluide. Unter der Annahme stationärer Strömung müssen dabei die Strömungsverhältnisse im Inneren nicht bekannt sein, sondern lediglich auf einer den interessierenden Bereich umschließenden Fläche, der sogenannten Kontrollfläche. Der Impulssatz leitet sich aus dem zweiten Newton'schen Axiom ab und lautet allgemein

$$\sum \vec{F} = F_P + F_L + F_V = \int_A \rho \cdot \vec{v} \cdot \left(\vec{v} \cdot d\vec{A} \right). \tag{3.39}$$

Die von außen auf das Kontrollvolumen wirkenden Kräfte F sind Druckkräfte auf der umrandenden Oberfläche A, Volumenkräfte und Stützkräfte (Lagerkräfte) an festen Wandungen und umströmten Körpern. Diese bestimmen die Geschwindigkeitsverteilung auf der umrandenden Oberfläche, der Kontrollfläche. Als Anwendungsbeispiel sei hier anhand Abb. 3.18 die Bestimmung des Luftwiderstands eines Fahrzeugs genannt, also der Impulssatz in x-Richtung.

Die Summe der äußeren Kräfte ist aufgrund der wegfallenden Druckbilanz $(p_\infty \cdot b \cdot t) - (p_1 \cdot b \cdot t)$ lediglich die Stützkraft (neg. Widerstandskraft $-F_W$). Die Luftwiderstandskraft ergibt sich also aus der Gesamtheit aller ein- und ausfließenden Impulsströme zu

$$F_W = t \cdot \int_{-\frac{b}{2}}^{\frac{b}{2}} \rho \cdot u_1 \cdot (U_\infty - u_1)\,dy. \tag{3.40}$$

3.2.4 Grenzschichtgleichungen

Die in Abschn. 3.1.2 vorgestellten Navier-Stokes-Gleichungen lassen sich unter Berücksichtigung der Begebenheiten in der Grenzschicht etwas vereinfachen und ermöglichen dann eine recht handhabbare Analyse von Grenzschichteigenschaften. Die Grenzschichtgleichungen sollen für den stationären, ebenen (zweidimensionalen) und inkompressiblen Strömungsfall hergeleitet werden. Hier lauten die Navier-Stokes-Gleichungen

$$\rho \left(u \frac{\partial u}{\partial x} + v \frac{\partial u}{\partial y} \right) = -\frac{\partial p}{\partial x} + \mu \left(\frac{\partial^2 u}{\partial x^2} + \frac{\partial^2 u}{\partial y^2} \right),$$
$$\rho \left(u \frac{\partial v}{\partial x} + v \frac{\partial v}{\partial y} \right) = -\frac{\partial p}{\partial y} + \mu \left(\frac{\partial^2 v}{\partial x^2} + \frac{\partial^2 v}{\partial y^2} \right). \tag{3.41}$$

Alle Flüssigkeiten und Gase besitzen eine bestimmte Zähigkeit (molekulare Kräfte). Diese bewirkt, dass zwischen benachbarten Strömungsteilchen Reibungskräfte entstehen, sofern sie mit verschiedenen Geschwindigkeiten strömen. Eine weitere Folge der Zähigkeit ist das Haften der Strömungsteilchen an der Oberfläche eines umströmten Körpers. Diese, an der Körperwand haftenden Strömungsteilchen, bremsen die darüber fließenden Strömungsteilchen ab und erzeugen damit den Reibungswiderstand. Die Grenzschichtdicke δ ist nicht exakt definierbar, wird aber häufig angegeben mit

$$\delta = y \left(\frac{u}{u_\infty} = 0{,}99 \right). \tag{3.42}$$

Das heißt der Abstand zur Wand, bei dem die wandparallele Geschwindigkeit 99 % von u_∞ erreicht hat, markiert die Grenzschichtdicke. Die Verdrängungsdicke δ^* bezeichnet ein scheinbares Aufdicken der Wand, um den Volumendefekt in der Grenzschicht aufgrund der Viskosität auszugleichen und lautet

$$\delta^* (x) = \int\limits_{y=0}^{\infty} \left(1 - \frac{u}{U} \right) dy. \tag{3.43}$$

Die Impulsverlustdicke ϑ schließlich ist ein Maß für den Impulsdefekt innerhalb der Grenzschicht und wird analog zur Verdrängungsdicke gebildet:

$$\vartheta (x) = \int\limits_{y=0}^{\infty} \frac{u}{U} \left(1 - \frac{u}{U} \right) dy. \tag{3.44}$$

Für die Grenzschicht werden anhand Abb. 3.7 (Abschn. 3.1.5) einige Annahmen gemacht. Alle Gradienten in Normalrichtung sind größer als in Längsrichtung. Außerdem sind die Geschwindigkeitskomponenten und Abmessungen in Normalrichtung von kleinerer Größenordnung als diejenigen in Hauptströmungsrichtung. Mit einer Abschätzung der Größenordnung der Terme in den Navier-Stokes-Gleichungen lassen diese sich für Grenzschichten vereinfachen. Mit Definition der Größenordnungen $O(1)$ und $O(\iota \ll 1)$ geschieht dies wie folgt:

$$\frac{u}{U} = \overline{u} = O\,(1)\,; \quad \frac{x}{L} = \overline{x} = O\,(1)\,; \quad \overline{p} = \frac{p}{\rho \cdot U^2} = O\,(1)\,; \quad \frac{v}{U} = \overline{v} = O\,(\iota)\,;$$

$$\frac{y}{L} = \overline{y} = O\,(\iota)\,; \quad \frac{\partial}{\partial y} >> \frac{\partial}{\partial x}\,; \quad Re = \frac{U \cdot L}{\nu}.$$

$$(3.45)$$

Durch Einsetzen dieser Zusammenhänge in die Navier-Stokes-Gleichungen und Vernachlässigung der Terme der kleinen Größenordnung ι ergeben sich die Grenzschichtgleichungen (hier zweidimensional und inkompressibel) zu

$$\overline{u}\frac{\partial \overline{u}}{\partial \overline{x}} + \overline{v}\frac{\partial \overline{u}}{\partial \overline{y}} = -\frac{\partial \overline{p}}{\partial \overline{x}} + \frac{1}{Re}\left(\frac{\partial^2 \overline{u}}{\partial \overline{y}^2}\right) \quad \text{inkl. Randbedingungen} \quad \begin{array}{c} u,v\,(y=0) = 0 \\ \text{und} \\ u\,(y \to \infty) = U. \end{array} \qquad (3.46)$$
$$\frac{\partial \overline{p}}{\partial \overline{y}} = 0$$

Aus der Gleichung in y-Richtung ist sofort abzulesen, dass der Druck in der Grenzschicht sich in y-Richtung nicht ändert. Die Gleichung in x-Richtung liefert sehr wertvolle Informationen zur Wandbindung der Grenzschicht. An der Wand sind die Geschwindigkeitskomponenten u und v gleich null, der Geschwindigkeitsgradient an der Wand wird also bestimmt durch

$$\frac{\partial \overline{p}}{\partial \overline{x}} = \frac{1}{Re}\left(\frac{\partial^2 \overline{u}}{\partial \overline{y}^2}\right). \qquad (3.47)$$

An jeder scharfen Kante löst die Strömung ab. Zunächst ist die Strömung bestrebt, um die Kante herumzuströmen. Hinter der Kante ist der Druckanstieg allerdings zu groß, und die Strömung löst ab. Es bildet sich eine Ablöselinie, die das entstehende Totwassergebiet von der anliegenden Strömung trennt. Die Vorgänge an einer gekrümmten Oberfläche können mit Abb. 3.19 erläutert werden. Strömt ein Fluid entlang einer festen Wand in Richtung wachsenden Drucks, so kann dies zur Ablösung führen. Mit dem Druckanstieg verringert sich die Geschwindigkeit außerhalb der Grenzschicht. Weil sich der Druck senkrecht zur Strömungsrichtung nicht ändert, ergibt sich deshalb in der Grenzschicht derselbe Druckanstieg wie in der Außenströmung.

Da sich in der Grenzschicht die Teilchen aber ohnehin schon langsamer bewegen als in der Außenströmung, kann eine weitere Abbremsung dazu führen, dass die Teilchen ihre Bewegungsrichtung umkehren. Eine solche Umkehr tritt zunächst an der Wand ein, im so genannten Ablösepunkt. Stromabwärts vom Ablösepunkt strömt das Fluid an der Wand entgegen der Richtung der Außenströmung zurück. Das Verhalten des Geschwindigkeitsgradienten und dessen Änderung in y-Richtung folgt aus der Abbildung. In der Ablösung gelten dann die Grenzschichtgleichungen nicht mehr. Die Ablösegefahr kann reduziert werden, wenn an der Wand Fluid abgesaugt wird (sog. Grenzschichtabsaugung). Dann

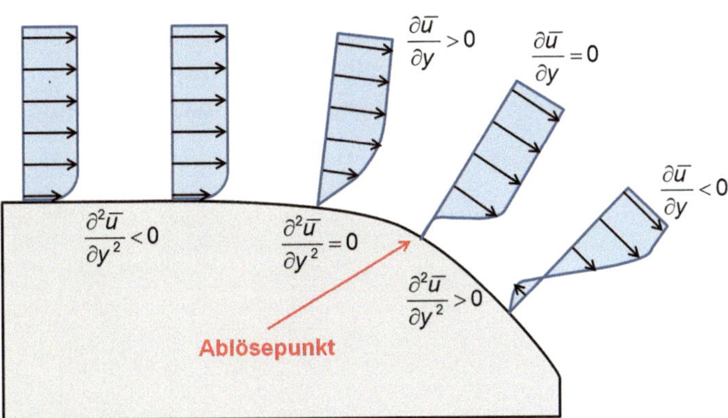

Abb. 3.19 Verhalten der Strömungsgrenzschicht an einer gekrümmten Oberfläche, Darstellung des Geschwindigkeitsprofils

lautet die y-Grenzschichtgleichung

$$\overline{v}\frac{\partial \overline{u}}{\partial \overline{y}} + \frac{\partial \overline{p}}{\partial \overline{x}} = \frac{1}{Re}\left(\frac{\partial^2 \overline{u}}{\partial \overline{y}^2}\right) \tag{3.48}$$

und mit negativer y-Geschwindigkeitskomponente an der Wand (also Absaugung) kann selbst bei Druckanstieg die linke Seite der Gleichung negativ gehalten werden. In diesem Fall besteht dann keine Ablösegefahr. Auch durch Ausblasen an geeigneten Stellen, z. B. an Körpervorderkanten, kann der Ablösepunkt nach hinten verlagert werden oder Ablösung sogar gänzlich vermieden werden, vgl. Abb. 3.20.

Wie bereits zuvor angemerkt, nimmt die Grenzschichtdicke – bspw. an einer fixen Stelle einer ebenen Platte – mit steigender Reynoldszahl ab. Für die Verdrängungsdicke nach der Lauflänge x gilt bspw. nach [48]

$$\delta^* \approx \sqrt{\frac{\nu x}{u_\infty}} \sim Re^{-\frac{1}{2}}. \tag{3.49}$$

Dieser Zusammenhang kann durch die bei hohen Geschwindigkeiten verkürzte „Einwirkdauer" der Oberflächenreibung erklärt werden. Die Fahrzeugaerodynamik hat beson-

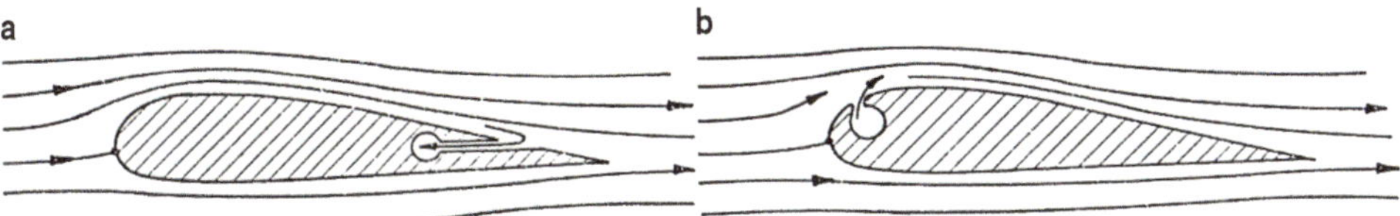

Abb. 3.20 Grenzschichtbeeinflussung an einem Tragflügelprofil mittels Absaugen (**a**) und Ausblasen (**b**). (Wiedemann [65])

dere Relevanz bei hohen Reynoldszahlen von $> 10^6$, daher treten in dieser Disziplin sehr geringe Grenzschichtdicken auf. Das hat unter anderem Auswirkung bei der numerischen Strömungssimulation, weil hier zur Auflösung der Grenzschichtströmung hohe Netzauflösung erforderlich ist.

Im folgenden Kapitel werden die Luftkräfte und -momente sowie entsprechende dimensionslose Beiwerte eingeführt. Anschließend wird die vorgestellte Luftwiderstandskraft im Speziellen auf ihre Einzelbeiträge heruntergebrochen. Des Weiteren werden aerodynamische Zielkonflikte benannt und die relevanten Karosserieformen vorgestellt.

4.1 Luftkräfte und deren Beiwerte

Ein umströmter Körper erfährt eine Kraftwirkung, weil er das umgebende Fluid permanent verdrängen, also in Bewegung versetzen muss. Da aufgrund der fluidinternen Reibung Verluste entstehen, wirkt aufgrund des Prinzips actio = reactio auf den Körper ein Widerstand. Der Luftwiderstand ist aufgrund der Strömungsverluste ein irreversibler Energieverlust. Dieser kann anhand von absoluten Kraftbeträgen oder aber dimensionslosen Kenngrößen beschrieben werden. Im Folgenden werden diese Zusammenhänge vorgestellt.

4.1.1 Beschreibung der Luftkräfte

Die aus der Druck- und Schubspannungsverteilung resultierende Luftkraft (Abschn. 3.1.7) greift an einem unbekannten Punkt am Fahrzeug an. Ihre Position ist des Weiteren bei jedem Fahrzeug verschieden. Zur Beschreibung der Luftkräfte und -momente wird das Fahrzeug daher in einem Koordinatensystem beschrieben, dessen Ursprung sich in der Fahrbahnebene im Schwerpunkt des durch die Radaufstandspunkte beschriebenen Rechtecks befindet (Abb. 4.1).

Unter allgemeinen Anströmbedingungen, inklusive Seitenwind, resultieren am Fahrzeug im Bezugspunkt 0 zunächst drei Ersatzkraft- und drei Ersatzmomentenkomponenten, nämlich die Luftwiderstandskraft F_W (oder auch Tangentialkraft F_T), die Auftriebskraft

© Springer Fachmedien Wiesbaden 2016

51

T. Schütz, *Fahrzeugaerodynamik*, ATZ/MTZ-Fachbuch, DOI 10.1007/978-3-658-12818-0_4

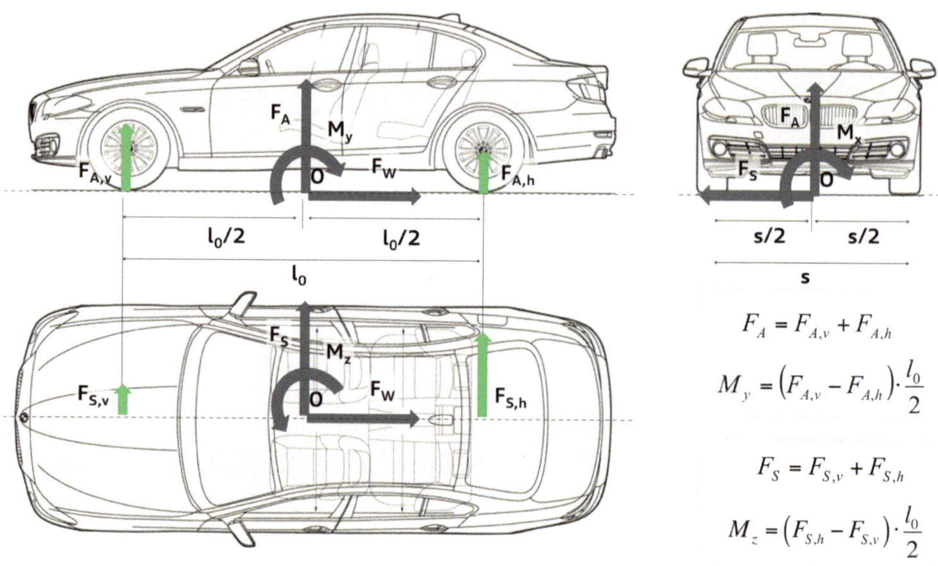

Abb. 4.1 Darstellung der Ersatzkräfte und -momente am Kraftfahrzeug sowie Auftriebskräfte und Seitenkräfte in den Radaufstandsflächen

F_A, die Seitenkraft F_S, das Wankmoment (oder auch Rollmoment) M_x, das Nickmoment (oder auch Kippmoment) M_y und das Giermoment M_z. Mit Hilfe der geometrischen Größe Radstand l_0 können Auftrieb und Seitenkraft zusammen mit Nick- und Giermoment in die jeweils anteiligen Kräfte für Vorder- und Hinterachse in den Radaufstandsflächen umgerechnet werden ($F_{A,v}$, $F_{A,h}$, $F_{S,v}$, $F_{S,h}$). Für die Kräfte in den Radaufstandsflächen gelten die folgenden Voraussetzungen analog der Abbildung

$$F_A = F_{A,v} + F_{A,h} \quad \text{und} \quad M_y = (F_{A,v} - F_{A,h}) \cdot \frac{l_0}{2}, \tag{4.1}$$

sowie

$$F_S = F_{S,v} + F_{S,h} \quad \text{und} \quad M_z = (F_{S,h} - F_{S,v}) \cdot \frac{s}{2}. \tag{4.2}$$

Der Vollständigkeit halber sei hier verdeutlicht: Das Nickmoment M_y und damit auch die Achsauftriebskräfte $F_{A,v}$ und $F_{A,h}$, setzen sich dabei aus zwei Anteilen zusammen, nämlich aus einem Anteil der reinen Auftriebskomponente F_A (hier $F_{A,1}$ und $F_{A,2}$) und der Position deren Angriffspunkts in x-Richtung und aus einem Anteil der Widerstandskomponente F_W (hier $F_{W,1}$ und $F_{W,2}$) und der Position deren Angriffspunkts in z-Richtung, vgl. Abb. 4.2.

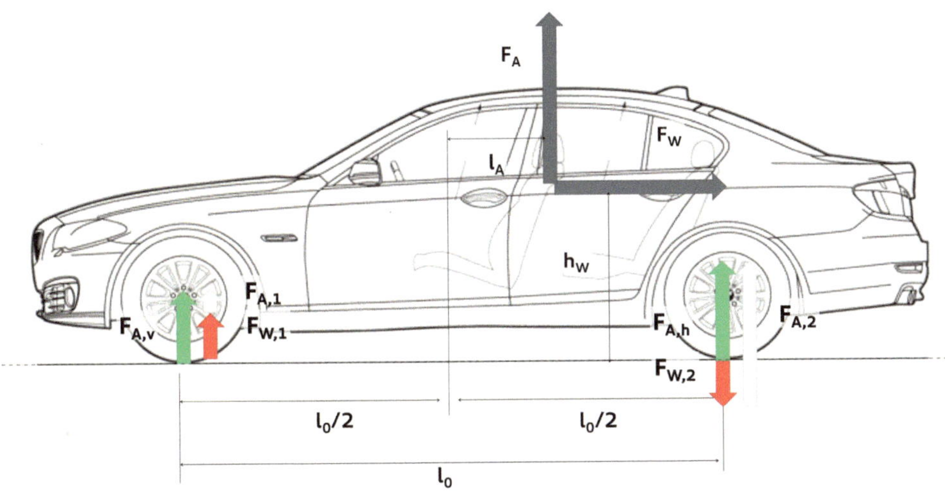

Abb. 4.2 Darstellung der Luftkräfte am Kraftfahrzeug sowie deren Ersatzkräfte in den Radaufstandspunkten

Das gesamte Nickmoment M_y wird dann also aus der Summe zweier Anteile $M_{y,W}$ und $M_{y,A}$ gebildet, die wie folgt berechnet werden:

$$M_{y,W} = F_W \cdot h_W \quad \text{und} \quad F_{W,1} = -F_{W,2} = \frac{M_{y,W}}{l_0} \quad \text{sowie}$$

$$M_{y,A} = -F_A \cdot l_A \quad \text{und} \quad F_{A,1} = F_A - F_{A,2} = \frac{F_A \cdot l_0 + 2 \cdot M_{y,A}}{2 \cdot l_0}. \tag{4.3}$$

4.1.2   Definition von Beiwerten

In Experimenten im subsonischen (d. h. Unterschall-)Geschwindigkeitsbereich kann gezeigt werden, dass die resultierende vektorielle Luftkraft sowie auch ihre Komponenten proportional zur Dichte des Strömungsmediums (hier Luft ρ_L), zur Anströmgeschwindigkeit und zur Größenausdehnung des Körpers ist. Diese Ausdehnung wird durch eine willkürlich wählbare Flächengröße markiert, gängigerweise wird die Stirn- oder Schattenfläche des Strömungskörpers gewählt. Mit diesen Feststellungen kann die Luftkraft formuliert werden als

$$F_{\text{air}} = c \cdot A_x \cdot \frac{\rho_L}{2} \cdot v_F^2. \tag{4.4}$$

Weiterhin wird festgestellt, dass die Proportionalitätskonstante in einem weiten Geschwindigkeitsbereich vor allem von der Form des Körpers abhängt. Kugeln, Zylinder und alle weiteren Körper haben für verschiedene Größen demzufolge immer die gleiche Proportionalitätskonstante. Werden dann die Vektorkomponenten der Kraft aufgeschrieben, verändert sich lediglich die Proportionalitätskonstante. In Indexschreibweise folgt

$$F_i = c_i \cdot A_x \cdot \frac{\rho_L}{2} \cdot v_F^2 \quad \text{mit} \quad i \in \{W, A, S\} \quad \text{und} \quad c = \sqrt{c_W^2 + c_A^2 + c_S^2}. \quad (4.5)$$

Für die Luftmomente um die Achsen eines nicht im Kraftangriffspunkt befindlichen Koordinatensystems gilt ein ähnlicher Zusammenhang. Die Momente können wie folgt berechnet werden. Diesmal wird eine beliebige Bezugslänge eingeführt. Gängigerweise wird der Radstand des Fahrzeugs l_0 gewählt:

$$M_j = c_{M,j} \cdot A_x \cdot l_0 \cdot \frac{\rho_L}{2} \cdot v_F^2 \quad \text{mit} \quad j \in \{x, y, z\}. \quad (4.6)$$

Der Anteil $1/2 \cdot \rho_L \cdot v_F^2$ in den Kraft- und Momententermen wird dabei als Staudruck bezeichnet. Es kann also gesagt werden, dass Luftkräfte und -momente mit dem Staudruck skalieren. Bei der Umströmung eines Körpers teilt sich die Strömung im sogenannten Staupunkt in zwei Teile. Da im Staupunkt die Geschwindigkeit $v = 0$ ist, gilt dort nach Bernoulli:

$$p_S = p_\infty + \frac{\rho_L}{2} \cdot v_\infty^2. \quad (4.7)$$

Der Druckanstieg, ausgehend vom Umgebungsdruck p_∞, wird daher als Staudruck bezeichnet. Im Staupunkt herrscht der größte Druck, der in der ganzen Strömung überhaupt auftreten kann.

In der Aerodynamik ist es üblich, anstelle von Kräften, Momenten und Drücken Beiwerte anzugeben, welche in erster Näherung von der Geschwindigkeit unabhängig sind. Sie sind kennzeichnende Zahlen für die Formgüte eines Körpers. So wird bspw. in einem Windkanal zwar die Luftwiderstandskraft gemessen, als Kommunikationsgröße aber dann die o. g. Proportionalitätskonstante, bzw. bei Betrachtung der Kraftkomponente Widerstand, der c_W-Wert ausgerechnet. Gleiches gilt für die übrigen Kraft- und Momentenbeiwerte sowie auch für alle weiteren physikalischen Größen. Die Druckverteilung über der Fahrzeugkontur wird z. B. an jeder Stelle x mit dem Druckbeiwert c_p dargestellt:

$$c_p(x) = \frac{p_x - p_\infty}{\frac{\rho_L}{2} \cdot v_\infty^2}. \quad (4.8)$$

Im Staupunkt ist $c_p = 1$. Allgemein gilt für einen Pkw bei reibungsbehafteter Umströmung $1 > c_p > -2$. Aus der Druckverteilung (vgl. Abb. 4.3) wird ersichtlich, dass die Drücke auf der Oberseite sehr viel niedriger sind als auf der Unterseite. Dies ist auch der Grund für den Auftrieb von solchen Pkw.

Unter der Annahme reibungsfreier Strömung würden sich indes zwei Staupunkte ergeben, nämlich am Bug und an der Heckhinterkante. Bei reibungsbehafteter Strömung fällt der zweite Staupunkt aufgrund der Strömungsablösung weg. Es sei an dieser Stelle angemerkt, dass bei Summation der Komponenten der Druckkräfte in x-Richtung sich für die reibungsfreie Strömung eine Widerstandskraft von $F_L = 0$ ergibt. Dieses ist das

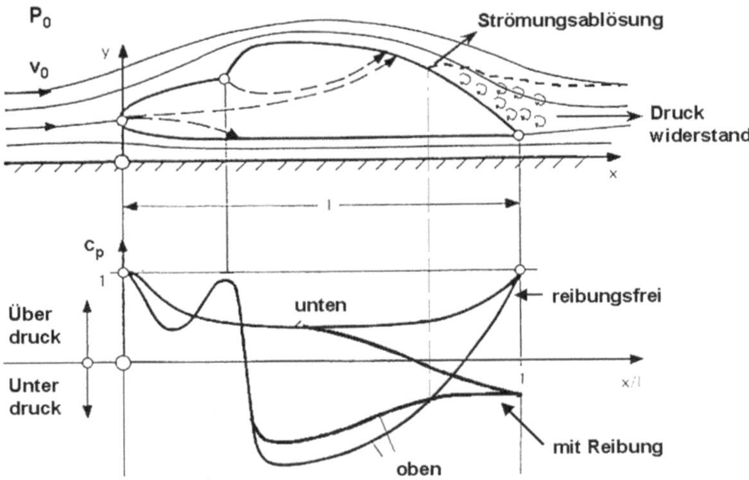

Abb. 4.3 Umströmung und Druckverteilung einer Fahrzeugform. (Schütz [54])

d'Alembertsche Paradoxon, wonach in inkompressibler, reibungsfreier, zweidimensionaler Strömung kein Widerstand vorhanden ist. In Wirklichkeit tritt jedoch ein Widerstand auf, der aber aus der Betrachtung der reibungsfreien Strömung nicht erklärt werden kann.

Im Sprachgebrauch des Aerodynamikers entspricht eine Änderung der dimensionslosen Beiwerte c_W, c_A, c_p etc. um 0,001 einer Änderung von einem „Punkt". Wird also von zwölf c_W-Punkten gesprochen, bedeutet dies eine Veränderung um $\Delta c_W = \pm 0{,}012$.

4.2 Anteile des Luftwiderstands

Die Luftwiderstandskraft kann nach Abschn. 3.1.7 aus der Aufsummierung der Oberflächendruck- und -schubspannungswerte generiert werden. Dabei wird auch vom Druckanteil (durch Strömungsablösung, Verwirbelungen, Auftriebsinduzierung) und vom Reibungsanteil (durch Schubspannungen) gesprochen.

Bei stumpfen Körpern, wie Kreiszylinder (vgl. Abb. 4.4) oder Kugel, treten im Bereich der größten Körperquerstreckung so große Druckanstiege auf, dass es zur Strömungsablösung kommt. Dadurch ist die Druckverteilung am Körper unsymmetrisch, wodurch sich ein hoher Druckwiderstand ergibt.

Auf der Zylindervorderseite entspricht die Druckverteilung der realen Fälle b) und c) weitgehend der bei idealer reibungsloser Strömung. Auf der Zylinderrückseite ergeben sich aber infolge der Strömungsablösung für die realen Umströmungsfälle beträchtliche Unterdrücke. Damit wird die Druckverteilung bezüglich der y-Achse unsymmetrisch. Werden die aus der Druckverteilung in Strömungsrichtung resultierenden Kraftkomponenten summiert, so ergibt sich die Druckwiderstandskraft.

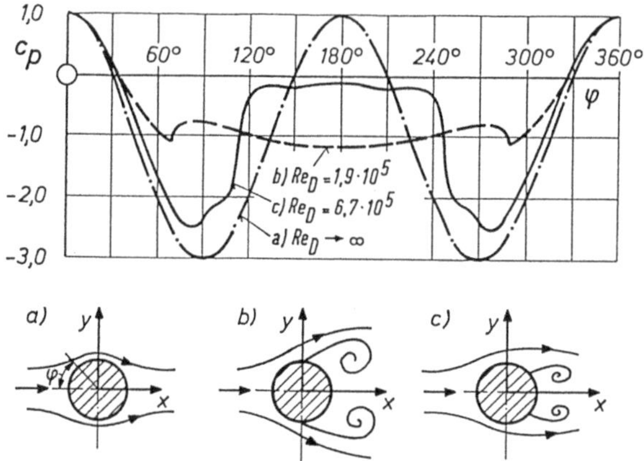

Abb. 4.4 Druckverteilung und Stromlinienverlauf an einem Kreiszylinder bei verschiedenen Reynoldszahlen. (Nach Schütz [54])

Bei einem umströmten Körper nach Abb. 4.4 wird durch den Geschwindigkeitsgradienten in der Grenzschicht und durch die molekulare Zähigkeit an jeder Stelle eine Schubspannung vom strömenden Medium an die Wand übertragen. Werden die daraus resultierenden Kraftkomponenten in Strömungsrichtung summiert, so ergibt sich die Reibungskraft. Solange keine Strömungsablösung auftritt, ist die Reibungskraft der bei weitem überwiegende Teil des Gesamtwiderstandes eines strömungsgünstigen Körpers. Im Fall der dünnen Platte liegt reiner Reibungswiderstand auf beiden Plattenseiten vor. In Abb. 4.5 ist der Widerstandsbeiwert c_W über der mit der Plattenlänge gebildeten Reynoldszahl Re aufgetragen.

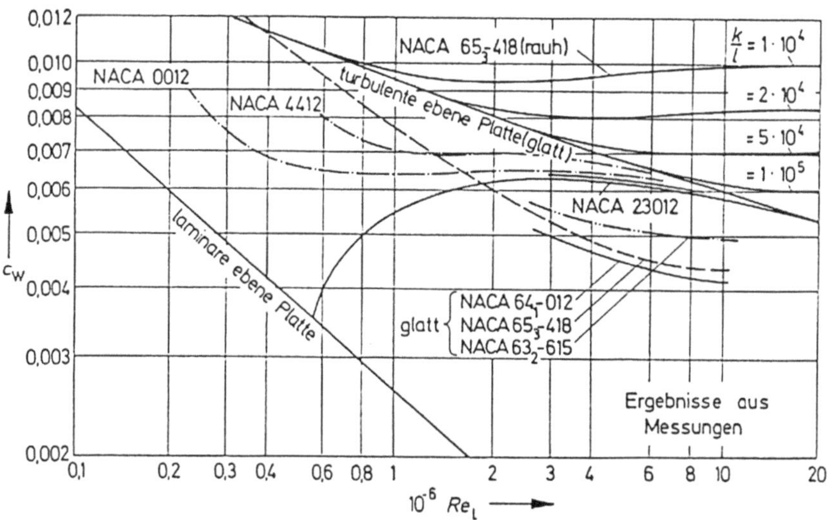

Abb. 4.5 Widerstandsbeiwerte von ebenen Platten und Tragflügelprofilen in Abhängigkeit von der Reynoldszahl. (Nach Schlichting und Gersten [48])

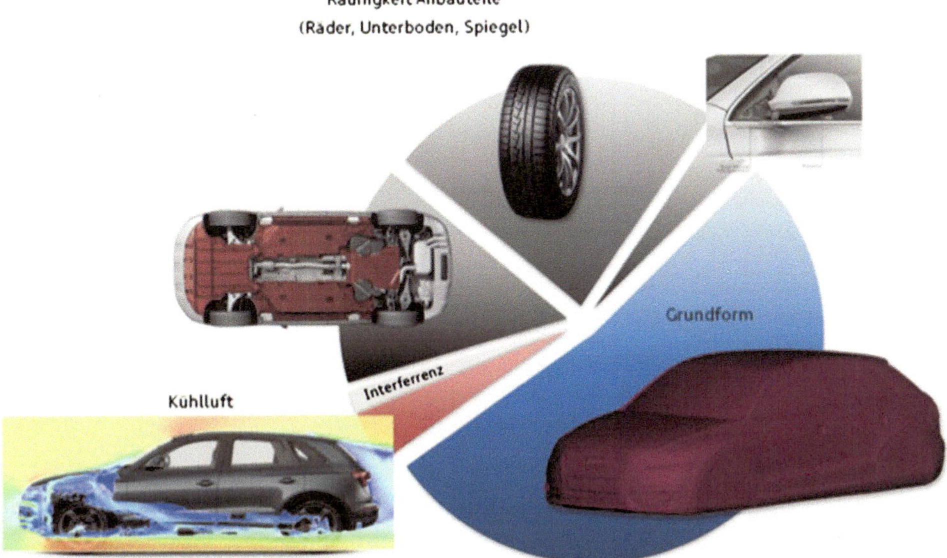

Abb. 4.6 Aufteilung des Luftwiderstands in die Einzelanteile Formwiderstand, Kühlluft-, Rauhig-
keits- und Interferenzwiderstand

Wird berücksichtigt, dass im vorderen Teil der Platte laminare und erst im hinteren
Teil turbulente Grenzschicht vorliegt, so ergibt sich die eingezeichnete Übergangskurve.
Es zeigt sich, dass bei turbulenter Grenzschichtströmung der Reibungswiderstand sehr viel
größer ist als bei laminarer Strömung. Dies ist auf die wesentlich größeren Geschwindigkeitsgradienten bei turbulentem Geschwindigkeitsprofil zurückzuführen. Abb. 4.5 zeigt
ebenfalls, dass Wandrauigkeiten den Reibungswiderstand weiter erhöhen. Dabei wird der
Widerstandsbeiwert unabhängig von der Reynoldszahl. Generell kann gesagt werden, dass
ein Fahrzeug Druckwiderstandsanteile von 80–90 % aufweist, während ein Tragflügel
einen Reibungsanteil von etwa 95 % hat.

Eine wichtigere, und für den Entwicklungsingenieur griffigere Unterteilung, wird im
Folgenden beschrieben. Dabei wird nach Formwiderstand, induziertem Widerstand, Kühl-
luft-, Rauhigkeits- und Interferenzwiderstand unterschieden, vgl. Abb. 4.6.

4.2.1 Formwiderstand

Der Formwiderstand ist der Widerstand des glatten Grundkörpers ohne Anbauteile und
Oberflächengliederung bei Nullauftrieb. Er entspricht dem Profilwiderstand in der Luft-
fahrtaerodynamik. Sowohl Druck- als auch Reibungsanteile sind darin enthalten. Eine
Auswahl verschiedener Formwiderstandsbeiwerte sind in Abb. 4.7 dargestellt. Die Spanne
reicht von sehr guten Werten wie 0,04 bis in den Bereich von 1.

Abb. 4.7 Widerstandsbeiwerte für verschiedene Körper. (Vgl. Schütz [54])

Körper	Anströmung	c_w
Kugel	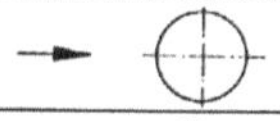 → ⊕	0,47*)
Halbkugel	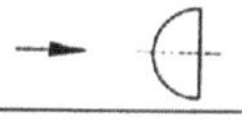 →	0,42*)
60°-Kegel	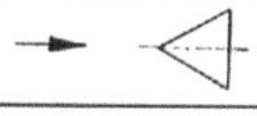 → ◁	0,50
Würfel	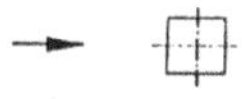 →	1,05*)
Kreiszylinder l/D > 2	 →	0,82
Stromlinienkörper l/D = 2,5	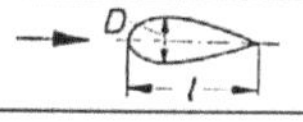 →	0,04

* unterkritische Strömung

Einfluss auf den Formwiderstand kann bspw. durch Rundungen genommen werden. Rundungen ermöglichen eine ablösungsfreie Umströmung einer Körperkante. Damit bleibt die Strömung am Körper länger anliegen, das Totwassergebiet wird kleiner und der Luftwiderstand wird reduziert. In Abb. 4.8 ist der Zusammenhang für einen zylindrischen Körper dargestellt.

In der Abbildung wird zunächst der c_W-Wert dargestellt (a). Die zugehörige Strömungstopologie wird in (b) angedeutet. Die deutliche c_W-Reduzierung bei $t/d \approx 4$ für den

Abb. 4.8 Einfluss der Profiltiefe t auf die Umströmung bei scharfkantiger und gerundeter Vorderkante. (Vgl. Hucho in [26])

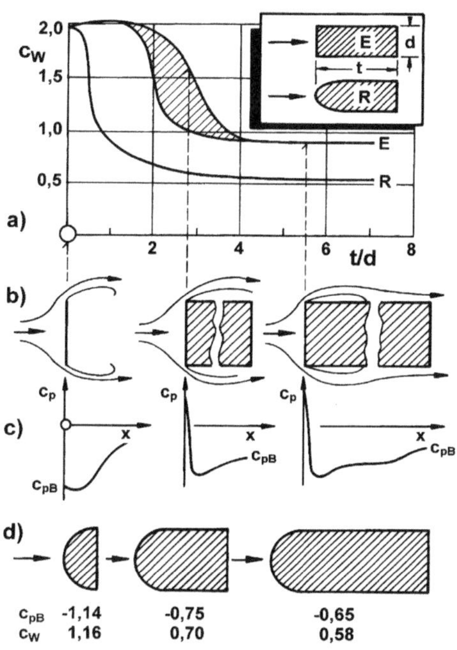

kantigen Körper kommt von der sich wieder an die Außenhaut anlegende Strömung und das somit verkleinerte Nachlaufgebiet. Der zugehörige Druckverlauf ist in (c) gezeigt. Ein abgerundeter Körper zeigt ein günstigeres Wiederanlegeverhalten und somit geringere Widerstandsbeiwerte. Widerstand und Basisdruck (Heckfläche) sind in (d) für den abgerundeten Körper aufgeschrieben. Der Basisdruck erhöht sich mit zunehmender Körperlänge.

4.2.2 Induzierter Widerstand

Werden die illustrierten Grundkörper aus Abschn. 4.2.1 zur Anströmung angestellt, ergibt sich wie bei einem Flugzeugtragflügel eine Auftriebs- oder Abtriebskomponente. Dadurch wird aber auch der Luftwiderstand erhöht (Impulssatz!). Diese Widerstandserhöhung wird als induzierter Widerstand bezeichnet.

Der induzierte Widerstand ist eine Folge der dreidimensionalen Umströmung des mit Auftrieb oder Abtrieb behafteten Körpers unter Aufbau eines Randwirbelsystems. Er entsteht infolge unterschiedlicher Drücke zwischen Körperunter- und Körperoberseite. Wird ein Flügel wie in Abb. 4.9 in Auftriebsstellung gebracht, entsteht an der Unterseite ein

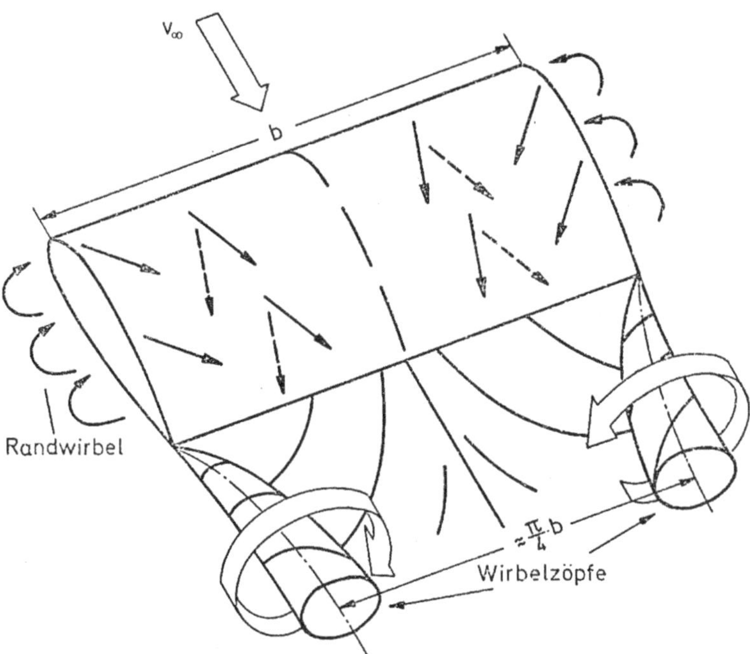

Abb. 4.9 Geschwindigkeitsverteilung auf der Flügelober- und Flügelunterseite und daraus resultierendes Wirbelfeld. (Schlichting und Tuckenbrodt [49])

Aufstaugebiet mit Überdruck, an der Oberseite ein Unterdruck. Entsprechend wird an den Flügelrändern eine sekundäre Ausgleichsströmung induziert, die die dargestellten Randwirbel und Wirbelzöpfe erzeugt. Diese schwimmen mit der Hauptströmung weg. Die ständige Neubildung des Randwirbels verbraucht Energie und verursacht damit den induzierten Widerstand. Der Druckausgleich bewirkt eine Ablenkung der Stromlinien zur Körpermitte hin und auf der Unterseite von der Körpermitte weg. Gegen die Flügelmitte nimmt die Größe der Stromlinienablenkung beidseitig auf 0 ab.

Bei der Wiedervereinigung der oberen und unteren Stromlinien hinter dem Flügel weisen diese, je nach Größe der Ablenkung, seitliche Geschwindigkeitskomponenten auf, wodurch die Drehbewegung eingeleitet wird. Hinter dem Flügel bilden sich somit Wirbelzöpfe, deren Intensität von der Größe des Druckunterschiedes abhängt. Das Randwirbelsystem lenkt die Hauptströmung des Flügels nach unten ab und ändert die ursprüngliche Anströmrichtung um den induzierten Anstellwinkel. Nach dem Impulssatz kann bei einem Tragflügel nur dann Auftrieb entstehen, falls in Vertikalrichtung eine Impulsänderung auftritt, d. h. der Tragflügel muss Luft nach unten ablenken.

Der induzierte Widerstand kann also auf drei Arten sehr anschaulich erklärt werden, nämlich durch die Druckverhältnisse auf Flügelober- und -unterseite und die daraus resultierende Zusatzkraft, durch den Impulssatz und den resultierenden Impulsverlust in x-Richtung und durch den Energiesatz aufgrund der Produktion von Bewegungsenergie in den abschwimmenden Wirbelzöpfen.

4.2.3　Kühlluftwiderstand

Der Kühlluftwiderstand $\Delta c_{W,K}$ erfasst die Widerstandsanteile aus der Durchströmung des Motorraums und aus der Zuführung von Kühlluft zu Bremsen, Getrieben und Katalysatoren. Typischerweise liegt der Kühlluftwiderstand bei Straßenfahrzeugen im Wertebereich von $0 \leq \Delta c_{W,K} \leq 0{,}04$, durchschnittlich liegt er bei 5 bis 10 % des Gesamtluftwiderstands. Als Referenz dient hierbei der Widerstand des Fahrzeugs mit verschlossenen Durchströmungsöffnungen (sog. „Mock-up"). Der Kühlluftwiderstand ist durch drei Anteile bestimmt, nämlich durch

- Stoß- und Impulsverluste am Strömungsein- und -austritt,
- Druckverluste bei der Kühler- und Motorraumdurchströmung und
- Wechselwirkungen mit der Fahrzeugumströmung, insbesondere mit den Vorderrädern.

Die Grundanforderung an ein Kühlsystem besteht darin, dass unter allen Betriebsbedingungen des Fahrzeugs die Bauteile des Motors ausreichend gekühlt sind. Bei der konventionellen Flüssigkeitskühlung muss zunächst darauf geachtet werden, dass das Kühlmittel nicht über seinen Siedepunkt erhitzt wird, vgl. Tab. 4.1. Unter diesen Voraussetzungen kann dann versucht werden, den Kühlluftwiderstand zu senken. Die höchsten Temperaturen an den Bauteilen, die den Brennraum umgeben, stellen sich in der Regel bei

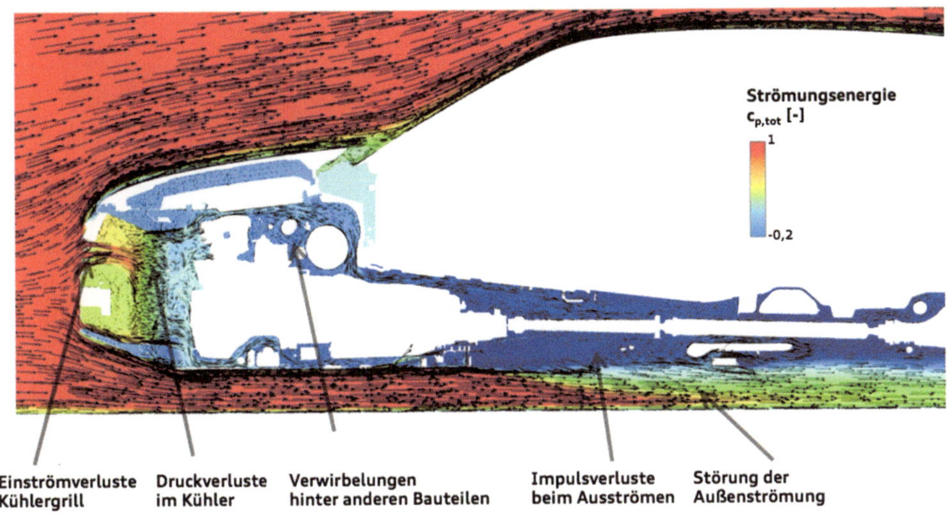

Abb. 4.10 Orte der Entstehung des Kühlluftwiderstands

der maximalen Motorleistung ein, also im Bereich der Höchstgeschwindigkeit des Fahrzeuges. Weitere Grenzfälle für das Kühlsystem sind die langsame Bergfahrt des voll beladenen Wagens, der Anhängerbetrieb und der Motorleerlauf nach Volllastfahrt bei stehendem Wagen. Bei diesen Betriebspunkten erreichen die brennraumumgebenden Bauteile des Motors zwar keine hohen Temperaturen, jedoch muss hier die Abstimmung von Kühler und Lüfter überprüft werden, um das Kühlmittel vor Überhitzung zu schützen. Diese Extrempunkte müssen mit der höchsten Umgebungstemperatur, die in der jeweiligen Einsatzregion des Fahrzeuges vorkommt, abgesichert werden.

Die Strömung im Bereich des Fahrzeugkühlers kann sich je nach Betriebspunkt stark unterscheiden. In Abb. 4.11 ist dieser Unterschied für einen langsam und einen schnell fahrenden Pkw zu erkennen.

Ungünstig auf den Wirkungsgrad eines Wärmetauschers wirkt sich eine ungleichmäßige Durchströmung aus. Der Wärmeaustausch erhöht sich mit zunehmender Durchströmung nicht linear, sondern degressiv, d. h. im Mittel wird der Wärmeaustausch ineffizient, vgl. Abb. 4.12.

Insbesondere Rückströmungen durch den Kühler wirken sich negativ auf den Wärmeaustausch aus durch Verminderung der effektiven Kühlerfläche und Erhitzung der frischen Kühlluft in den Einlassöffnungen. Die Durchströmungsgeschwindigkeit in einem Kühler ist in Abb. 4.13 für verschiedene Fahrzustände dargestellt. Im Lüfterbetrieb soll dabei ein möglichst von der Fahrgeschwindigkeit unabhängiger Durchströmungszustand erreicht werden. Die Strömungsgeschwindigkeit durch den Kühler im Hochgeschwindigkeitsbetrieb beträgt typischerweise 20–25 % der Anströmgeschwindigkeit.

Die oben erwähnte erste Ursache für den Kühlluftwiderstand sind die *Druckverluste durch Kühler und Bauteile* im Motorraum. Die Voraussetzungen für den Kühlereinbau

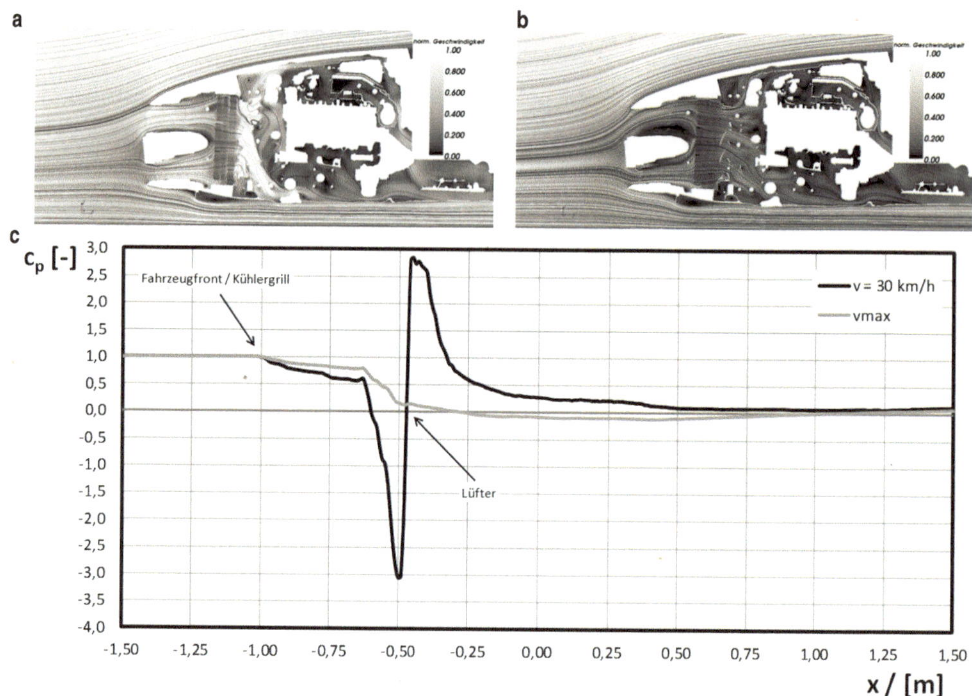

Abb. 4.11 Luftströmungsbedingungen an der Front eines Fahrzeugs bei Betriebspunkten: Bei 30 km/h (**a**) mit laufendem Gebläse und bei v_{max} (**b**); Druckverlauf in der Kühlluftstromröhre (**c**)

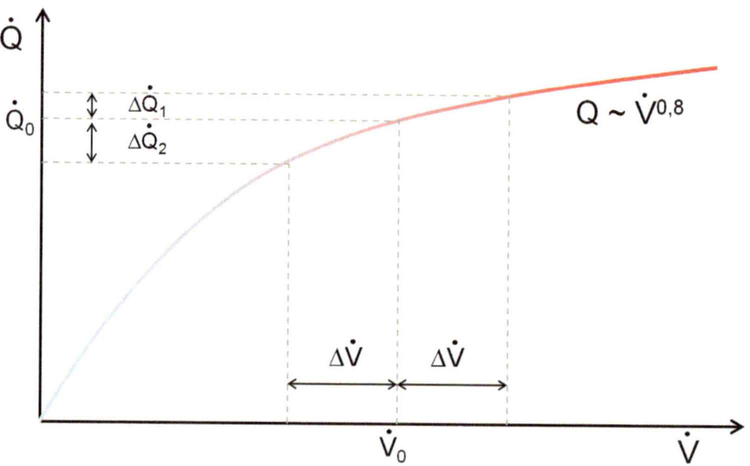

Abb. 4.12 Zusammenhänge zwischen Wärmeabgabe Q und Kühlerdurchsatz bei ungleichmäßiger Durchströmung

Tab. 4.1 Auswirkung falsch ausgelegter Kühlung

Temperatur zu niedrig	Medium	Temperatur zu hoch
Höherer Verbrauch und Emissionen Kavitationsgefahr an der Pumpe Auswirkungen auf die Fahrzeugklimatisierung	Kühlmittel: 90 bis 115 °C	Gefahr des Kochens Ausstoß durch Überdruckventil Gefahr eines Motorschadens durch heiße Stellen
Höherer Kraftstoffverbrauch durch steigenden Reibungsdruck Motorverschleiß durch steigende Reibung	Motoröl: 130 bis 150 °C	Ölalterung durch Rissbildung Motorschäden durch Riss im Ölfilm
Nicht optimale Schaltpunkte führen zu höherem Kraftstoffverbrauch und reduziertem Fahrkomfort	Getriebeöl: 100 bis 110 °C	Ölalterung
Erhöhung der Kohlenwasserstoffemission	Ladeluft: 120 bis 160 °C	Verminderte Motorleistung Temperaturbeanspruchung der Einzelteile Erhöhung des Verbrauchs und der NO_x-Emission
Erhöhung der Kohlenwasserstoffemission Kondensation der Abgase verursacht Korrosion und Verschmutzung im Kühler und im Einlasskrümmer	Rückgeführtes Abgas: 150 bis 200 °C	Mögliche Erhöhung der Emissionen (Partikel, NO_x)
	Kühlluft: T_{amb} bis 110 °C	Verminderte Lebensdauer von elektronischen Bauteilen im Motorraum und in der Motorlagerung Heiße Motorteile

sind ungünstig. Der Platz wird durch Traversen, Motor und Hilfsaggregate fixiert und begrenzt. Außerdem ist die Fahrzeugdurchströmung durch Kühlergrill, Motor und Hilfsaggregate behindert, womit sich ein zusätzlicher Druckverlust ergibt. Abb. 4.14 zeigt hierzu den qualitativen Verlauf der Strömung und des statischen Drucks im Bereich des Motorraums.

Der Druckverlust durch den Kühler kann mit den folgenden Ansätzen beschrieben werden:

$$\Delta p_K = \zeta_K \cdot \frac{\rho}{2} \cdot \overline{v}_K^2 \quad \text{und} \quad \zeta_K \approx c \cdot \overline{v}_K^{-0,5}. \tag{4.9}$$

Wird davon ausgegangen, dass keine Wechselwirkung mit der Umströmung besteht, kann der Kühlluftwiderstand auf Basis dieses Druckverlustbeiwerts abgeschätzt werden.

$$\Delta c_{W,K} = \zeta_K \cdot \left(\frac{v_K}{v_\infty}\right)^3 \cdot \frac{A_K}{A_x} \cdot \frac{1}{\eta_{EV}} \tag{4.10}$$

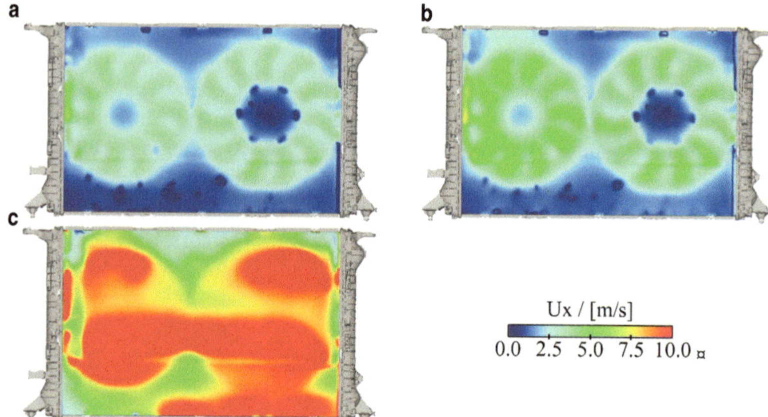

Abb. 4.13 Geschwindigkeitsfeld am Fahrzeugkühler eines AUDI A4 bei verschiedenen Betriebspunkten: im Stand (**a**) und bei 30 km/h (**b**) mit laufendem Gebläse und bei v_{max} (**c**). (AUDI AG [5])

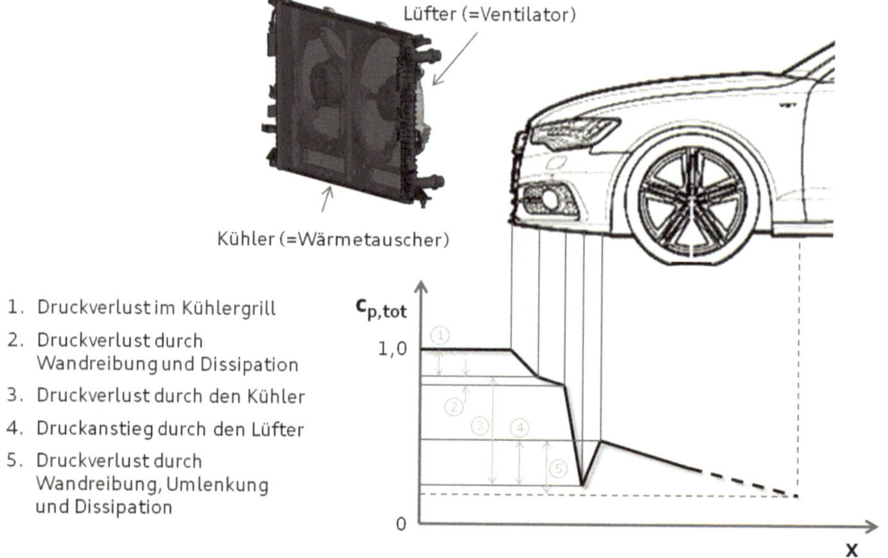

Abb. 4.14 Strömung der Kühlluft und Druckverlauf im Kühlsystem bei einem Pkw. (Vgl. auch Hucho in [27])

Herleitung

Der Kühlluftwiderstand $c_{W,K}$ ist definiert als

$$c_{W,K} = c_W - c_{W,\text{Mock-up}}. \qquad (4.11)$$

Die Luftwiderstandsleistung lässt sich auffassen als Summe zweier Anteile

$$P_L = P_{L,\text{Mock-up}} + P_{L,\text{Kühlluft}}.$$ (4.12)

Mit der Definition der Luftwiderstandsleistung des Mock-up aus Kap. 2 und der hydraulischen Leistung als Produkt von Druckdifferenz und Volumenstrom ergibt sich

$$P_L = c_{W,\text{Mock-up}} \cdot A_x \cdot \frac{\rho}{2} \cdot v_\infty^3 + \Delta p_K \cdot \dot{V}_K \cdot \frac{1}{\eta_{EV}}.$$ (4.13)

Mit dem Volumenstrom und der Druckdifferenz

$$\dot{V}_K = v_K \cdot A_K \quad \text{bzw.} \quad \Delta p_K = p_1 - p_2 = \zeta_K \cdot \frac{\rho}{2} \cdot v_K^2$$ (4.14)

folgt für die Luftwiderstandsleistung

$$P_L = A_x \cdot \frac{\rho}{2} \cdot v_\infty^3 \left[c_{W,\text{Mock-up}} + \zeta_K \cdot \left(\frac{v_K}{v_\infty}\right)^3 \cdot \frac{A_K}{A_x} \cdot \frac{1}{\eta_{EV}} \right]$$ (4.15)

und für $c_{W,K}$ durch Koeffizientenvergleich

$$c_{W,K} = \zeta_K \cdot \left(\frac{v_K}{v_\infty}\right)^3 \cdot \frac{A_K}{A_x} \cdot \frac{1}{\eta_{EV}}.$$ (4.16)

Der Druckverlustbeiwert $\zeta_{K\ddot{u}}$ und die sich einstellende Durchströmgeschwindigkeit $v_{K\ddot{u}}$ des Kühlers hängen von den geometrischen und konstruktiven Eigenschaften des Kühlers ab, also bspw. von der Tiefe, dem Rohrabstand und der Lamellendichte sowie von der Anströmsituation. Ein tieferer und dichterer Kühler erhöht die wärmetauschende Oberfläche, aber auch den Druckverlustbeiwert, und reduziert den Durchsatz. Die Zusammenhänge von Druckverlust und Wärmeübergang werden in Abb. 4.15 veranschaulicht.

Wie auch zuvor bei Abb. 4.12 sei hier noch einmal auf das degressive Verhalten des Wärmeübergangs mit zunehmendem Durchsatz erinnert. Ein dichterer Kühler mit engeren Lamellen verringert den Widerstand leicht. Allerdings muss beachtet werden, dass bei einem dichteren Kühler im Lüfterbetrieb höhere Lüfterleistungen benötigt werden und somit hierfür mehr Energie aufgebracht werden muss.

Bei der Anströmung des Kühlers kann eine freie und eine geführte Variante unterschieden werden. Abb. 4.16 zeigt die Einflüsse der Anströmung auf den Durchsatz und den Kühlerwiderstand. Der freifahrende Kühler zeigt im relevanten Bereich der Kühlerdruckverlustbeiwerte etwas höhere Durchsätze und damit einen verbesserten Wärmeübergang bei deutlich erhöhtem Widerstand. In heutigen Fahrzeugen kommen fast nur noch geführte Anströmungen zum Einsatz, auch um ungewollte Rückströmungen zu vermeiden.

Die zweite Ursache für den Kühlluftwiderstand sind *Stoß- und Impulsverluste* am Strömungsaustritt. Diese werden klein, wenn der Druckbeiwert c_P der Fahrzeugumströmung

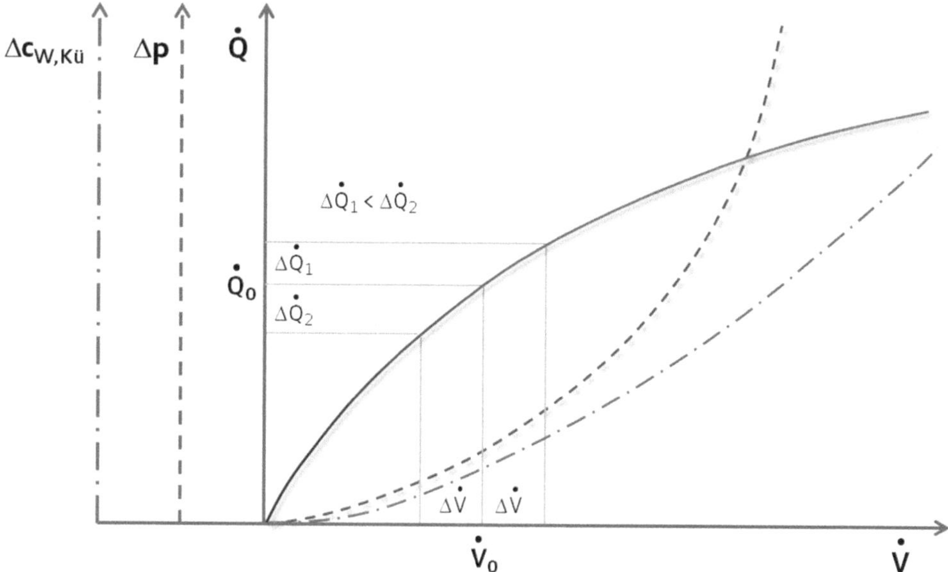

Abb. 4.15 Wärmeübergang und Druckverlust am Fahrzeugkühler in Abhängigkeit der Durchström-geschwindigkeit

am Strömungsaustritt gleich groß ist wie der Druckbeiwert der Fahrzeugdurchströmung am Strömungsaustritt und wenn der Strömungsaustritt möglichst tangential, also mit hohem x-Impuls, erfolgt (Richtung der Fahrzeugumströmung = Richtung der Fahrzeugdurchströmung am Austritt, Abb. 4.17).

Die dritte Ursache des Kühlluftwiderstands, die *Wechselwirkung mit der Fahrzeugumströmung*, kann am Beispiel der Vorderräder veranschaulicht werden. In Abb. 4.18 ist der Nachlauf eines Vorderrads visualisiert. Die Kühlluft aus dem Motorraum tritt zu einem gewissen Anteil in die Radkästen aus und vergrößert im Vergleich zum Mock-up den Anströmwinkel der Vorderräder, so dass der Radnachlauf mehr Widerstand erzeugt. Angemerkt sei, dass auch eine Verbesserung der Umströmung denkbar ist und daher bei der Aerodynamikentwicklung die Zuführung von Funktionsluft in die Umströmung gezielt optimiert werden sollte.

Zum Abschluss sollen einige grundlegende Impuls- und Energiebetrachtungen für Kühlkanäle formuliert werden. Unter der Voraussetzung einer geführten Kühlluft, das heißt die Kühlluft durchströmt das Fahrzeug durch definierte Ein- und Austrittsflächen, kann der Impulssatz über dem Kontrollraum durch die Kühlluftstromröhre bilanziert werden. Dies ist in Abb. 4.19 am Beispiel eines Fahrzeugs mit Kühlluftaustritt nach oben dargestellt, so dass der Impulssatz von ∞ nach A formuliert werden kann. In x-Richtung ergibt sich

$$-\rho \cdot v_\infty v_K A_K + \rho \cdot v_A v_K A_K \cos\alpha + c_{p,A} \cdot \frac{\rho}{2} \cdot v_\infty^2 \cdot A_A \cdot \cos\alpha = -\Delta F_{W,K}, \quad (4.17)$$

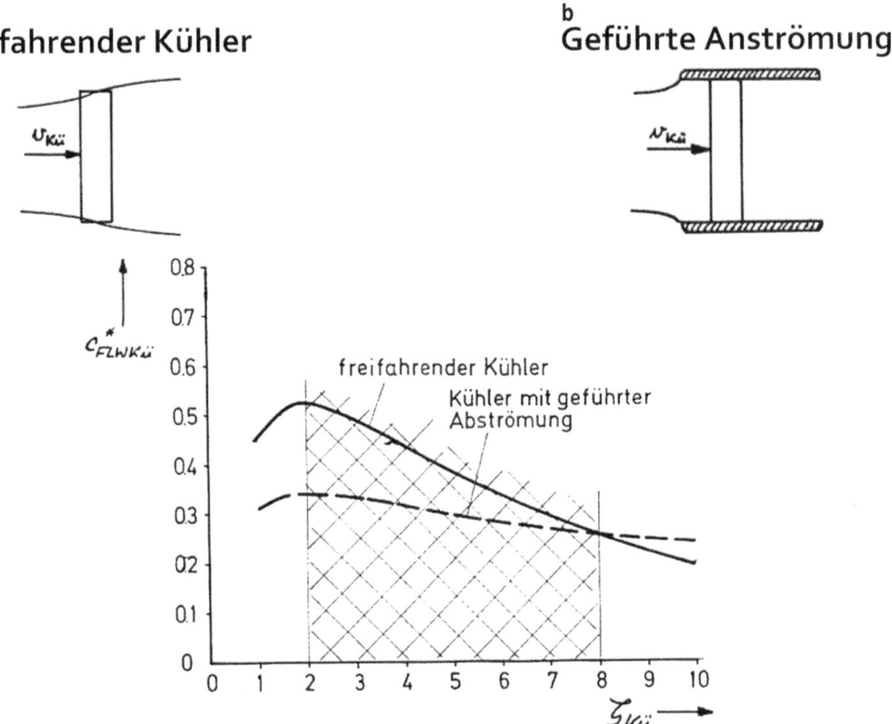

Abb. 4.16 Kennlinien für Durchströmgeschwindigkeit und Kühlerwiderstand für einen freifahrenden Kühler (**a**) und eine Ausführung mit geführter Anströmung (**b**). (Hucho [27])

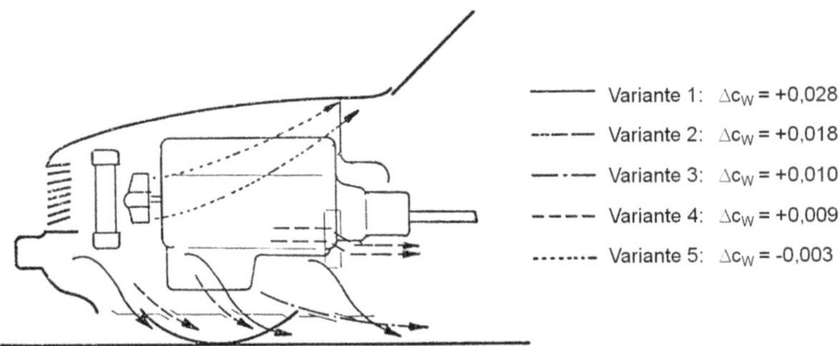

Abb. 4.17 Mögliche Lösungen der Kühlluftführung im Motorraum. (Hucho [27])

wobei für $c_{p,A}$ gilt:

$$c_{p,A} = \frac{p_A - p_\infty}{\frac{\rho}{2} \cdot v_\infty^2}. \tag{4.18}$$

Für den Kühlluftwiderstandsbeiwert resultiert damit

$$c_{W,K} = \frac{\Delta F_{W,K}}{\frac{\rho}{2} v_\infty^2 A_x} = 2 \cdot \frac{v_K}{v_\infty} \cdot \frac{A_K}{A_x} \cdot \left(1 - \frac{v_A}{v_\infty} \cdot \cos\alpha\right) - c_{p,A} \cdot \frac{A_A}{A_x} \cdot \cos\alpha. \tag{4.19}$$

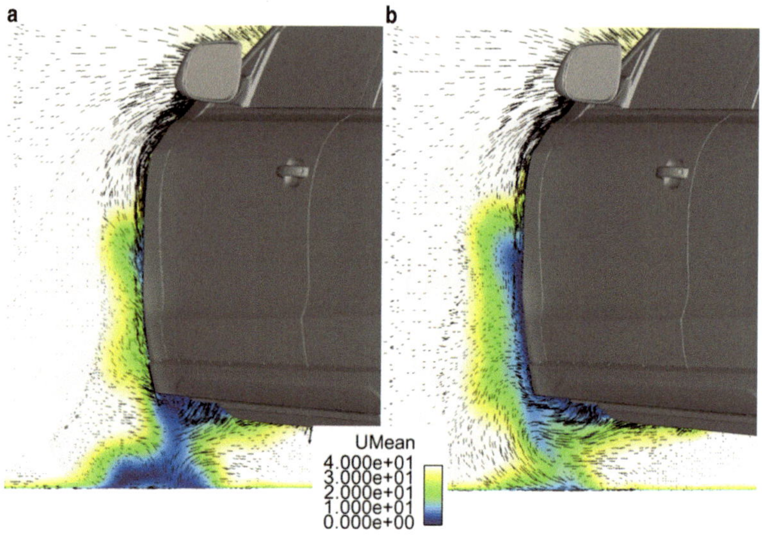

Abb. 4.18 Geschwindigkeitsverteilung im Nachlauf eines Vorderrads ohne (**a**) und mit Kühlluft (**b**). (AUDI AG [5])

Analog gilt für die Änderung der Auftriebskraft

$$c_{A,K} = \frac{\Delta F_{W,K}}{\frac{\rho}{2} v_\infty^2 A_x} = 2 \cdot \frac{v_K}{v_\infty} \cdot \frac{A_K}{A_x} \cdot \left(1 - \frac{v_A}{v_\infty} \cdot \cos\alpha\right) - c_{p,A} \cdot \frac{A_A}{A_x} \cdot \cos\alpha. \tag{4.20}$$

Diese Abschätzung gilt für den Fall, dass sich durch die Kühlluftströmung der Druck an den Grenzen des Kontrollraums nicht ändert. Der Druckbeiwert am Austritt $c_{p,A}$ wird

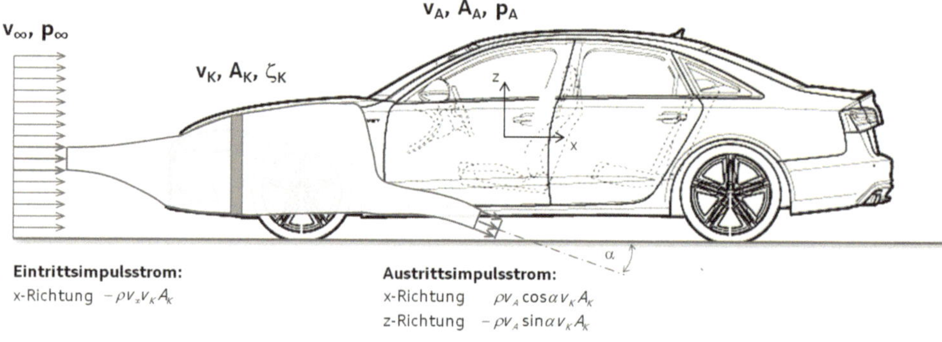

Abb. 4.19 Impulssatz für die Durchströmung eines Fahrzeugs mit vollständig geführter Kühlluft. (Vgl. auch Wiedemann in [69])

durch die Umströmung bestimmt. Dieser wird aber bei der Berechnung des Kühlluftdeltas im Folgenden vernachlässigt, weil auch ohne Durchströmung eine Kraft an dieser Stelle vorhanden ist.

Im Folgenden werden die Druckterme vernachlässigt (Abschn. 4.2.3). Die Austrittsgeschwindigkeit v_A kann mit Hilfe der Bernoulli-Gleichung hergeleitet werden:

$$p_\infty + \frac{\rho}{2} \cdot v_\infty^2 = p_A + \frac{\rho}{2} \cdot v_A^2 + \frac{\rho}{2} \cdot v_K^2 \cdot \zeta_K. \tag{4.21}$$

Mit der Kontinuitätsgleichung

$$v_K A_K = v_A A_A \tag{4.22}$$

ergibt sich

$$\frac{v_A}{v_\infty} = \sqrt{\frac{1 - c_{p,A}}{1 + \zeta_K \cdot \left(\frac{A_A}{A_K}\right)^2}}. \tag{4.23}$$

Beides in Gl. 4.19 eingesetzt ergibt

$$c_{W,K} = 2\frac{A_A}{A_x} \sqrt{\frac{1 - c_{p,A}}{1 + \zeta_K \cdot \left(\frac{A_A}{A_K}\right)^2}} \cdot \left(1 - \sqrt{\frac{1 - c_{p,A}}{1 + \zeta_K \cdot \left(\frac{A_A}{A_K}\right)^2}} \cdot \cos\alpha \right). \tag{4.24}$$

Analog gilt für die Änderung des Auftriebs

$$c_{A,K} = -2\frac{A_A}{A_x} \sqrt{\frac{1 - c_{p,A}}{1 + \zeta_K \cdot \left(\frac{A_A}{A_K}\right)^2}} \cdot \sin\alpha. \tag{4.25}$$

Jede Abweichung des Austrittswinkels der Kühlluft von $0°$ resultiert in einem zusätzlichen Impulsverlust und somit in einem höheren Kühlluftwiderstand. Eine Verringerung der Austrittsfläche A_A resultiert in einer Reduzierung des Widerstands. Abb. 4.20a zeigt den auf das Austrittsflächenverhältnis A_A/A_x bezogenen Kühlluftwiderstand in Abhängigkeit vom erweiterten Druckverlustkoeffizienten $\zeta_K \cdot (A_A/A_x)^2$ für einen bei Pkw üblichen Austrittswinkel $\alpha = -45°$. Die abgebildete Kurve kann in zwei Teile unterteilt werden.

Im ersten Teil steigt der Widerstand monoton an, bis er für einen erweiterten Druckverlustkoeffizienten von eins ein Maximum erreicht. Dieser Teil der Kurve entspricht einem fast reibungsfreien Verhalten der Strömung, bei dem eine Zunahme des Druckverlusts zu einem reduzierten Austrittsimpuls in Fahrtrichtung und damit zu einem erhöhten Widerstand führt. Im zweiten Teil wird das Verhalten der Strömung von Reibung dominiert und ein größerer Druckverlust resultiert in kleineren Volumenströmen und einem reduzierten Widerstand. Für einen immer größeren erweiterten Druckverlustkoeffizienten führt dies

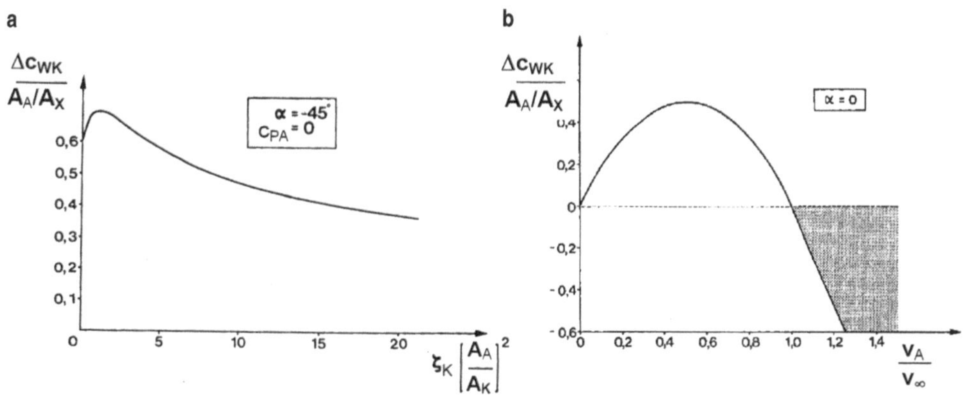

Abb. 4.20 Zusammenhänge zwischen Parametern des Kühlluftführungssystems und dem Kühlluftwiderstand. (Wiedemann und Soja [71])

zu einem immer kleineren Widerstand, bis dieser sich an null annähert. Dieser Fall entspricht dem Mock-up mit einem unendlich großen erweiterten Druckverlustkoeffizienten, der jeglichen Kühlluftvolumenstrom unterbindet.

Abb. 4.20b zeigt den Verlauf des auf das Austrittsflächenverhältnis bezogenen Widerstands über der dimensionslosen Austrittsgeschwindigkeit für einen Austrittswinkel $\alpha = 0°$. Im ersten Teil der Kurve nimmt der Widerstand zu. Jede Zunahme des Kühlluftvolumenstroms resultiert in einer Widerstandserhöhung. Nach Überschreiten des Maximums folgt aus jeder weiteren Steigung des Kühlluftvolumenstroms eine Reduzierung des Widerstands. Für den betrachteten Fall besteht sogar die theoretische Möglichkeit, einen negativen Kühlluftwiderstand zu erzeugen. Die Beeinflussung der Austrittsgeschwindigkeit kann über eine Verringerung des Druckbeiwerts $c_{p,A}$ am Austritt oder des erweiterten Druckverlustkoeffizienten erfolgen. In der Praxis wird jedoch eine Änderung an einem der Parameter Rückwirkungen auf die anderen haben. Diese wiederum können das System in der Summe aller auftretenden Effekte positiv oder negativ beeinflussen. So wird eine Reduzierung des Austrittsquerschnitts in der Regel zu einem gesteigerten Druckverlust des Systems führen und so gleichzeitig den Volumenstrom senken.

Eine Reduzierung des Druckverlustes über eine Anpassung des verwendeten Kühlers muss unter Berücksichtigung dessen thermischer Leistungsfähigkeit erfolgen. Diese wiederum wird durch den Druckverlust und die Geschwindigkeitsverteilung auf dem Kühler beeinflusst.

Der Kühlluftwiderstand kann folglich minimiert werden durch einen möglichst geringen Volumenstrom, was allerdings auf thermische Machbarkeit überprüft werden muss, sowie durch eine möglichst horizontale Ausleitung der Kühlluft. Die Einlässe sind groß genug auszuführen, um den Einlassimpuls zu vermindern, während der Auslass klein sein soll, um die Impulsstärke in Fahrtrichtung zu erhöhen. Allerdings hat jede Reduzierung

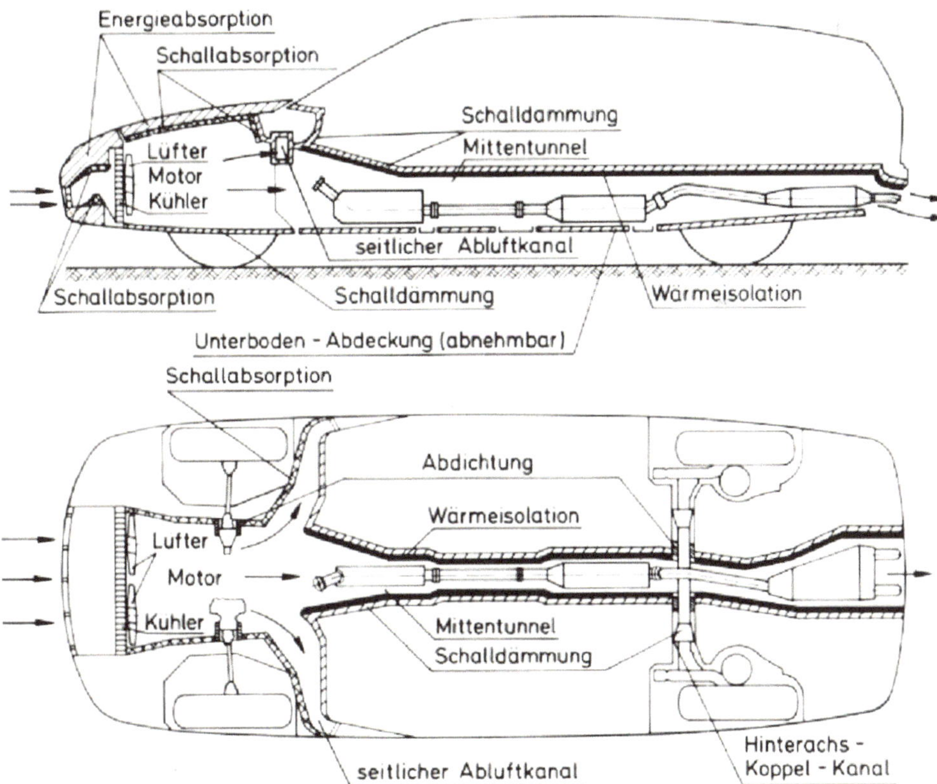

Abb. 4.21 Der Forschungspersonenkraftwagen „Uni-Car" der Hochschularbeitsgemeinschaft aus dem Jahre 1981. (Appel et al. [3])

im Auslassquerschnitt nur einen geringen Einfluss auf die Kühlluftströmung. Auslassöffnungen sollten sich möglichst am Heck des Fahrzeugs oder an der Fahrzeugseite befinden. Schließlich ist die Kühlerfläche $A_{Kü}$ möglichst groß zu wählen. Eine frühe Umsetzung einer intelligenten Kühlluftführung findet sich am Uni-Car aus dem Jahre 1981, s. Abb. 4.21.

Abb. 4.22 Kühlluftführung des Uni-Car. (Nach Appel et al. [3])

Die Ausleitung der Kühlluft ist besonders optimiert. Sowohl an der Fahrzeugseite im Kotflügelbereich, als auch am Fahrzeugheck finden sich Auslässe, ein maximaler Impulsrückgewinn wird damit gewährleistet, vgl. Abb. 4.22.

Zusammenfassend kann gesagt werden, dass die Kühlluftführungen so auszulegen und zu dimensionieren sind, dass minimale Verluste erreicht werden, keine Leckagen auftreten und die Tendenz, Rückströmung zu bilden, durch Verwendung spezieller Konstruktionen mit Klappen, verhindert bzw. vermindert wird. Einer anforderungsabhängigen Zuführung von Kühlluft und einer intelligenten Gebläsestrategie kommt dabei eine besondere Bedeutung zu.

4.2.4 Rauhigkeitswiderstand

Unter Rauhigkeitswiderstand ist der Eigenwiderstand der Anbauteile und Oberflächengliederung unter den idealen Anströmbedingungen zu verstehen. Hierbei sind vor allem die Bodengruppe mit Radaufhängungen und Rädern sowie die Anbauteile der Außenhaut, wie Außenspiegel, Antennen, Zusatzscheinwerfer, Gepäckträger, Scheibenwischer, Spoiler, Flügel, Radausschnitte und Fenstereintiefungen zu verstehen. Der Rauhigkeitswiderstand macht über ein Drittel des Gesamtwiderstands aus (vgl. Abb. 4.6).

Dabei kommt den Rädern eine besondere Bedeutung zu. Die in Abb. 4.23 dargestellten, am Rad entstehenden Wirbelsysteme erzeugen zusätzlichen Widerstand und Auftrieb. Der Eigenwiderstand eines Außenspiegels beträgt beispielsweise ungefähr vier bis zehn c_W-Punkte.

4.2.5 Interferenzwiderstand

Um den Gesamtwiderstand eines Kraftfahrzeuges zu erhalten, genügt es nicht, die Widerstände der Einzelteile zu addieren. Es muss vielmehr die gegenseitige Beeinflussung (Interferenz) mit betrachtet werden, da durch die Anbauteile das Strömungsbild verändert wird. Der Interferenzwiderstand erfasst die Einflüsse, die Anbauteile, wie die unter Abschn. 4.2.4 genannten auf den Grundkörper, und der Grundkörper auf die Anbauteile ausüben. Ein typischer Fall ist die Wechselwirkung zwischen Zugmaschine und Anhänger.

Es ist sowohl ein positiver als auch ein negativer Interferenzwiderstand denkbar. Der positive Interferenzwiderstand entsteht durch Annäherung zweier nebeneinander liegender Körper, wie bspw. Karosseriekörper und Rückspiegel. Ohne Karosseriekörper wird der Rückspiegel gleichmäßig angeströmt, durch den Einfluss der Karosserie ergibt sich hingegen eine höhere Anströmgeschwindigkeit und bei Druckanstieg eine größere Ablösegefahr. Am Karosseriekörper ist eine Staupunktsverschiebung in Richtung Spiegel, eine asymmetrische Umströmung und damit eine höhere Ablösegefahr festzustellen, vgl. Abb. 4.24.

Der negative Interferenzwiderstand entsteht durch Annäherung zweier hintereinander angeordneter Körper. Hinter jedem Körper besteht ein Raum verminderter Strömungsgeschwindigkeit (Nachlauf). Ein Körper, der sich in diesem Raum befindet, weist daher einen kleineren Widerstand auf, als in nicht abgebremster Strömung. Durch Hintereinanderanordnung gleich- oder verschiedenartiger Körper, die einen Druckwiderstand aufweisen, lässt sich demzufolge ein negativer Interferenzwiderstand erzielen. Bei dem in Abb. 4.25 beschriebenen Beispiel ist der Gesamtwiderstand von zwei hintereinander angeordneten Kreisplatten für $\Delta x/d < 2$ kleiner, als der Widerstand der Einzelplatte.

Abb. 4.23 Wirbelsysteme am freistehenden rotierenden Rad. (Wäschle [58])

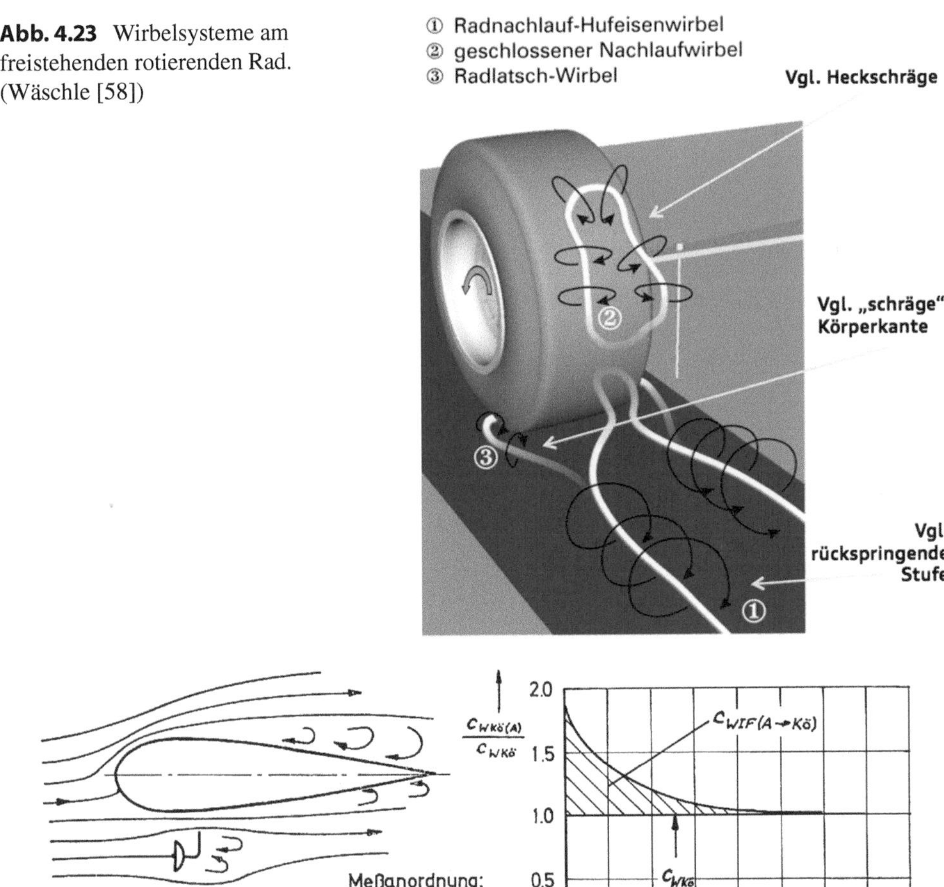

Abb. 4.24 Erläuterung des positiven Interferenzwiderstands anhand einer Anordnung Karosseriekörper (*Kö*) und Außenspiegel (*A*). (Wiedemann [68])

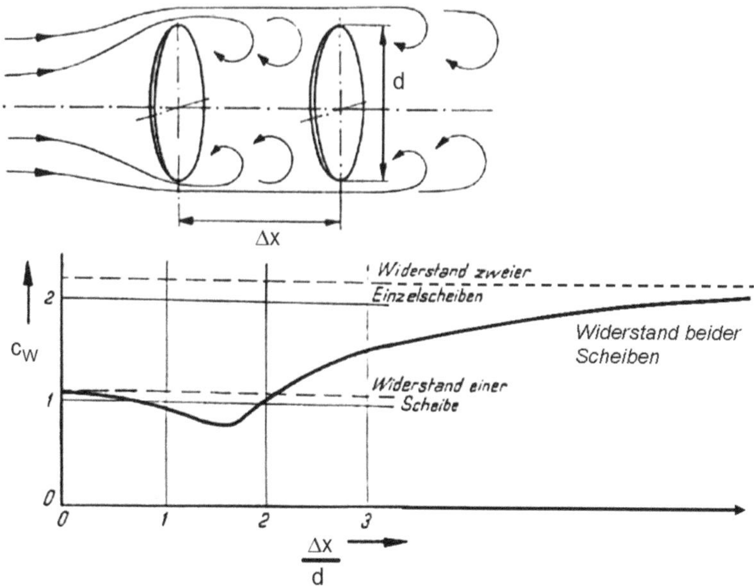

Abb. 4.25 Widerstand zweier hintereinander angeordneter Kreisplatten in Abhängigkeit ihres gegenseitigen Abstandes. (Nach Dubs [12])

Bei strömungstechnisch gut ausgebildeten Körpern (Tragflügeln) ist der Abschirmeffekt infolge des geringen Nachlaufs allerdings unbedeutend. Ein Sattelzug lässt sich strömungstechnisch in die Gebilde Zugmaschine und Auflieger aufteilen, welche miteinander in Wechselwirkung stehen. Wie Abb. 4.26 zeigt, kann durch die Strömungsinterferenz ein Sattelzug mit aerodynamisch hochwertigem Fahrerhaus denselben Gesamtwiderstand haben wie ein Sattelzug mit kantigem Fahrerhaus. Ein kantiges Fahrerhaus übernimmt offensichtlich den Großteil des Luftwiderstands und schirmt infolge der Ablösung den nachfolgenden Aufbau von einer Strömungsbeaufschlagung ab. Ein strömungsgünstiges Fahrerhaus gibt dagegen einen großen c_W-Anteil an den Aufbau ab.

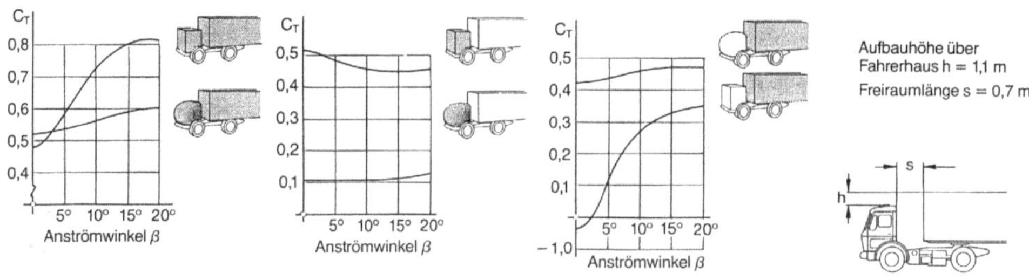

Abb. 4.26 Einfluss der Fahrerhausformgebung auf die Teilwiderstände und Aufbau beim Sattelzug. (Nach Schütz [54])

4.3 Karosserieheckformen und Grundkörper

Wie aus Abschn. 4.2 hervorgeht, ist die Fahrzeugaußenhaut maßgeblich für den Formwiderstand und den induzierten Widerstand. Die gängigen Karosserieheckformen sollen
daher an dieser Stelle vorgestellt werden. Dabei soll kurz auf aerodynamische Besonderheiten eingegangen werden. Anschließend werden zwei bekannte Ersatzkörper gezeigt,
die immer wieder für Grundlagenuntersuchungen herangezogen werden.

4.3.1 Fahrzeugheckformen

Grundsätzlich werden zunächst drei Heckvarianten unterschieden: das Stufenheck, das
Schrägheck und Vollheck, Abb. 4.27. Ein Stufenheck beinhaltet eine schräge Heckscheibe und einen daran anschließenden mehr oder weniger horizontalen Heckdeckel. Beim
Schrägheck reicht die Heckscheibe bis zum Heckabschluss, es folgt meist kein Heckdeckel. Die Heckscheibe ist dabei geneigt, wobei der Neigungswinkel in weiten Bereichen
variiert. Besonders beliebt sind Heckscheibenneigungswinkel von etwa 30° aufgrund ihres dynamischen Aussehens. Bei Vollheckfahrzeugen schließt an die Dachhinterkante die
Heckklappe an. Diese hat einen Neigungswinkel von bis zu 90°.

Untersuchungen zeigen, dass ein Heckscheibenneigungswinkel von 30° einen wichti-
gen Richtwert für den Aerodynamiker darstellt. Steilere Heckscheiben begünstigen eine
Strömungsablösung an der Dachhinterkante und sorgen für eine Abströmung wie bei
Vollheckfahrzeugen, flachere Heckscheiben zeigen anliegende Strömung mit teilweise
deutlich erhöhten c_W-Werten und Hinterachsauftrieben, Abb. 4.28. Daher macht sich der
Aerodynamiker einer weiteren Unterteilung zu Nutze und unterscheidet beim Schrägheck
Fließheck- (Neigungswinkel $<30°$ mit anliegender Strömung) und Steilheckfahrzeuge
(Neigungswinkel $\geq 30°$ mit abgelöster Strömung).

4.3.2 Fahrzeugkonzepte

Die Architektur der Karosserie wird maßgeblich vom für das betreffende Fahrzeug aus-
gewählten Antriebsstrang bestimmt. Dieser impliziert die Lage des Motors, des Dreh-
moment-Drehzahl-Wandlers, der Antriebs-, Kardan- und Gelenkwellen sowie der Abgasanlage und des Tanks. Verlaufen diese Komponenten von vorne nach hinten durch das
Fahrzeug, ist die Unterbodenstruktur deutlich zerfurchter, als wenn dies nicht der Fall ist.
Außerdem wird vorbestimmt, welche der beiden Achsen angetrieben werden und an welchen Stellen Luft aus der Unterbodenströmung zu Kühlungszwecken entnommen werden
muss. Eine Übersicht zu den gängigen Antriebssträngen zeigt Abb. 4.29.

Auf der linken Seite sind die Frontantriebskonzepte dargestellt. Sowohl mit quer- (z. B.
VW Golf) als auch mit längseingebautem Motor (Audi-Frontantrieb ab Mittelklasse) ergibt sich aus aerodynamischer Sicht das gleiche Bild. Da nur die vordere Achse an-

Abb. 4.27 Beispiele für verschiedene Heckformen: BMW 5er als Vollheck, Stufenheck und Schrägheck (BJ 2013)

getrieben wird, ist keine Kardanwelle in den Hinterwagen erforderlich. Dadurch kann der Kardantunnel entfallen, lediglich die Abgasanlage muss nach hinten geführt werden. Großflächige Unterbodenverkleidungen sind möglich, ausreichende Kühlung muss nur für die Abgasrohre und die Schalldämpfer sichergestellt werden. Insbesondere ist eine Verkleidung des sehr zerklüfteten Bereichs um die Hinterachse möglich, da kein Achsgetriebe vorhanden ist. Hierdurch ist eine wirbelarme Anströmung des Hinterwagens gegeben, der dann als sehr wirksamer Diffusor ausgeformt werden kann. Gegebenenfalls kann auch ein vollverkleideter Unterboden dargestellt werden, wenn die Unterbodenelemente im Bereich der Abgasanlage mit Hitzeschutzblechen versehen sind. All diese Maßnahmen kommen einem niedrigen Luftwiderstand zupass.

Der Frontantrieb muss die komplette Antriebskraft an der Vorderachse auf die Straße bringen, deshalb gelten im Vergleich mit Heckantrieben aus Traktionsgründen verschärfte Anforderungen an den Vorderachsauftrieb. Außerdem liegt der Schwerpunkt frontgetriebener Fahrzeuge weiter vorne als bei Fahrzeugen mit Heckantrieb und insbesondere mit Heckmotor. Die Seitenkraft bei Schräganströmung bewirkt somit in der Regel ein rückstellendes Giermoment, deshalb gelten frontangetriebene Fahrzeuge als verhältnismäßig seitenwindunempfindlich.

Abb. 4.28 Beispiele für verschiedene Schrägheckformen: BMW 5er GT BJ 2013 und Audi A3 BJ 2013

In der Bildmitte sind Antriebsstränge mit Hinterachsantrieb und vorne gelegenem Motor aufgeführt. Dabei liegt beim Standard- (BMW ab Mittelklasse) und beim Allradantrieb (Audi quattro) auch das Schaltgetriebe vorne, während es beim Transaxlekonzept (diverse Modelle von Aston Martin und Ferrari) im Hinterwagen vor dem Achsgetriebe angeordnet ist. Die Leitung des Drehmoments vom Motor zur angetriebenen Achse erfordert eine Kardanwelle und deshalb auch einen Kardantunnel. Welle und Tunnel müssen bei Standard- und Allradantrieb aufgrund der zu übertragenden höheren Drehmomente massiver ausgeführt werden als bei der Transaxle-Bauweise. Zusammen mit der Abgasanlage, die den Unterboden von vorne nach hinten durchzieht, und dem Tank, der zur Sicherstellung eines ausreichenden Tankvolumens ggf. als Zweikammer-Satteltank ausgeführt werden muss, schränkt daher vor allem der Standardantrieb die Verwendung von großflächigen Bodenabdeckungen ein. An der Hinterachse muss das Achsgetriebe und beim Transaxleprinzip auch das Schaltgetriebe aus Kühlungsgründen angeströmt werden. Eine Hinterachsverkleidung ist hier nur unter großem Aufwand umsetzbar. Ein unter diesen Bedingungen im Hinterwagen eingebauter Diffusor entfaltet aufgrund der schlechteren Zuströmung nicht seine theoretisch mögliche Wirkung. Nachteilig ist das insbesondere für den Hinterachsauftrieb, aber auch für den Widerstand des Fahrzeugs.

Da die Antriebskraft an der Hinterachse (bzw. beim Allradantrieb an beiden Achsen) übertragen wird, ist ein hoher Vorderachsauftrieb weniger kritisch als beim Frontantrieb. Umgekehrt sind die Anforderungen an den Hinterachsauftrieb schärfer, vor allem beim Standardantrieb mit seinem weit vorneliegenden Schwerpunkt.

Rechts im Bild sind Heckantriebskonzepte dargestellt, die sich nur durch die Lage des Motors unterscheiden. Beide, Mittel- und Heckmotorkonzepte (Lotus Elise bzw. Porsche 911), sind bzgl. ihrer aerodynamischen Eigenschaften vergleichbar. Da nur die hintere

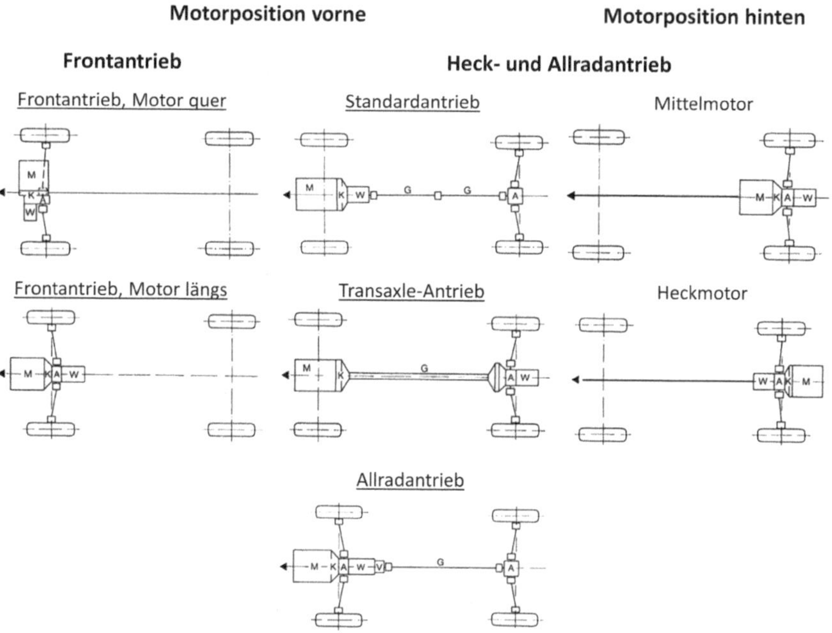

Abb. 4.29 Gängige Antriebsstränge für konventionelle Antriebe. (Nach Leyhausen [32])

Achse angetrieben wird, ist keine Kardanwelle in den Hinterwagen erforderlich. Dadurch kann der Tunnel entfallen, und auch die Abgasanlage befindet sich ausschließlich im Hinterwagen. Somit ist ein vollständig geschlossener Unterboden möglich. Ein Beispiel ist der Audi R8, vgl. Abb. 6.6, hier sind zur Belüftung des Motorraums lediglich einige NACA-Einlässe vorgesehen. Eine solche vollständige Verkleidung erlaubt ferner die bestmögliche Diffusorwirkung im Hinterwagen, all das senkt Widerstand und Auftrieb erheblich ab, bei Sportwagen wird damit gezielt Abtrieb erzeugt.

Heckantriebe benötigen zur Kraftübertragung an der Hinterachse niedrige Hinterachsauftriebe, was aber durch entsprechende Formgebung des Hecks erreicht werden kann. Außerdem liegt bei ihnen der Schwerpunkt deutlich weiter hinten als bei den zuvor behandelten Antriebssträngen. Deshalb sind Heckantriebe am seitenwindempfindlichsten, denn aufgrund dieser Schwerpunktlage wird eine Seitenkraft stets zu höheren Schiebewinkeln gierend, d. h. verstärkend wirken. Dem muss bei der Fahrzeugentwicklung in besonderem Maße Rechnung getragen werden.

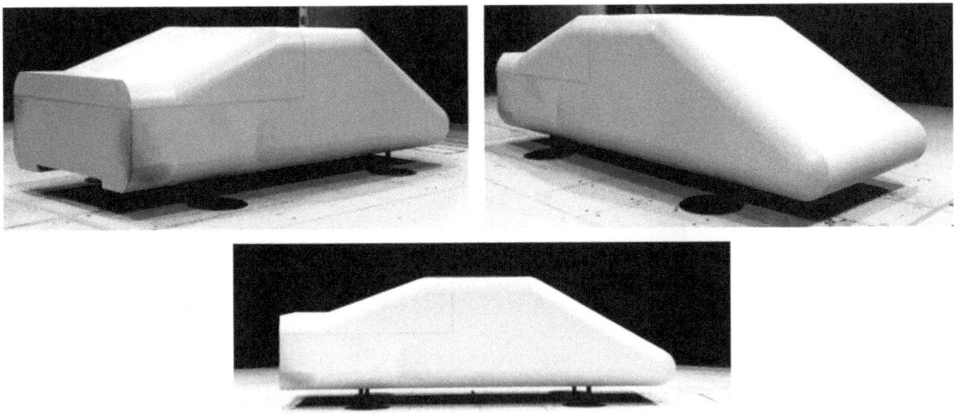

Abb. 4.30 Das SAE-Referenzmodell in Stufenheckausführung ohne Kühlluft auf Stützen gelagert

4.3.3 Grundkörper

Zur vereinfachten Bewertung von den Aerodynamiker interessierenden Aspekten kann oftmals eine reale Fahrzeuggeometrie zu komplex gestaltet sein, oder aber sich ein Fahrzeugumbau nicht umsetzbar oder kostenintensiv darstellen. Für solche grundlegenden Vorentwicklungs- und Forschungsthemen existieren vereinfachte Fahrzeugformen, deren Abmaße veröffentlicht wurden und für jedermann reproduzierbar zugänglich sind. Außerdem sind solche einfachen Modellgeometrien sehr attraktiv für die Validierung von CFD-Codes, da hier die aerodynamischen Phänomene auf wenige interessierende heruntergebrochen werden können und Modellfeinheiten, wie an realen Fahrzeugen, nicht in herausragendem Maße berücksichtigt werden müssen. Hier sollen die beiden wohl bekanntesten Formen, das SAE-Referenzmodell (SAE = Society of Automotive Engineering) und der Ahmed-Body (nach *Ahmed* in [1]), kurz vorgestellt werden.

Das SAE-Modell ist von einer Reihe Aerodynamiker in verschiedenen Aufbauformen untersucht und archiviert worden. Es existieren Stufenheck-, Vollheck-, Fließheck- und Steilheckaufsätze zur Darstellung verschiedener Grundformen. Am Unterbodenabschluss ist eine Diffusorschräge eingebracht. Außerdem gibt es Untersuchungen an durchströmten Ausführungen. Das SAE-Modell ist sowohl auf Stützen, als auf drehbaren Rädern gelagert, was auch Untersuchungen im Bereich der Rad- und Interferenzaerodynamik möglich macht. Das SAE-Modell ist in Abb. 4.30 in der Stufenheckausführung auf Stützen dargestellt.

Ein Beispiel für besondere Erkenntnisse, die am SAE-Körper erlangt wurden, ist der Einfluss der Motorkühlluft auf den $c_{W,K}$-Wert (Abschn. 4.2.3), je nach Art der Wiedereinbringung in die Außenströmung. Abb. 4.31 zeigt den Einfluss des Ausleitungswinkels auf verschiedene Beiwerte, wobei der Kühlluftwiderstand mit flacher werdendem Winkel geringer wird.

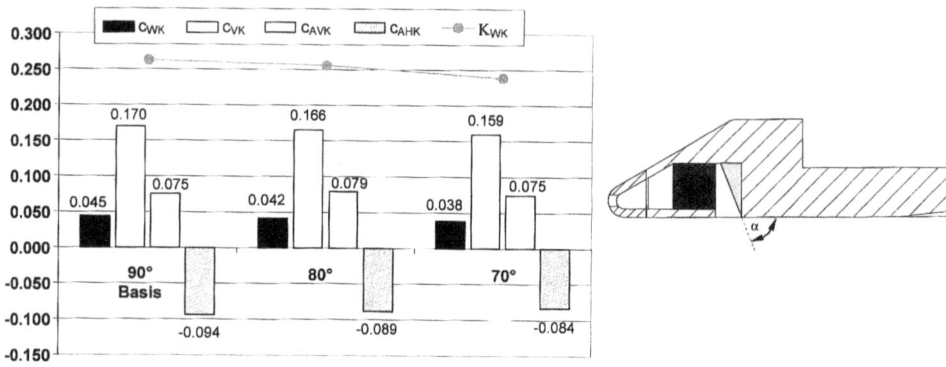

Abb. 4.31   Der Einfluss der Art des Kühlluftauslasses auf den c_W-Wert, dargestellt am SAE-Körper. (Nach Kuthada in [30])

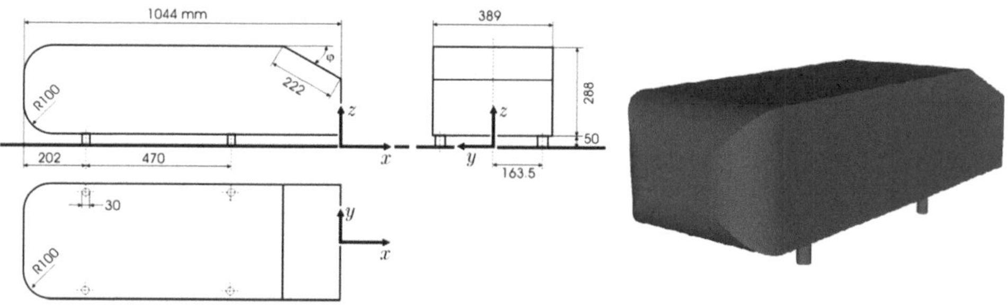

Abb. 4.32   Der Ahmed-Body mit Bemaßungen und in Iso-Ansicht

Der zweite wichtige Ersatzkörper für die Fahrzeugaerodynamik ist der Ahmed-Body, vgl. Abb. 4.32. Er besteht aus einer abgerundeten Front, einem quaderförmigen Hauptkorpus und einem Heckabschluss mit Heckschrägung und variierbarem Neigungswinkel. Der Ahmed-Body ist auf Stützen gelagert.

Anhand des Ahmed-Bodys wurden sehr wichtige und grundlegende Untersuchungen zum Einfluss der Heckflächenneigung auf den Luftwiderstand gemacht. Abb. 4.33 zeigt den Luftwiderstandsbeiwert des Ahmed-Bodys über dem Neigungswinkel der Heckschräge. Außerdem sind die Widerstandsanteile der Heckschräge (c_{SF}) und der Heckabschlussfläche (c_B) dargestellt. Als Ergebnis kann hier festgehalten werden, dass bei Fließheckformen ein optimaler Neigungswinkel (ca. 10°) existiert, bei dem der Luftwiderstandsbeiwert optimal ist. Außerdem ist bei Winkeln von etwa 30° unbedingt darauf zu achten, dass die Strömung (bspw. durch Spoiler oder Kanten) zum Ablösen gebracht wird, weil hierdurch der Luftwiderstandsbeiwert abrupt verbessert werden kann.

Abb. 4.33 Luftwiderstandsbeiwert des Ahmed-Body in
Abhängigkeit der Heckflächenneigung. (Ahmed et al. [1])

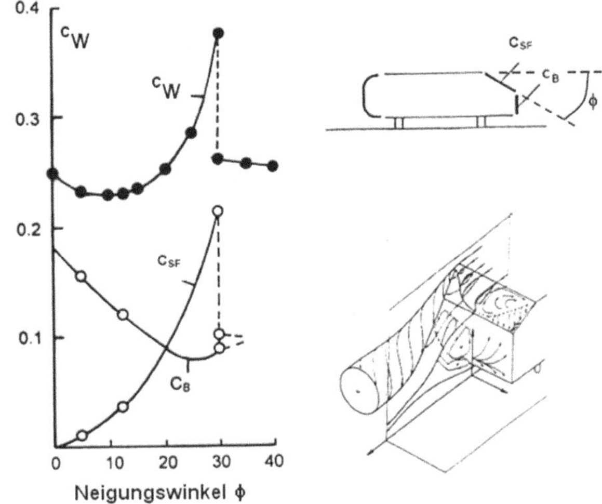

4.4   Grundlagen der Aeroakustik

An dieser Stelle soll zunächst der Begriff Schall erklärt werden. Mechanische Schwingungen elastischer Medien, die Frequenzanteile im Hörbereich (16 Hz bis 16 kHz) enthalten,
werden als Schall bezeichnet. Solche Schwingungen entstehen, wenn die Moleküle eines
elastischen Stoffes durch äußere Kräfte aus ihrer Gleichgewichtslage herausbewegt und
anschließend sich selbst überlassen werden. Infolge ihrer Elastizitäts- und Trägheitskräfte
pendeln die Materieteilchen periodisch um ihre ursprüngliche Ruhelage hin und her. Dies
bedeutet, dass bei der Schallausbreitung keine Materie transportiert wird, sondern dass
es sich nur um die Ausbreitung einer Störung handelt. Das Auftreten von Schall ist an
Materie gebunden. Im Vakuum kann sich also kein Schall ausbreiten.

4.4.1   Schall und Schallfeldgrößen

Je nach Medium, in dem sich der Schall ausbreitet, wird zwischen Luftschall (Gase, insbesondere Luft), Körperschall (feste Stoffe) und Flüssigkeitsschall unterschieden. Wird ein
fester Körper, der mit der umgebenden Luft in Berührung steht, zu elastischen Schwingungen angeregt, so stellt dies bereits eine luftschallerzeugende Quelle dar. Der erzeugte
Körperschall wird auf die angrenzende Luft übertragen, d. h. er wird in das Medium Luft
abgestrahlt. Bei einem Lautsprecher erfolgt die Luftschallabstrahlung von der schwingenden Membran, wie in Abb. 4.34 dargestellt.

Zum Schwingen angeregte Luftteilchen regen ihrerseits die ihnen benachbarten Luftteilchen zum Schwingen an. Es tritt eine Folge von Luftteilchenverdichtung und -verdün-

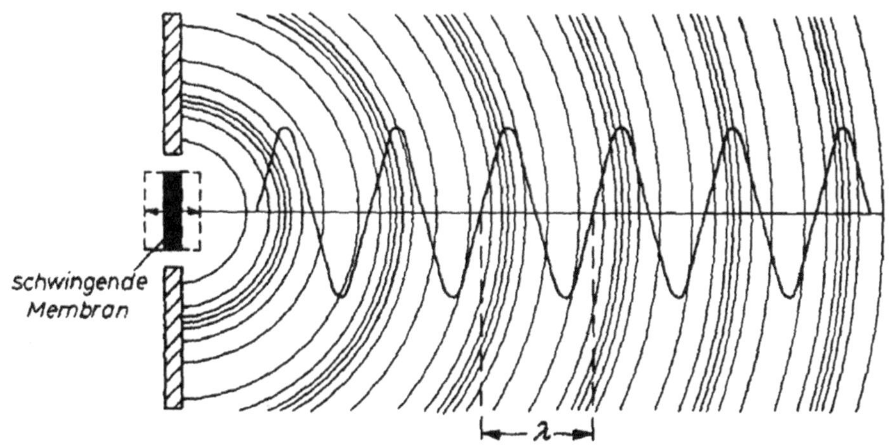

Abb. 4.34 Schallabstrahlung durch eine schwingende Membran. (Helfer [21])

nung auf, die sich wellenartig ausbreitet. Die Luftmoleküle bewegen sich hin und her, verlassen im Mittel aber nicht ihren Ort. Es entsteht also durch den Luftschall kein Wind.

Während beim Luftschall ausschließlich Längs- oder Longitudinalwellen vorkommen, treten in festen und flüssigen Medien auch Quer- oder Transversalwellen auf. Die verschiedenen Wellenarten sind in Abb. 4.35 dargestellt. Dichtewellen sind Longitudinalwellen und treten bei der Schallausbreitung auch in quasi unendlich ausgedehnten Festkörpern auf (wie in Gasen und Flüssigkeiten). Biegewellen sind in der Fahrzeug-Akustik eine häufig auftretende Schwingungsform. Sie bilden einen wichtigen Mechanismus der Schallausbreitung, weil sich im Gegensatz zu Dehnwellen ihre Bewegungen unmittelbar auf das angrenzende Medium, z. B. Luft, übertragen.

Ein mit Materie (z. B. Luft) gefüllter Raum, in dem sich Schall ausbreitet, wird als Schallfeld bezeichnet. In der Fahrzeugakustik ist die Schallausbreitung sowohl in Luft als auch in festen Körpern von Interesse. Das Auftreten von Schallwellen ist durch räumliche und zeitliche Schwankungen der Mediumsdichte gekennzeichnet. Die Schallfeldgrößen dienen zur quantitativen Beschreibung eines Schallfeldes.

Der Schalldruck $p(x,y,z,t)$ ist eine Wechselgröße, die dem atmosphärischen oder statischen Druck der Luft überlagert ist. Er ist eine skalare (ungerichtete) Größe, d. h. er wirkt in jedem Raumpunkt in alle Richtungen gleich und ist deshalb der Messung am leichtesten zugänglich. Gemessen wird der Schalldruck mittels eines Druckmikrofons in der Einheit Pascal, wobei 1 Pa = 1 μbar ist. Der statische Druck der Luft beträgt etwa 10^5 Pa. Demgegenüber liegt der Schalldruck in der Größenordnung von $2 \cdot 10^{-5}$ Pa (Hörschwelle) bis 200 Pa (Schmerzgrenze), ist also verschwindend gering.

Beim Arbeiten mit Schalldruckgrößen wird analog zur Elektrotechnik mit Effektivwerten des zeitabhängigen Schalldrucks $p(t)$ gearbeitet. In dieser Gleichung ist p_{eff} der effektive Schalldruck, p der momentane Schalldruck und T die Integrationszeit. In der

Abb. 4.35 Beispiele unterschiedlicher Wellenarten. (Helfer [21])

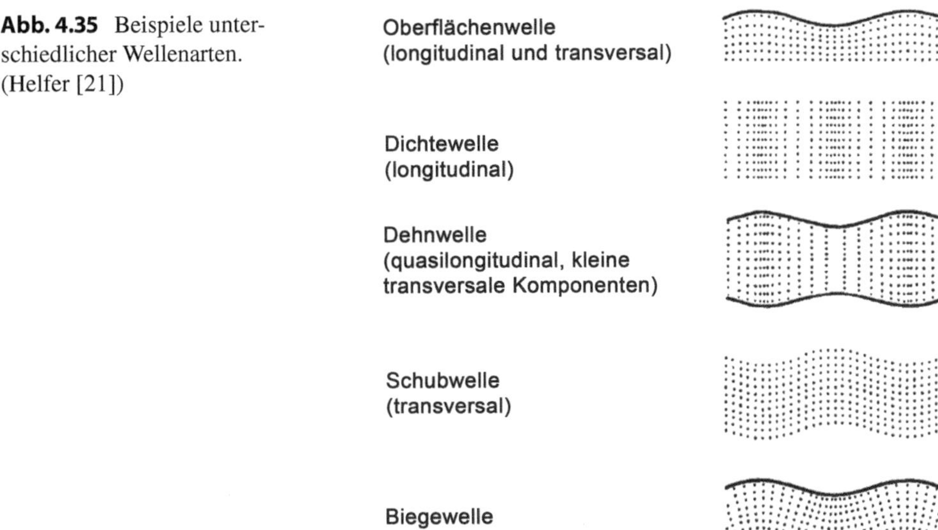

Praxis geschieht die Mittelwertbildung über eine endliche Zeit (Größenordnung 1 s).

$$p_{\text{eff}} = \sqrt{\frac{1}{T} \cdot \int_0^T p^2 dt} \qquad (4.26)$$

Die Schallschnelle $v(x, y, z, t)$, gemessen in m/s, ist die Wechselgeschwindigkeit, mit der die schwingenden Partikel des Schallübertragungsmediums um ihre Ruhelage oszillieren. Sie ist der statistischen (ungeordneten) Wärmebewegung der Teilchen überlagert. Die Bezeichnung „Schnelle" soll eine Verwechslung mit der Schallgeschwindigkeit c, der Ausbreitungsgeschwindigkeit einer Schallwelle, vermeiden. Während der Schalldruck ein Skalar ist, ist die Schallschnelle ein Vektor. Sie ist die Ableitung der Teilchenauslenkung nach der Zeit.

Die Ausbreitungsgeschwindigkeit des Schallvorgangs im jeweiligen Medium wird als Schallgeschwindigkeit bezeichnet. Die Schallgeschwindigkeit hängt im Wesentlichen von der Dichte der schwingenden Materie ab. Sie ist bei Raumtemperatur für Längswellen in Luft 340 m/s, in Wasser 1483 m/s und in Stahl 5800 m/s. In Luft ist die Ausbreitungsgeschwindigkeit temperaturabhängig und steigt mit der Quadratwurzel der absoluten Temperatur in Kelvin. Berechnet werden kann sie nach der Beziehung

$$c = \sqrt{\kappa \cdot R \cdot T}, \qquad (4.27)$$

wobei κ den Isentropenexponenten, R die spezielle Gaskonstante und T die absolute Temperatur des Materials angibt. Die Abstände der Druckmaxima werden Wellenlänge λ

genannt, vgl. Abb. 4.34. Zwischen Schallgeschwindigkeit c, Frequenz f und Wellenlänge λ gilt die Beziehung

$$c = f \cdot \lambda. \tag{4.28}$$

4.4.2 Pegeldefinitionen

Aufgrund des großen Bereiches der interessierenden, vom menschlichen Ohr wahrnehmbaren Schalldrücke von sieben Zehnerpotenzen ($20 \cdot 10^{-6}$ N/m^2 bis 200 N/m^2), ist die Kennzeichnung eines Geräusches in einem linearen Maßstab der Schalldruckwerte unübersichtlich. Auch entspricht eine solche lineare Schalldruckskala nicht dem Sinnesempfinden des Menschen. Daher werden anstelle der Größen, die Logarithmen der auf einen Bezugswert normierten Größen verwendet. Der Schallintensitätspegel L_I ist der Zehnerlogarithmus des Verhältnisses der gegebenen Schallintensität zu einer Schallintensität I_0, die bei 1000 Hz gerade vom menschlichen Gehör wahrgenommen werden kann. Für diesen Schwellenwert I_0 gilt nach internationaler Vereinbarung $I_0 = 10^{-12}$ W/m^2. Die Einheit (unphysikalisch!) des dimensionslosen Schallintensitätspegels wird nach Alexander Graham Bell als Bel (B) bezeichnet. Der Schallintensitätspegel wird in Dezibel (1 Bel = 10 Dezibel (dB)) ausgedrückt und errechnet sich als

$$L_I = 10 \cdot \lg \left(\frac{I}{I_0} \right) \text{ dB}. \tag{4.29}$$

Beim Schalldruckpegel L_p wird der Bezugsschalldruck $p_0 = 2 \cdot 10^{-5}$ Pa (Hörschwelle bei 1000 Hz) verwendet. Der Schalldruck geht hier quadratisch ein, da die Schallintensität sich proportional zum Quadrat des Schalldruckes verhält.

$$L_p = 10 \cdot \lg \left(\frac{p_{\text{eff}}^2}{p_0^2} \right) \text{ dB} = 20 \cdot \lg \left(\frac{p_{\text{eff}}}{p_0} \right) \text{ dB} \tag{4.30}$$

Die Schallleistung P_S wird in der Akustik ebenfalls überwiegend als Pegelgröße angegeben. Es gilt mit $P_0 = 10^{-12}$ W für den Schallleistungspegel L_W

$$L_W = 10 \cdot \lg \left(\frac{P_S}{P_0} \right) \text{ dB}. \tag{4.31}$$

4.4.3 Grundzüge der Frequenzanalyse

Als primäre Schallinformation steht meist der Schalldruck als Funktion der Zeit aus einer Mikrofonmessung zur Verfügung. Abb. 4.36 zeigt als Beispiel einen Ausschnitt aus dem Schalldruckverlauf des Fahrzeug-Innengeräuschs.

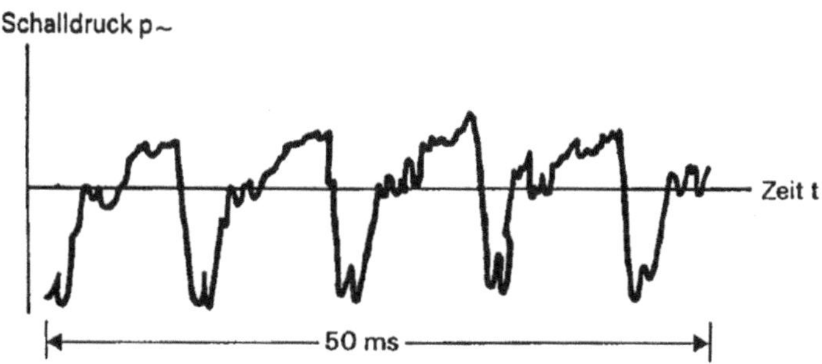

Abb. 4.36 Zeitlicher Schalldruckverlauf eines Fahrzeuginnengeräuschs. (Helfer [21])

Der Schalldruck verläuft hier fast periodisch, weil Vorgänge im Motor regelmäßig aufeinander folgen, jedoch werden auch statistische Schwankungen im Signalverlauf beobachtet. In vielen Fällen ist eine Aussage über die Frequenzzusammensetzung einer akustischen Messgröße erwünscht. Die Frequenzanalyse fördert weitere Eigenschaften von Zeitfunktionen zutage, die nur durch Betrachtung der Kurvenform nicht erkennbar wären.

Frequenzanalysen werden in der Akustik mit Hilfe von Terzfiltern (DIN 45652), Oktavfiltern (DIN 45651) oder mit Schmalbandanalysatoren durchgeführt. Bei vielen akustischen Aufgabenstellungen des Ingenieursalltags (z. B. Messung von Verkehrslärm etc.) genügt eine grobe Unterteilung des Messbandes in Terz- oder Oktavschritten vollauf. Andere Aufgabenfelder, wie etwa gezielte aeroakustische Optimierung von Fahrzeugen, erfordern oft eine höhere Auflösung bei der Spektralanalyse. Abb. 4.37 zeigt als Beispiel das Oktav-, Terz-, 1/12-Oktav- und Schmalbandspektrum des Schalldrucks am linken Fahrerohr im Aeroakustikwindkanal bei 140 km/h Windgeschwindigkeit. Da mehrere Geräusche zusammengenommen lauter sind als ein einzelnes, ist der Pegel der 4. kHz-Oktav höher als die Pegel der enthaltenen Terzen. In der Pegelrechnung (Logarithmusregeln!) ist hier also 45,8 dB + 45,3 dB + 41,2 dB „=" 49,3 dB.

Die hochaufgelöste Untersuchung von akustischen Signalen im Frequenzbereich erfolgt heute durchweg nur noch mit sogenannten FFT-Analysatoren, die auf der Zerlegung in Fourierreihen basieren. Diese mathematische Methode behandelt die Zerlegung eines periodischen Schwingungsverlaufs in harmonische Teilschwingungen. Dieses Prinzip lässt sich mit entsprechendem Mehraufwand auf komplexere Signale übertragen. Das Ergebnis einer solchen Analyse ist beispielsweise ein Amplitudenspektrum.

4.4.4   Frequenzbewertung

Ein wichtiger Begriff der Akustik ist die Frequenzbewertung. Hierbei werden die Messgrößen durch einen bewertenden Filter gewichtet, was den Frequenzgang des menschli-

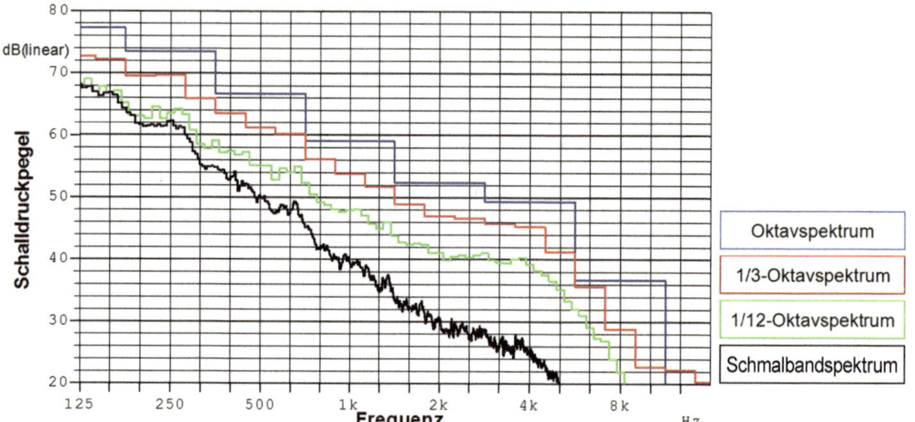

Abb. 4.37 Frequenzanalyse des Schalldrucks am linken Fahrerohr im Aeroakustikwindkanal bei 140 km/h Windgeschwindigkeit. (AUDI AG [5])

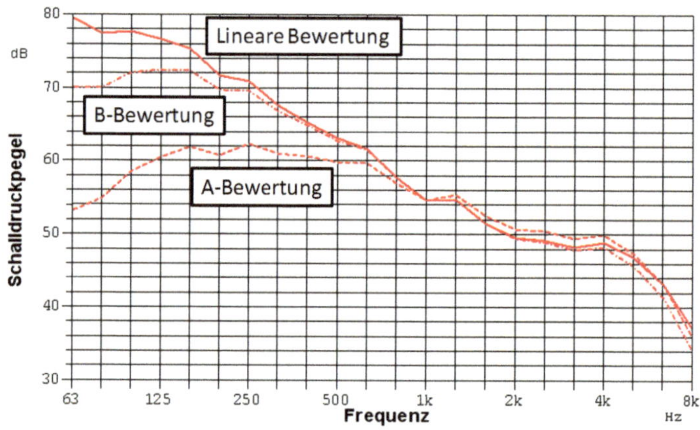

Abb. 4.38 Auswirkung verschiedener Frequenzbewertungen auf den Schalldruckpegel. (AUDI AG [5])

chen Gehörs berücksichtigen soll. Da das menschliche Ohr Töne mit gleichem Schalldruck in unterschiedlichen Tonhöhen unterschiedlich laut empfindet, werden so genannte Frequenzbewertungskurven verwendet. Dazu werden Filter mit empirisch angepassten Übertragungsfunktionen eingesetzt. Die Frequenzbewertung kann aber auch einfach als frequenzabhängiger Abzug vom ermittelten Pegel dargestellt werden (für die A- und D-Bewertung ergibt sich in einigen Frequenzbändern ein Zuschlag). Abb. 4.38 zeigt ein Ausgangsterzspektrum sowie das zugehörige A- und B-bewertete Spektrum.

Da die Krümmung der Kurven gleicher Lautstärkepegel und damit der Frequenzgang des Gehörs vom Schalldruckpegel abhängig ist, wurden für unterschiedlich hohe Schalldruckpegel unterschiedliche Bewertungskurven definiert (A-D-Bewertung). Besonders in der Technischen Akustik und im deutschen Rechtssystem wird überwiegend die A-Bewertung angewendet.

4.4.5 Dämmung und Dämpfung

Schalldämmung ist die Verminderung der Ausbreitung von Schall durch *Reflexion*. Die schallmindernde Wirkung wird hier im Gegensatz zur Dämpfung nicht durch Umwandlung von Schallenergie in Wärme erzielt. Schalldämpfende Maßnahmen zielen dagegen darauf ab, Schallenergie in *Wärme* umzuwandeln. Beispiele sind hier auf dem Gebiet der mechanischen Schwingungen Reibungsvorgänge und auf dem Gebiet des Luftschalles schallabsorbierende Wandauskleidungen.

4.4.6 Windgeräusche und andere Geräuschquellen

Die in der Vergangenheit ständig gewachsenen Anforderungen an den Fahrkomfort von Pkw haben dazu geführt, dass in den letzten 20 Jahren zunächst Maßnahmen zur Minderung des Motorgeräusches erfolgreich umgesetzt wurden. Auch bei den Reifen-Fahrbahn-Geräuschen führten umfangreiche Forschungsarbeiten zu deutlichen Pegelsenkungen. Dem Problem des Windgeräusches wurde erst im Laufe der späten 1990er-Jahre verstärkt Aufmerksamkeit gewidmet. Infolge der Reduktion anderer Geräuschpegel im Fahrgastraum wurden bei höheren Fahrgeschwindigkeiten Windgeräusche hörbar und damit Ziel grundlegender aeroakustischer Untersuchungen zu den Entstehungsursachen dieser Geräuschkomponente.

Die Windgeräuschschallleistung nimmt mit der fünften bis sechsten Potenz der Geschwindigkeit zu, während der Anstieg des Reifen-Fahrbahn-Geräusches allgemein nur mit der dritten bis vierten Potenz erfolgt. Dies führt dazu, dass bei leisen Reifen-Fahrbahn-Kombinationen sowohl für das Außen- als auch für das Innengeräusch die Grenzgeschwindigkeit für das Dominieren des Umströmungsgeräusches bei Pkw ca. 130 km/h beträgt (s. Abb. 4.39).

Besonders bei spektralen Auswertungen können auch bei Pkw Beeinflussungen durch das Umströmungsgeräusch bereits im niedrigeren Geschwindigkeitsbereich vorhanden sein. Bei mittleren Frequenzen kann an Fahrzeugen unter bestimmten Randbedingungen (Flüsterasphalt o. ä.) festgestellt werden, dass bereits ab ca. 75 km/h das Umströmungsgeräusch dominiert wird.

Die jeweiligen Beiträge der verschiedenen Geräuschquellen zum Innengeräusch eines modernen Fahrzeugs der oberen Mittelklasse bei unterschiedlichen Geschwindigkeiten werden in Abb. 4.40 gezeigt. Bei 50 km/h dominiert eindeutig das Rollgeräusch, während das Spektrum bei 160 km/h durch das Umströmungsgeräusch geprägt ist. Lediglich in den typischen Motorordnungen leistet das Antriebsgeräusch hier noch einen gewissen Beitrag.

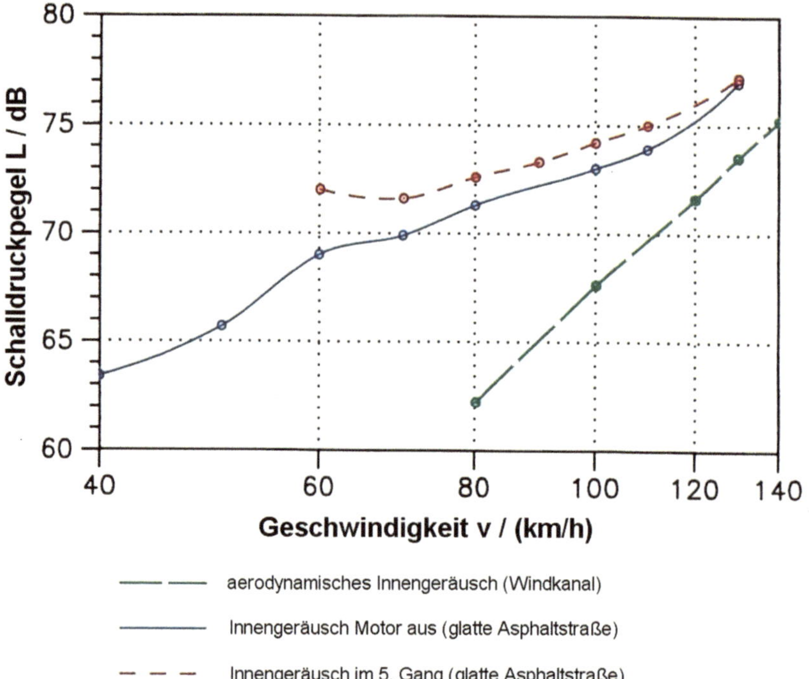

Abb. 4.39 Vergleich des im Windkanal gemessenen aerodynamischen Innengeräusches mit bei Fahrbetrieb gemessenen Innengeräuschen. (Helfer und Busch [22])

4.4.7 Aeroakustische Geräuschentstehung

Aerodynamische Geräusche werden im Wesentlichen durch drei unterschiedliche Geräuschentstehungsmechanismen verursacht:

- Volumenstrom durch kleine Öffnungen,
- Wechseldruckbeaufschlagung fester Oberflächen und
- turbulente Schubspannungen.

All diese Entstehungsmechanismen sind auch in der Aeroakustik von Fahrzeugen wirksam. Jeder von ihnen ist jedoch von unterschiedlicher Bedeutung. Zur Charakterisierung der einzelnen Mechanismen können idealisierte Näherungsmodelle herangezogen werden. Wechseldruckbehaftete Volumenströme können durch Monopolstrahler repräsentiert werden. Beispiele für diese Art von Schallquellen sind Leckagen in Dichtungssystemen oder die Auspuffmündung eines Fahrzeuges.

Der akustische Effekt der Wechseldruckbeaufschlagung einer festen Oberfläche kann durch einen Dipolstrahler repräsentiert werden. Diese Art von Geräuschabstrahlung ist

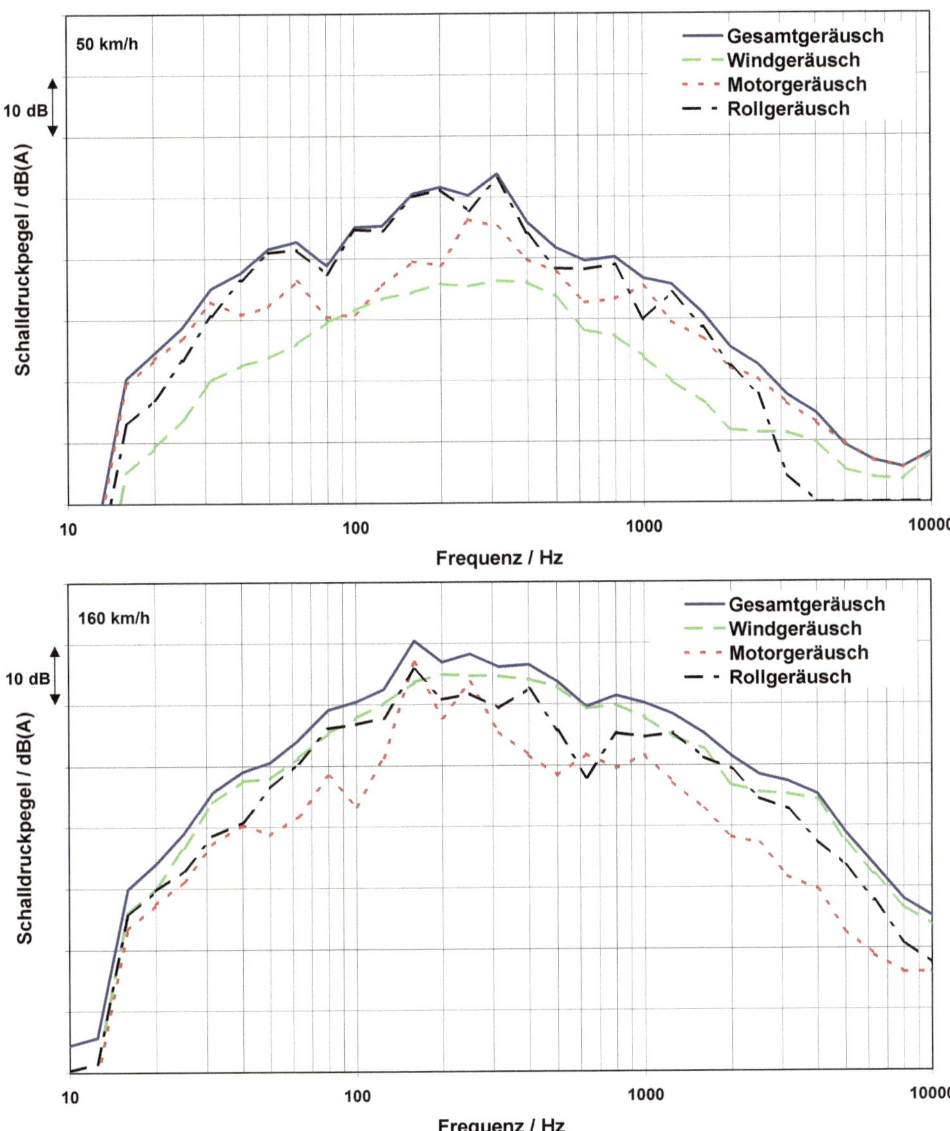

Abb. 4.40 Gesamtgeräusch und Teilgeräusche in einem Pkw der oberen Mittelklasse bei $v = 50$ km/h und $v = 160$ km/h. (Riegel und Wiedemann [45])

immer dann vorhanden, wenn eine freie oder abgelöste Strömung auf eine Oberfläche auftrifft. An Fahrzeugen gibt es eine Vielzahl von Gebieten mit abgelöster Strömung.

Turbulente Schubspannungen erzeugen Quadrupolstrahler. Solche Strahler entstehen beispielsweise in turbulenten Scherschichten oder im Nachlauf eines Fahrzeuges. Eine schematische Darstellung der drei Strahlertypen zeigt Abb. 4.41.

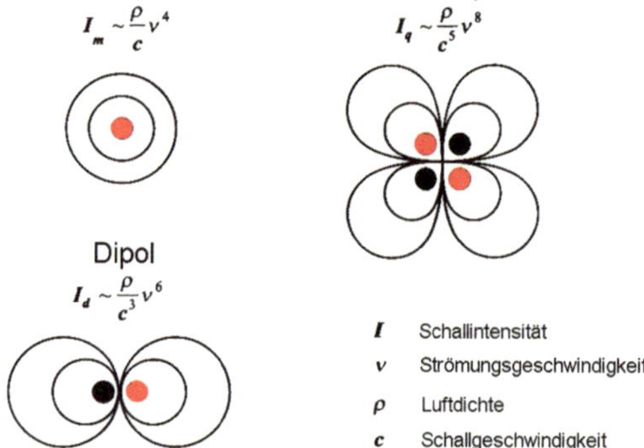

Abb. 4.41 Schematische Darstellung der in der Aeroakustik relevanten Strahlertypen. (Helfer [20])

Wie oben bereits erwähnt, sind die Intensitäten dieser drei Quellenarten recht unterschiedlich. Für eine Monopolquelle erhalten wir mit der Strömungsgeschwindigkeit v, der Dichte ρ, der Schallgeschwindigkeit c und der Machzahl Ma

$$I_m \sim \frac{\rho}{c} \cdot v^4 = \rho \cdot Ma \cdot v^3 \tag{4.32}$$

sowie für eine Dipol- und eine Quadrupolquelle ähnliche Ausdrücke, entsprechend Abb. 4.41. Der Vergleich der Intensitäten zeigt, dass bei niedrigen Strömungsgeschwindigkeiten ($Ma < 1$) die Monopolquelle am effektivsten ist, gefolgt von der Dipolquelle. Die geringste Abstrahlung wird von Quadrupolquellen erzeugt, die in der Fahrzeugaeroakustik in den meisten Fällen vernachlässigt werden können. Wenn eine Monopolquelle vorhanden ist, wird diese also in der Regel die lauteste Quelle sein. Nur wenn alle Monopolquellen eliminiert werden, kann eine der verbleibenden Dipolquellen dominieren. Wie aus den obigen Gleichungen entnommen werden kann, ist die Schallleistung einer Monopolquelle proportional zur 4. Potenz der Anströmgeschwindigkeit, während die Schallleistung einer Dipolquelle mit der 6. Potenz der Geschwindigkeit ansteigt.

Da die wirksamen aerodynamischen Geräuscherzeugungsmechanismen von Fahrzeugen im Allgemeinen durch eine Mischung von Monopol- und Dipolstrahlern repräsentiert werden können, wird im Experiment häufig ein Anstieg der Schallleistung mit der 4. bis 6. Potenz der Geschwindigkeit beobachtet.

Bei aeroakustischen Messungen muss daher die Geschwindigkeit sehr genau eingehalten werden. Schon geringe Abweichungen in der Einstellung können zu deutlichen Pegelveränderungen führen. Dies bedeutet, dass aeroakustische Messungen auf der Straße bei unvorhersehbaren Windverhältnissen nur unter Vorbehalt aussagefähig sind, wenn die relative Anströmgeschwindigkeit und -richtung nicht miterfasst werden.

Da die Verteilung der Strömungsgeschwindigkeit über der gesamten Fahrzeugoberfläche sehr ungleichmäßig ist, ist die potentielle Geräuschanregung abhängig vom Anregungsort unterschiedlich groß. Wird Dipolverhalten vorausgesetzt, so ist der an einem Ort erzeugte Schall 9 dB lauter als an einem benachbarten, wenn die dort vorherrschenden lokalen Druckkoeffizienten $c_p - 1$ bzw. 0 betragen. Bei Druckkoeffizienten von 0 und -2 (einem für die Region um die A-Säule nicht unüblichen Wert) beträgt diese Differenz sogar 14 dB. Dies zeigt, dass die Positionierung von Anbauteilen, z. B. Außenspiegeln, von großer Bedeutung für das aeroakustische Verhalten eines Fahrzeuges sein kann.

Die Frequenz des abgestrahlten Geräusches ist abhängig von den charakteristischen Abmessungen des umströmten Bauteiles und der Anströmgeschwindigkeit. Für den Fahrzeugkörper und seine Anbauteile und Details können die zugehörigen Frequenzen durch die Gleichung

$$f = Sr \cdot \frac{v}{l_{\text{char}}} \tag{4.33}$$

abgeschätzt werden, wobei l_{char} eine charakteristische Abmessung (z. B. Höhe oder Breite) des einzelnen Bauteils oder Details repräsentiert und Sr die Strouhalzahl. Allgemein kann für Anbauteile die Strouhalzahl mit ungefähr 1 angenommen werden. Für zylindrische Teile ist sie jedoch mit 0,2 anzusetzen. Als charakteristische Abmessung wird hier der Durchmesser gewählt. So ergibt sich für eine Antenne mit einem Durchmesser von 5 mm bei einer Anströmgeschwindigkeit v von 40 m/s eine Frequenz f von ca. 1600 Hz. Antennen können somit durch lästige Pfeiftöne auffallen, vgl. Abschn. 6.2.

Die Erforschung des Strömungsfeldes um ein Fahrzeug hat in den letzten 20 Jahren große Fortschritte gemacht. Strömungsbeobachtungen blieben nicht länger auf die Oberfläche der Karosserie beschränkt, sondern konnten mit Hilfe spezieller Messtechnik und CFD-Verfahren auf den ganzen umgebenden Raum ausgedehnt werden. Im Folgenden soll die Beeinflussung der Luftkräfte am Fahrzeug systematisch beschrieben werden, und zwar sukzessive an Fahrzeugfront, Dach- und Seitenkontur, Fahrzeugheck und Fahrzeugunterboden.

Grundsätzlich gilt bei der Gestaltung eines Fahrzeug zur aerodynamischen Optimierung dreierlei: Die äußeren Oberflächenstrukturen und Komponenten tragen zum Luftwiderstand bei. Dabei ist ganz besonders auf sanfte Übergänge der Karosseriestruktur entlang des Fahrzeugs zu achten. Sobald das Styling vorgegeben ist, sind die aerodynamischen Eigenschaften im Wesentlichen festgelegt. Dann kann durch Detailoptimierung und Entwicklung von Anbauteilen noch eine Verbesserung des Luftwiderstands erreicht werden. Die im Folgenden beschriebenen Maßnahmen zur Beeinflussung von Luftwiderstand, Auftrieb und Giermoment werden in Abb. 5.1 einmal grob zusammengefasst.

Die Entwicklung eines widerstandsarmen Grundkörpers nimmt ihren Ausgang bei einem freifliegenden Rotationskörper. Wird dieser in die Nähe des Bodens gebracht, so nimmt sein Widerstand zu. Grund hierfür ist erstens, dass die Umströmung bei Annäherung an den Boden ihre Rotationssymmetrie verliert. Sie löst auf der dem Boden abgewandten (oberen) Seite ab, der Widerstand wächst an.

Zweitens nimmt aber auch die effektive Völligkeit des Körpers zu. Für den Bodenabstand null, dann also, wenn die Strömung zwischen Körper und Boden vollständig blockiert wird, ist die effektive Völligkeit doppelt so hoch wie diejenige bei unendlichem Bodenabstand. Dass die Völligkeit (Dicke) selbst einen großen Einfluss auf den Widerstand hat, geht aus Abb. 5.2 hervor. Anstelle der Völligkeit wurde jedoch deren Kehrwert, der Schlankheitsgrad, als Abszisse gewählt.

Ausgehend von der Kugel, die den Schlankheitsgrad 1 hat, fällt der Widerstand mit zunehmender Schlankheit zunächst ab, da der in diesem Bereich dominierende Druckwi-

© Springer Fachmedien Wiesbaden 2016

93

T. Schütz, *Fahrzeugaerodynamik*, ATZ/MTZ-Fachbuch, DOI 10.1007/978-3-658-12818-0_5

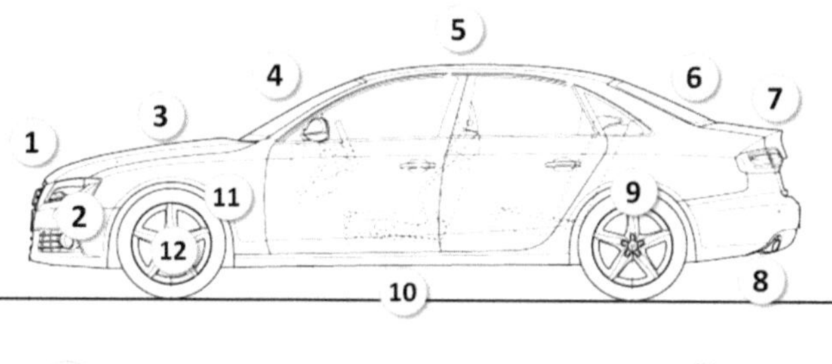

1. Bug neigen und runden
2. Kühlluft führen und Menge regeln
3. Haube herunterziehen
4. Windschutzscheibe flach stellen
5. Dach wölben
6. Heckscheibe flach stellen
7. Heck anheben
8. Diffusor umsetzen
9. Radausschnitte abdecken
10. Unterboden glätten
11. Radwülste runden
12. Radschüsseln glatt abdecken

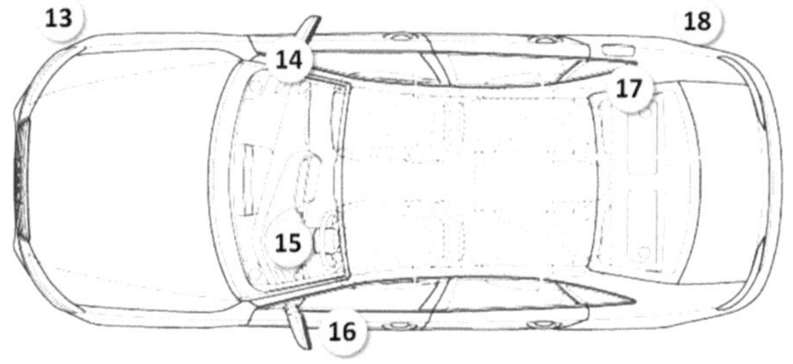

13. Bug pfeilen und Kotflügel einziehen
14. A-Säule runden
15. Windschutzscheibe wölben
16. Außenspiegel optimieren
17. C-Säule einziehen
18. Heck einziehen

Abb. 5.1 Konturänderungen unter dem Einfluss der Aerodynamik. (Vgl. Schütz [54])

Abb. 5.2 Gesamt- und Reibungswiderstand von Rotationsellipsoiden in Abhängigkeit von deren Schlankheitsgrad l/d. (Hoerner [24])

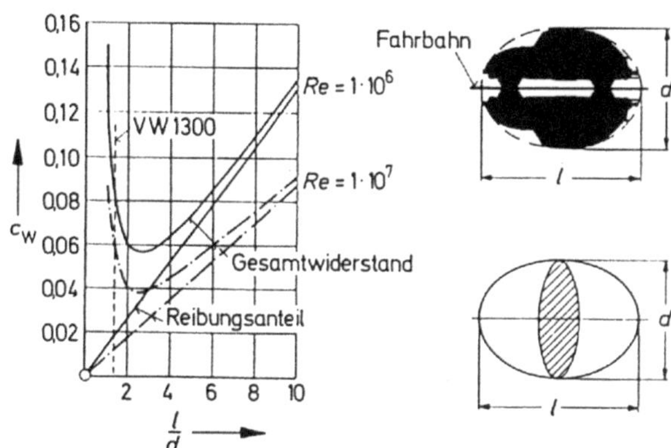

derstand kleiner wird. Bei weiter zunehmender Schlankheit tritt der Reibungswiderstand hervor, und der Widerstand nimmt wieder zu. Der effektive Schlankheitsgrad von Pkw liegt mit $l/d = 1{,}5$ (entsprechend einem Längen-Höhen-Verhältnis von $l/h = 3$) gerade dort, wo der Druckwiderstand überwiegt und der Einfluss des Schlankheitsgrades auf den Widerstand besonders groß ist.

5.1 Einfluss der Fahrzeugfront

Ein Meilenstein in der Aerodynamik der Nutzfahrzeuge war die Bugform des ersten Transporters von Volkswagen. Gegenüber dem ursprünglich geplanten scharfkantigen Entwurf ergab sich eine so deutliche Widerstandsverringerung, dass niemand daran vorbeigehen konnte. Trotz damit verbundener höherer Kosten wurde der runde Bug für die Serie übernommen, vgl. Abb. 5.3.

Der Bug war allerdings stärker gerundet als zur Vermeidung der Ablösung an den Seitenwänden erforderlich. Erst bei der Formgestaltung des Volkswagen LT wurde dies konsequent optimiert, vgl. Abb. 5.4. Aus den zusammengestellten Ergebnissen von Luftkraftmessungen und Rauchaufnahmen am Originalfahrzeug geht deutlich hervor, wie klein der Bugradius sein darf, um Ablösung am A-Pfosten zu vermeiden. Die Optimierung der Eckradien ist bei Bussen und Lkw, mitunter auch bei Aufliegern, inzwischen allgemein akzeptierte Praxis.

In Abb. 5.5 ist eine systematischen Vorgehensweise bei der Entwicklung der Front des VW Golf I zusammengefasst. Zunächst wurde in einem Vorversuch ermittelt, welche Widerstandsreduzierung am Bug überhaupt möglich ist. Dazu wurde er mit einer Verkleidung versehen, welche ohne Rücksicht auf stilistische oder funktionale Argumente nach rein aerodynamischen Vorstellungen ausgebildet war. Sie wurde zweiteilig ausgeführt, um den Einfluss der Übergangsradien zur Haube und zu den Kotflügeln trennen zu können.

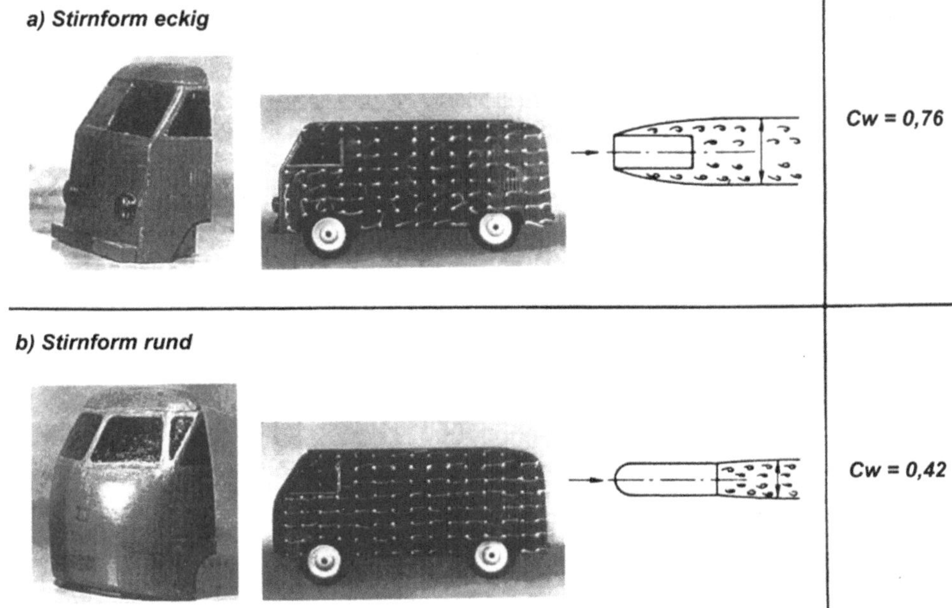

Abb. 5.3 Entwicklung der Bugkontur des VW T1. (Möller in [39])

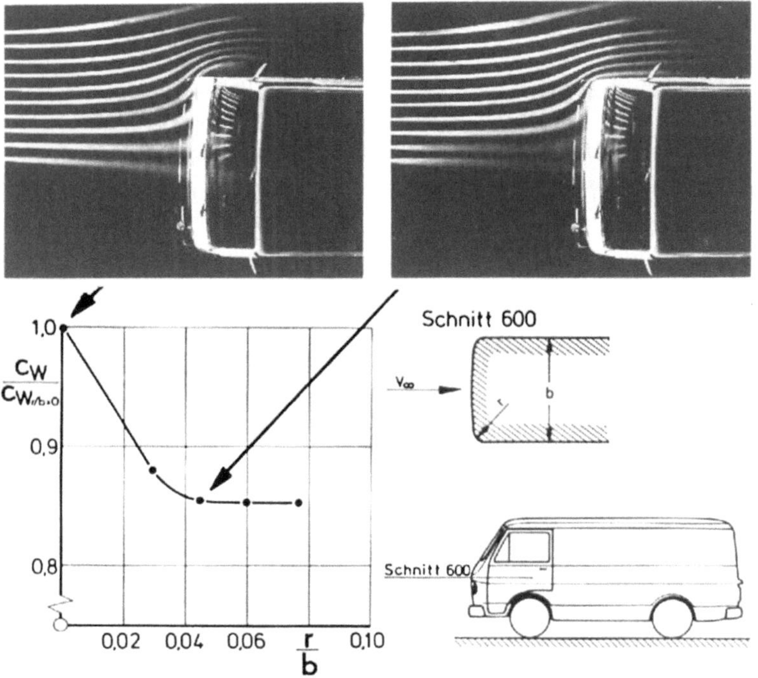

Abb. 5.4 Detailoptimierung am Fahrerhaus des VW LT. (VW AG [60])

Dieser Vorsatzbug wies für den Widerstand ein Verbesserungspotential von $\Delta c_W = 0{,}05$ aus. Mit schrittweiser Vergrößerung der Übergangsradien konnte dies für das Fahrzeug ohne Vorsatzbug fast vollständig ausgeschöpft werden. Trotz immer noch recht ausgeprägter

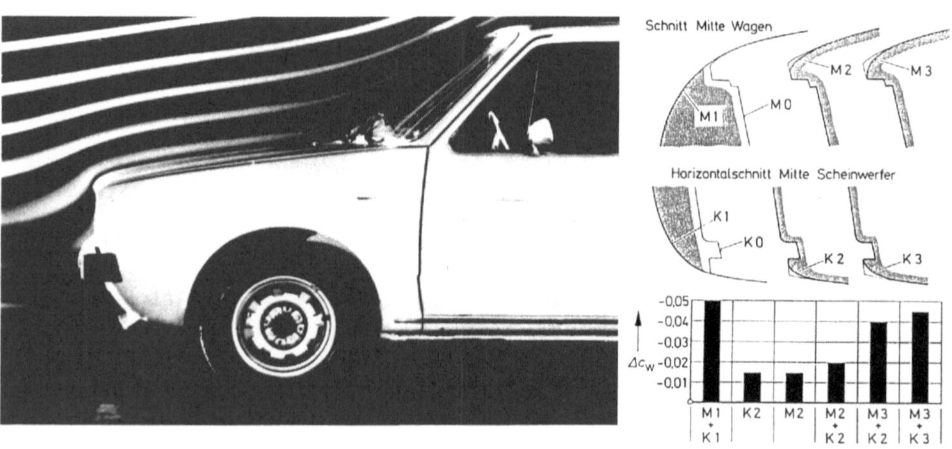

Abb. 5.5 Bugoptimierung am Beispiel des VW Golf 1. (Jansen und Hucho [28])

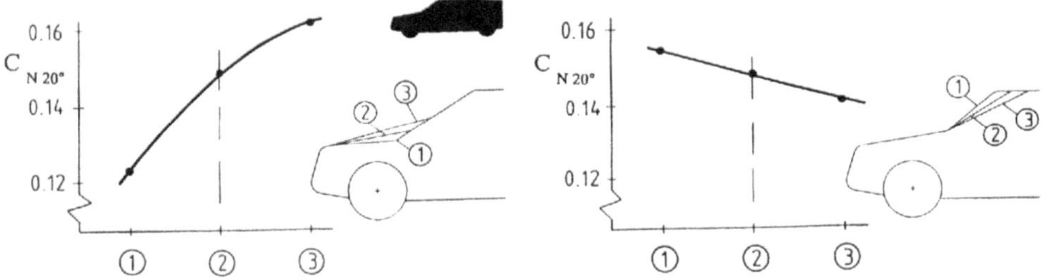

Abb. 5.6 Einfluss von Windlaufhöhe und Frontscheibenneigung auf das Giermoment. (Ford Werke GmbH [14])

Kanten wird der Bug des VW Golf I ablösungsfrei umströmt. Die Umströmung einer Kante lässt sich auch dadurch verbessern, dass sie nicht gerundet, sondern angefast wird. Eine an einer scharfen Kante auftretende Ablösung lässt sich mit einer Fase vollständig vermeiden.

Die z-Position des Staupunkts entscheidet über die Luftmenge, die unter, bzw. über dem Fahrzeug hinweg strömt. Das c_W-Optimum der Staupunktlage in z-Richtung hängt dabei von vielen Aspekten ab, wie bspw. Rauigkeit der Unterbodengruppe, Dachneigung am Heck und Diffusorwinkel. Eine Abstimmung von Staupunkt auf die übrigen aerodynamischen Eigenschaften ist also notwendig. Der Vorderachsauftrieb nimmt mit tieferliegendem Staupunkt ab. Eine wuchtige Front, die oftmals mit einem tiefen Staupunkt einhergeht, bewirkt zusätzlich eine Zunahme der vorderen Seitenkraft und des Giermoments.

Die Neigung von Frontscheibe und Windlaufhöhe hat insbesondere Einfluss auf Seitenkraft und Giermoment. Ein tiefer gelegter Windlauf und auch eine stärker geneigte Frontscheibe vermindern das Giermoment, vgl. Abb. 5.6. Grund für dieses Verhalten ist die bei Schräganströmung vergrößerte im Wind stehende Seitenfläche. Bei der Frontscheibe ist der Hebelarm zum Fahrzeugschwerpunkt geringer, daher ist der Einfluss auch schwächer.

5.2 Einfluss von Dach- und Seitenkontur

Der Grundriss eines Autos erinnert zunächst an ein Rechteck. Durch Auswölben der Seiten lässt sich jedoch eine wesentliche Verbesserung der Strömung um das Auto erreichen, das Hecktotwasser wird kleiner. Der Winkel vom Bug in die Seitenteile ist dann stumpfer, der Übergang zum Heckeinzug sanfter. Den Einfluss unterschiedlicher Seitenteilgestaltungen auf den Widerstandsbeiwert für die verschiedenen Heckwinkel zeigt Abb. 5.7.

Ziel der Formentwicklung muss es sein, den statischen Druck am Ende des Fahrzeugkörpers möglichst groß zu machen. Wirksames Mittel dazu ist der Einzug, das Boattailing. Abb. 5.8 lässt erkennen, wie stark der Widerstand eines Rotationskörpers durch

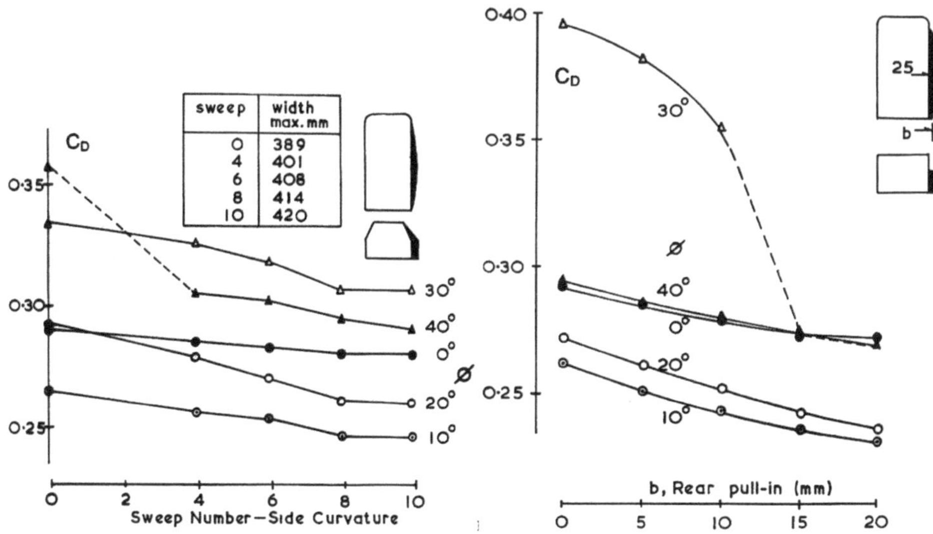

Abb. 5.7 Einfluss der Seitengestaltung auf den Widerstandsbeiwert. (Howell [25])

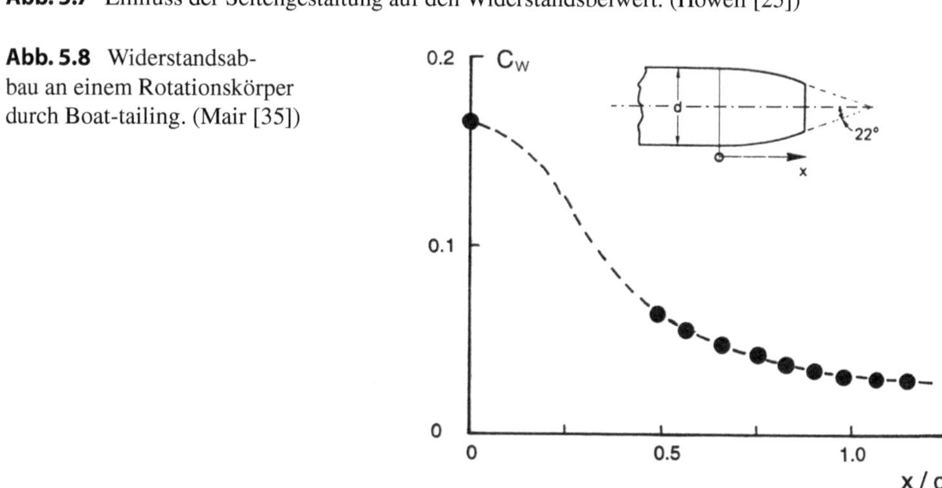

Abb. 5.8 Widerstandsabbau an einem Rotationskörper durch Boat-tailing. (Mair [35])

Verjüngung reduziert wird. Dabei ist der dort eingetragene optimale Verjüngungswinkel nur ein Richtwert, sein genauer Betrag hängt von der Vorgeschichte der Strömung ab. An ausgeführten Fahrzeugen beträgt der Winkel etwa 10°.

In Abb. 5.9 soll der Vollständigkeit halber noch einmal der Einfluss des Zuges im Grundriss auf die Widerstandsbeiwerte dargestellt werden. Der Widerstand sinkt bei dieser Maßnahme – ähnlich wie bei der Wölbung des Daches in Abb. 5.10 – jedoch nur dann, wenn der c_W-Wert schneller ab-, als die Stirnfläche zunimmt.

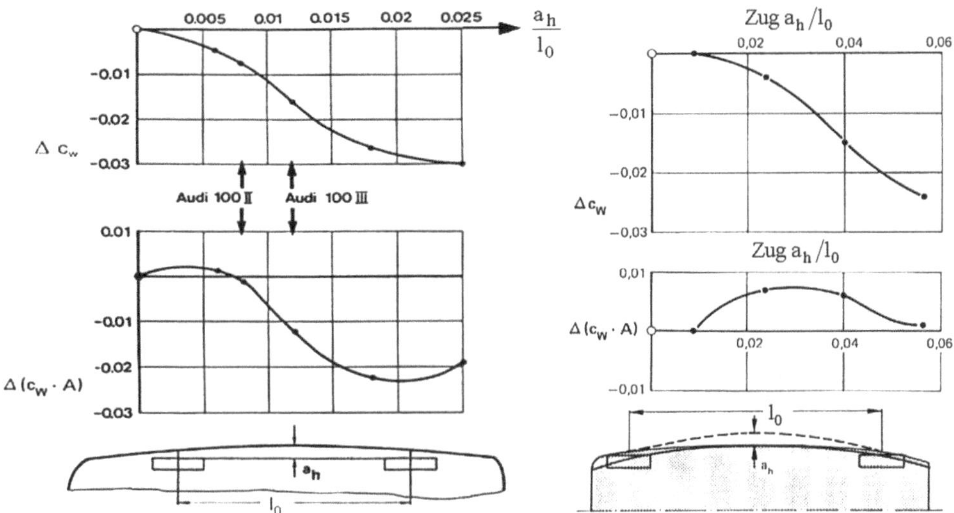

Abb. 5.9 Einfluss des Zuges auf den Widerstand eines Stufenhecks. (Buchheim et al. [10])

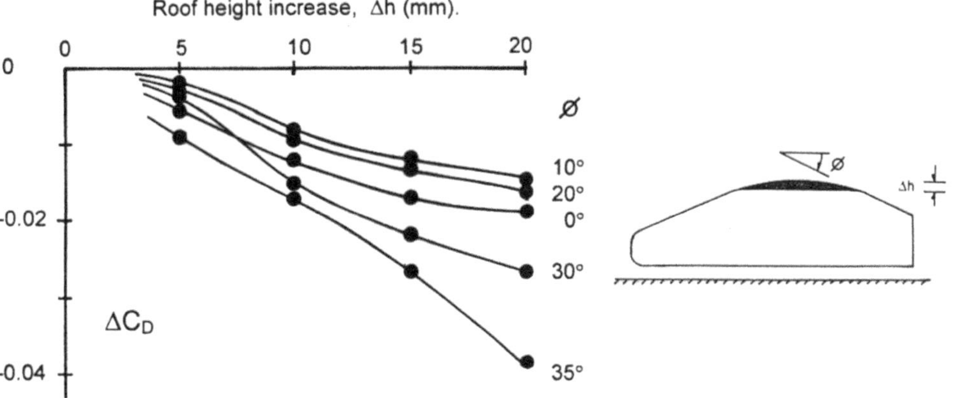

Abb. 5.10 Einfluss der Wölbung des Daches auf den c_W-Wert. (Howell [25])

5.3   Einfluss des Fahrzeughecks

An Fahrzeugen werden zwei Formen der Ablösung unterschieden. Einmal löst die Strömung an solchen scharfen Kanten ab, die senkrecht zur lokalen Strömungsrichtung verlaufen. Es rollen sich Wirbel auf, deren Achsen vorzugsweise parallel zur Ablöselinie ausgerichtet sind. Ein großer Teil ihrer kinetischen Energie wird durch turbulente Mischung dissipiert. Die Ablösung fährt mit dem Fahrzeug mit, deshalb wird diese Art der Ablösung manchmal auch als quasi-zweidimensional bezeichnet.

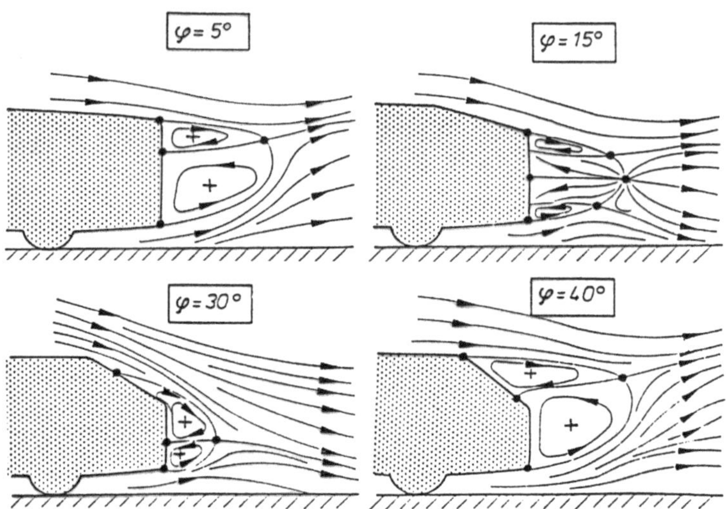

Abb. 5.11 Verschiedene Nachlaufgebiete unterschiedlicher Heckformen

Dieses wiederum kann in zwei Erscheinungsformen beobachtet werden. An der Vorderkante der Motorhaube, seitlich an den Kotflügeln, im Windlauf, in der Stufe eines Stufenhecks und am Bugspoiler löst die Strömung ab und legt sich stromab wieder an. Es bilden sich geschlossene „Ablöseblasen". Ebenso kommt es aber auch an einer stumpfen Heckfläche zur Ablösung. Ohne den Einfluss starker Längswirbel entsteht dann ein weit nach hinten reichender, offener Nachlauf, der häufig auch Totwasser genannt wird, ein Begriff, der aus dem Schiffbau übernommen wurde. Wie kompliziert die Struktur der Strömung im Nachlauf ist, geht aus Abb. 5.11 hervor. Die gezeichneten Stromlinien stellen den zeitlichen Mittelwert einer stark pulsierenden Strömung dar. In allen Fällen bilden sich zwei gegenläufig drehende Wirbel.

Die zweite Art der Ablösung ist dreidimensionaler Natur. An schräg umströmten Kanten rollen sich tütenförmige Wirbelzöpfe auf, ähnlich wie an Tragflügeln beobachtbar, vor allem an solchen mit kleinem Seitenverhältnis. Bevorzugte Orte ihrer Entstehung sind die A- und die C-Säule. Ihre Achsen verlaufen im Wesentlichen in Längsrichtung. Im Gegensatz zu den quasi-zweidimensionalen Wirbeln sind sie sehr energiereich und es verbleibt eine Sekundärströmung, auch nachdem das Fahrzeug schon weitergefahren ist. Die Stärke der in ihnen enthaltenen Zirkulation hängt von den geometrischen Gegebenheiten ab, in erster Linie von der Neigung der Kante, an der sie sich von der Kontur ablöst. Diese freien Wirbelpaare üben starke Wirkungen auf ihre Umgebung aus.

Die Wirbel an den A-Säulen beaufschlagen die Seitenscheiben. In der Höhe des Daches werden die A-Säulenwirbel nach hinten wegtransportiert. Auf dem Dach eines regennassen Autos kann ihre Spur bspw. gut verfolgt werden. Ein zweites, in der Regel sehr viel kräftigeres Wirbelpaar bildet sich an der Heckschräge aus. Es induziert im Raum, den es umschließt, ein Ab- oder Aufwindfeld, das seinerseits die Ausbildung des Totwassers am

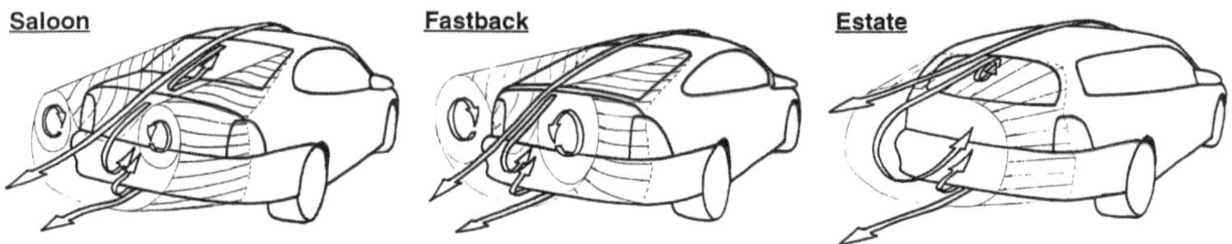

Abb. 5.12 Schematische Nachlaufströmungen für Stufenheck (*Saloon*), Fließheck (*Fastback*) und Vollheck (*Estate*). (Nach Howell in [11])

Heck beeinflusst. Abb. 5.12 zeigt die Nachlaufströmung schematisch für drei verschiedene Heckformen.

Die Nachlaufstruktur am Fahrzeugheck wird primär von dessen Geometrie, sekundär auch von der Vorgeschichte, also des Verlaufes der Strömung bis dorthin, bestimmt. Für die drei klassischen Heckformen sind die Nachlauffelder am Ahmed-Body (vgl. Abschn. 4.3.3) vermessen worden. Am deutlichsten ist das Wirbelpaar beim Fließheck ausgeprägt. Es dreht einwärts und induziert in dem dazwischen liegenden Raum einen starken Abwind (c_W-Erhöhung, Impulssatz!). Mit zunehmender Entfernung vom Fahrzeug nähern sich die Wirbel der Fahrbahn. Am Stufenheck stellt sich ein ähnliches Strömungsfeld ein. Das Wirbelpaar ist jedoch deutlich schwächer, die induzierten Abwärtsgeschwindigkeiten sind kleiner. Ein völlig anderes Bild zeigt dagegen das Vollheck. Hier bildet sich ein noch schwächeres, jedoch auswärts drehendes Wirbelpaar aus, das sich mit zunehmendem Abstand vom Fahrzeug nach oben bewegt.

Beim Fließheck wiederum wird das Strömungsfeld vom Neigungswinkel der Heckschräge bestimmt. Während bei 5° noch die für das Vollheck typische Strömungsform mit auswärts drehenden Längswirbeln vorliegt, stellt sich mit zunehmender Neigung ein stärker werdendes, einwärts drehendes Wirbelpaar ein. Übersteigt es jedoch einen bestimmten Wert, der in der Nähe von 30° liegt, stellt sich erneut die Strömungsform des Vollhecks ein.

Der über dem Neigungswinkel aufgetragene Widerstandsbeiwert c_W wurde bereits in Abschn. 4.3.3 gezeigt und ist in Abb. 5.13 noch um eine Kurve basierend auf einer realistischeren Seitenkontur ergänzt. Für 30°-Neigungswinkel, also genau für den Fall, bei dem sich die stärksten Heckwirbel ausbilden, zeigt der Widerstand sein Maximum. Das Abwindfeld der Wirbel sorgt zwar dafür, dass die vom Dach kommende Strömung bis zur Unterkante der Schräge anliegend bleibt. Dabei werden dort aber hohe Unterdrücke induziert, die ihrerseits in einem hohen Widerstand resultieren. Damit erklärt sich auch der unerwartet hohe Widerstand der vieler Coupé- und Sportbackfahrzeuge. Sie sind mit einem Heckwinkel von etwa 30° ausgestattet, einem Wert, den Stylisten auch heute noch gern anwenden. Ein weiterer Effekt des Abwindfelds bei diesen kritischen Neigungswinkeln sind sehr hohe Heckauftriebe. Deren Beiwerte können durchaus im Bereich von $c_{A,h} = 0{,}200$ liegen.

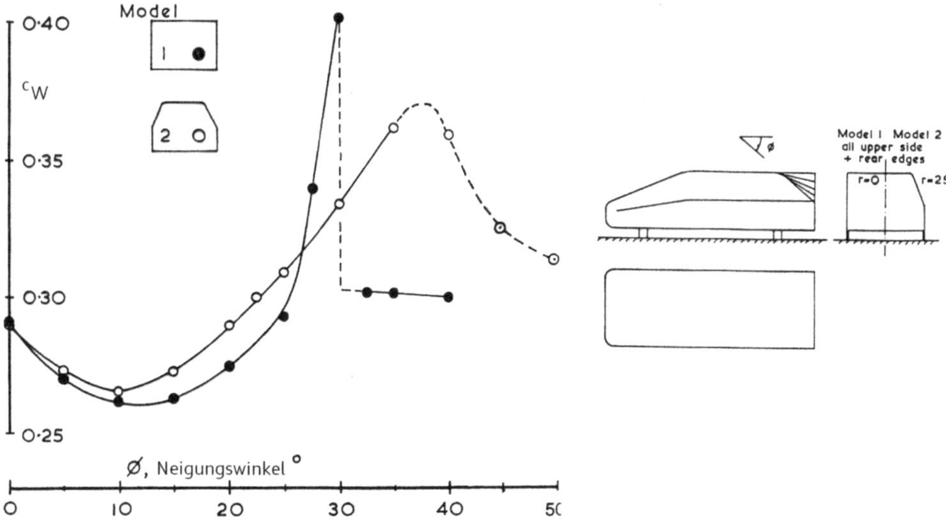

Abb. 5.13 Luftwiderstandsbeiwert des Ahmed-Body über dem Heckflächenneigungswinkel aufgetragen, für zwei unterschiedliche Gestaltungen der Seitenwand. (Howell in [25])

Die drei Hauptparameter, die im Wesentlichen die Stufenheckgeometrie beschreiben, sind Neigungswinkel der Heckscheibe sowie Höhe und Länge des Hecks. Der Einfluss dieser Größen auf den Widerstand ist in Abb. 5.14 am Beispiel des Audi 100 III (C3) gezeigt. Für alle drei Parameter ist Sättigungscharakter zu erkennen, der mit dem betrachteten Fahrzeug nahezu vollständig ausgenutzt wird.

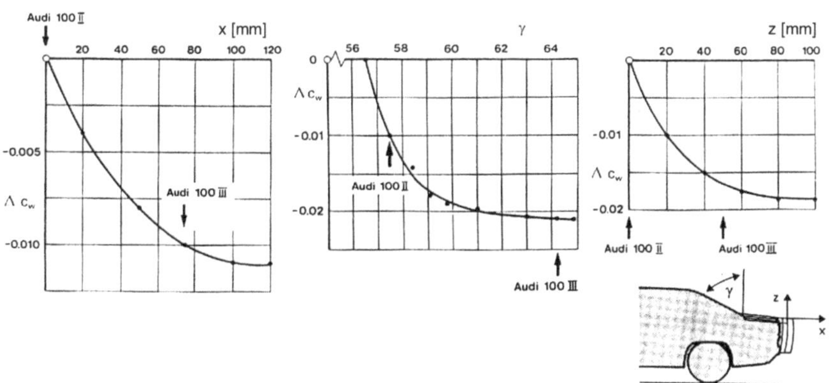

Abb. 5.14 Abstimmung der drei wesentlichen Heckparameter am Audi 100. **a** Heckdeckellänge, **b** Heckscheibenneigung, **c** Heckdeckelhöhe. (Buchheim et al. [10])

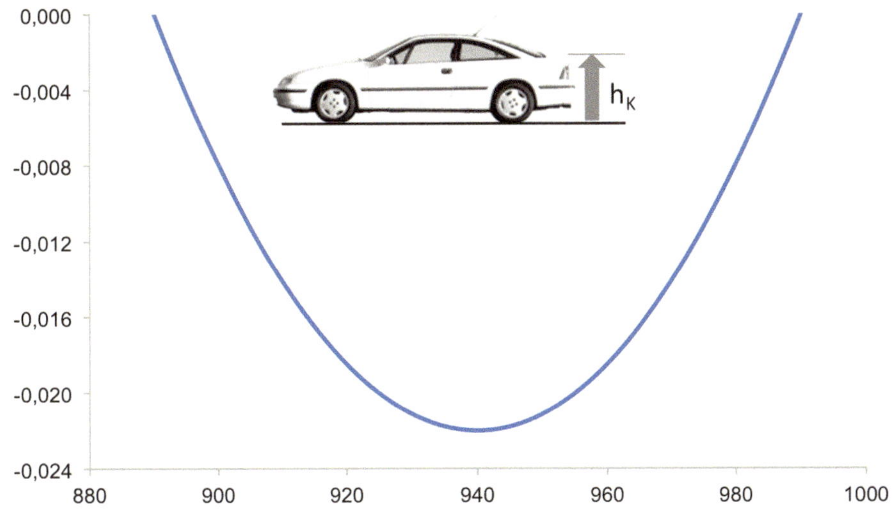

Abb. 5.15 Optimale Heckhöhe für den Opel Calibra. (Emmelmann et al. [13])

Bei der Entwicklung des Opel Calibra zeigte sich jedoch, dass es zumindest für die Heckdeckelhöhe h ein c_W-Optimum gibt; dessen Wert ist aber seinerseits formspezifisch. Abb. 5.15 zeigt den Zusammenhang. Darüber hinaus sei noch angemerkt, dass ein hoher Strömungsabriss am Heck auch den Heckauftrieb verringert (Impulssatz!).

Mit Heckspoilern lassen sich drei Wirkungen erzeugen. Der Widerstand des Fahrzeugs kann reduziert werden, der Auftrieb an der Hinterachse kann reduziert werden und die Verschmutzung des Hecks kann reduziert werden. Dabei sind zwei Bauformen üblich, Leisten und Flügel. Die Leisten sind entweder anmontierte Kunststoffteile oder aus dem Karosserieblech gezogene Teile. Flügel sind in der Regel aufgesetzt; integrierte Ausführungen gibt es bei einigen Vollheckfahrzeugen. Die Wirkung des Heckspoilers unterscheidet sich grundlegend von der des Bugspoilers. Mit dem Heckspoiler wird die abströmende Luft am Fahrzeugheck umgelenkt. Wie beim Diffusor kann dadurch der induzierte Widerstandsanteil deutlich reduziert werden (Impulssatz!) und die Längswirbel werden abgeschwächt. Wie Widerstand und Auftrieb von der Höhe des Heckspoilers abhängen, geht aus Abb. 5.16 hervor.

Die Möglichkeit, damit den Widerstand abzubauen, ist besonders bei Fließhecks mit hohem induziertem Widerstand gegeben. Bei Sport- und Rennwägen wird sogar ein Widerstandsanstieg in Kauf genommen, um den Auftrieb an der Hinterachse klein zu halten. Die Wirkungsweise des Heckspoilers bei einem Stufenheck folgt aus der in der Abbildung aufgetragenen Druckverteilung. Überraschend ist, dass sich mit Spoiler der Druck auch auf der Unterseite deutlich ändert. Dies ist aber logischerweise eine Folge der verbesserten Zusammenführung von Ober- und Unterströmung und des dadurch erhöhten Heckbasisdrucks.

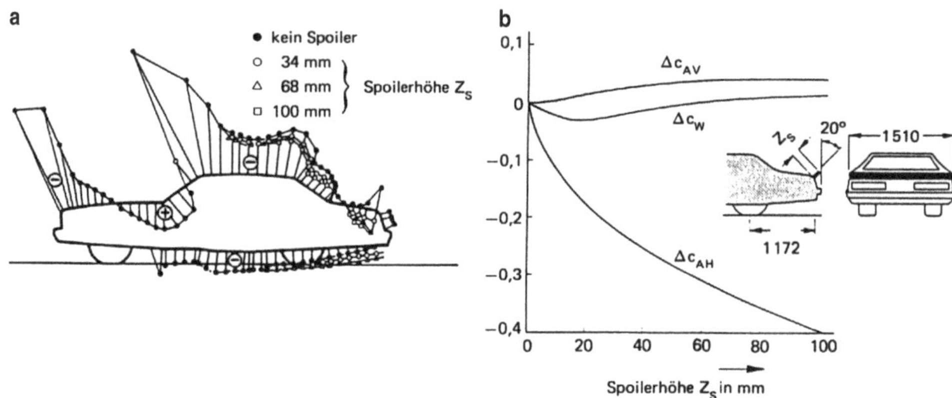

Abb. 5.16 Einfluss der Höhe eines Heckspoilers auf die Druckverteilung (**a**) und auf Auftrieb und Widerstand eines Stufenheck-Pkw (**b**). (Schenkel [46])

Für die Minderung des Luftwiderstandsbeiwertes bei modernen Stufenheckfahrzeugen mit Heckspoiler am Ende des Kofferraums spielt der erreichte aerodynamische Optimierungsgrad der Heckstufe im Ausgangszustand die entscheidende Rolle. Bei Stufenheckfahrzeugen im Bereich von $c_W = 0,26$ bis 0,28 kann allenfalls durch einen angesetzten Flachspoiler an der oberen Kofferraumhinterkante im Sinne einer Verlängerung noch eine geringfügige Verbesserung des c_W-Wertes erreicht werden. Vor der Kofferraumhinterkante aufgesetzte Heckspoiler oder Heckflügel führen in diesem Fall zwar durch die stärkere Verzögerung der Dachabströmung und den Aufbau höherer positiver Drücke auf der Kofferraumoberseite zu negativeren Achsauftriebsbeiwerten $c_{A,h}$, jedoch müssen dann höhere c_W-Werte wegen des überproportionalen Druckabfalls im sekundären Abreißquerschnitt und dessen Zunahme um die Spoilerhöhe im Kauf genommen werden.

Dass, wie zuvor angemerkt, der induzierte Widerstand durch die Wirkung eines Heckspoilers herabgesetzt werden kann, verdeutlicht Abb. 5.17. In beiden Fahrzeugfällen zeigt sich, dass ein leichtes Anstellen des Heckflügels ein Optimum für den c_W-Wert bedeutet. Hier ist der induzierte Anteil minimal. Außerdem ist festzustellen, dass der Punkt optimalen Widerstands bei gleichzeitigem leichtem Auftrieb liegt. Dies ist durch die an den Rädern flügelunabhängig entstehenden Wirbelpaare zu erklären, vgl. Abb. 4.23.

Bezüglich des Giermoments ergeben Unterschiede im Heckneigungswinkel zunächst nur eine leichte Tendenz zu abnehmenden Werten für Formen mit höherem Strömungsabriss am Heck. Erst beim Übergang zu ausgesprochenen Vollheckformen wird das Giermoment deutlich vermindert, weil die Seitenfläche auf der Luvseite vergrößert wird und damit ein zunehmend rückdrehendes Moment um die z-Achse entsteht, Abb. 5.18. Heckverlängerungen, die Auftrieb und Widerstand reduzieren, bewirken aus dem gleichen Grund ein verringertes Giermoment. Eine Heckflosse wirkt auf die gleiche Art und Weise, vgl. Abb. 5.18b. Es wurden auch Einzelfälle dokumentiert, in denen eine Verlängerung des Fahrzeughecks eine Verstärkung des Giermoments mit sich brachte. Dies kann insbesondere mit stark gerundeten D-Säulen zusammenwirken.

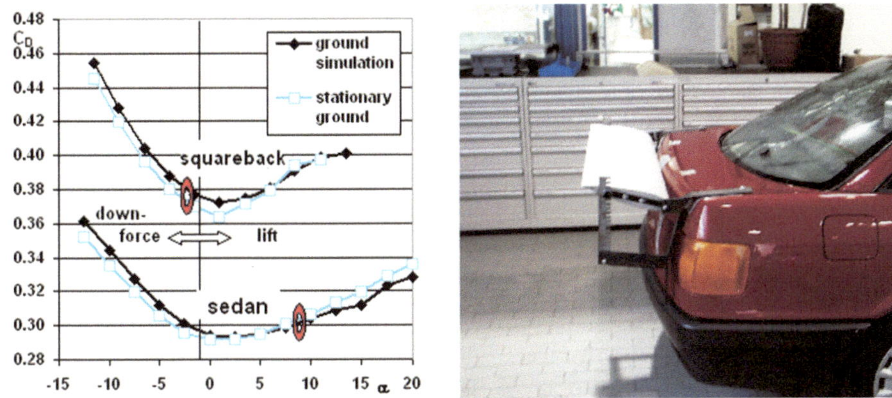

Abb. 5.17 Widerstandsbeiwert für ein Stufenheckfahrzeug und ein Vollheckfahrzeug, aufgetragen über dem Anstellwinkel eines Heckflügels. (Wickern et al. [63])

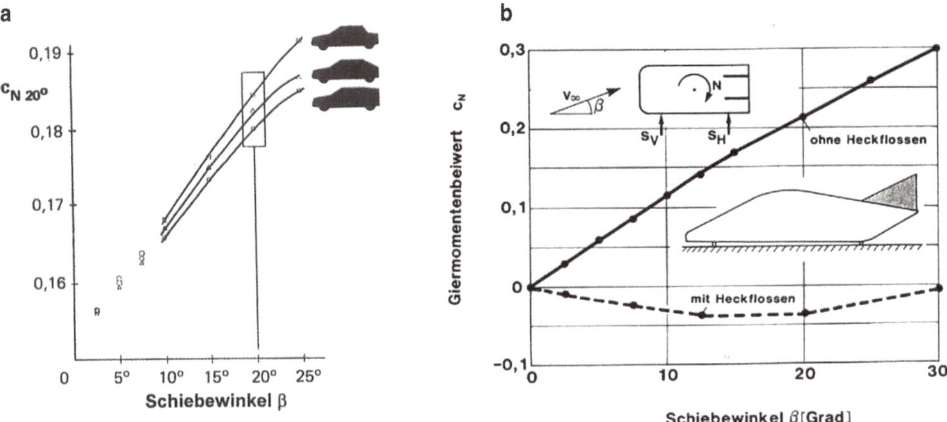

Abb. 5.18 Giermomentbeiwert in Abhängigkeit des Schiebewinkels für verschiedene Heckformen (**a**), ohne und mit Heckflosse (**b**). (Ford Werke GmbH [14])

5.4 Einfluss der Unterbodengruppe

Noch immer gleicht die Unterseite der meisten Fahrzeuge einer sehr rauen Platte. Dass eine glatte Unterseite für den Widerstand eines Autos günstig ist, wurde wiederholt in der Literatur hervorgehoben. Dies ist jedoch meist konstruktiv aufwändig und mit hohen Kosten verbunden ist. Bei der Verwendung von derartigen Verkleidungsteilen ist außerdem darauf zu achten, dass die Kühlung der Bremsen, der Ölwanne und der Abgasanlage nicht behindert wird.

Wesentlicher Bestandteil einer guten Aerodynamik ist eine möglichst verlustarme Unterströmung des Fahrzeugs. Die wird durch eine nahezu vollständige Verkleidung

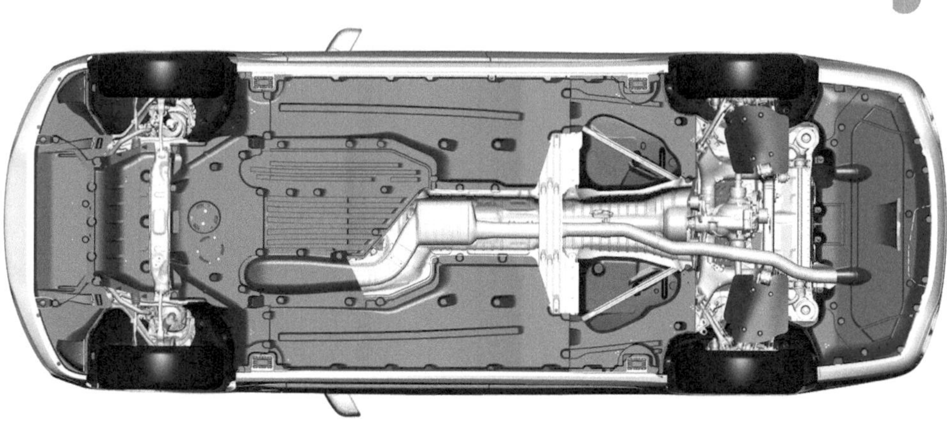

Abb. 5.19 Unterbodenverkleidung des BMW 7 (BJ 2015)

des Fahrzeugbodens erreicht. Abb. 5.19 zeigt die Unterbodenverkleidung des BMW 7 (BJ 2015), bei dem bis auf Kardantunnel, Tank und Hinterachsträger alle Bereiche großflächig abgedeckt sind.

Die Auswirkungen der teilweisen Verkleidung des Unterbodens auf den Widerstandsbeiwert sind in Abb. 5.20 aufgetragen. Auffällig ist, dass die Reihenfolge der Teilemontage auch Auswirkung auf den c_W-Wert zeigt. Der Interferenzanteil zwischen den Verkleidungsteilen ist hier also deutlich erkennbar. Allgemein gilt, dass Maßnahmen am Unterboden zur Verbesserung der Aerodynamik hochgradig miteinander wechselwirken.

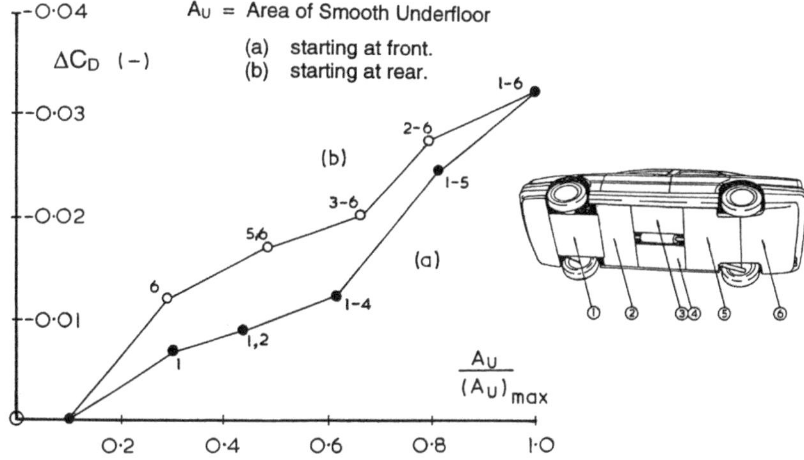

Abb. 5.20 Auswirkungen unterschiedlicher Unterbodenverkleidungen auf den Widerstandsbeiwert am Beispiel eines Rover 800. (Howell in [25])

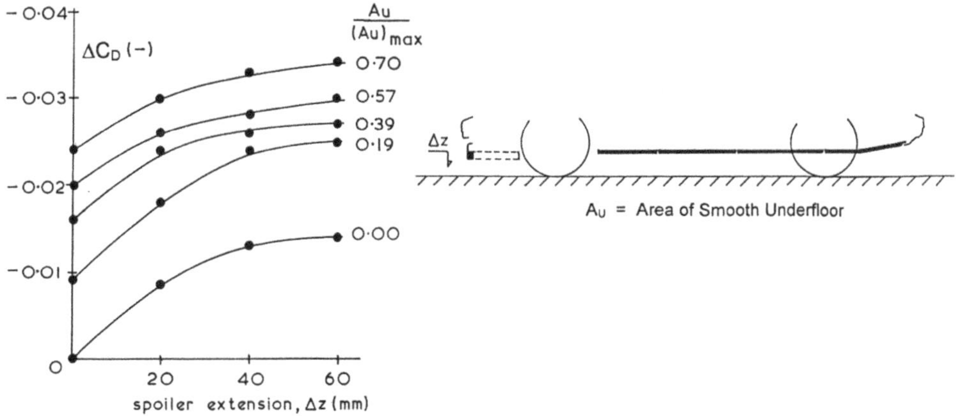

Abb. 5.21 Widerstandsreduzierung des Frontspoilers am Beispiel eines Rover 800 mit teilverkleidetem Unterboden. (Howell in [25])

Am modernen Fahrzeugunterboden werden eine Reihe von Spoilern angebracht. Spoiler besitzen die Aufgabe, unter Generierung eines gewissen Eigenwiderstands Luft von großen Widerstandsquellen fernzuhalten, und den verschlechternden Effekt damit zu überkompensieren. Vom Fahrzeugbug her gesehen, ist das erste Spoilerelement der Bugspoiler (bzw. Bugspoilerlippe). Mit dem Bugspoiler lassen sich drei Effekte erzielen: Der Widerstand wird verkleinert, der Vorderachsauftrieb wird abgebaut und der Kühlluftvolumenstrom wird erhöht. Die negativen Begleiterscheinungen des Bugspoilers dürfen nicht übersehen werden. Es gilt vielmehr, sie durch besondere Maßnahmen zu kompensieren. Die Abschirmung der Unterseite verschlechtert die Kühlung der Ölwanne und vor allem der Bremsen. Durch gezielte Luftführung, mit passend platzierten Öffnungen im Spoiler, kann dem jedoch abgeholfen werden. Abb. 5.21 zeigt die Widerstandsreduzierung mit Hilfe eines Frontspoilers.

Die Ablösung der Einströmung in den Bodenspalt an der Unterkante des Bugspoilers vergrößert jedoch den Formwiderstand der Karosserie. Daher entscheidet die Relation der Änderungen beider Widerstandsanteile zueinander über Zu- oder Abnahme des c_W-Wertes des Fahrzeuges bei Anordnung oder Höhenänderung eines Bugspoilers. Die c_W-Minima ergeben sich, je nach Bodengruppe und Ausgangszustand des Bugeinlaufs, bei Spoilerhöhen von 40 bis 80 mm und Bodenfreiheiten unter dem Spoiler von 160 bis 120 mm. Bei größeren Spoilerhöhen übersteigt irgendwann der Eigenwiderstand des Spoilers die Widerstandsverbesserung am Grundkörper. Daher stellt sich auch hier ein Optimum ein. Bei einem glattflächig verkleideten Unterboden führt die Anbringung eines Bugspoilers daher immer zu einer Zunahme des c_W-Wertes.

Die beschleunigte Umströmung der Bugspoilerunterkante erzeugt im vorderen Teil des Ablösegebietes hohe Unterdrücke, die zu einer deutlichen Reduzierung des Vorderachsauftriebs, bzw. zu einer Zunahme des Vorderachsabtriebs führen. Die minimalen Auf-

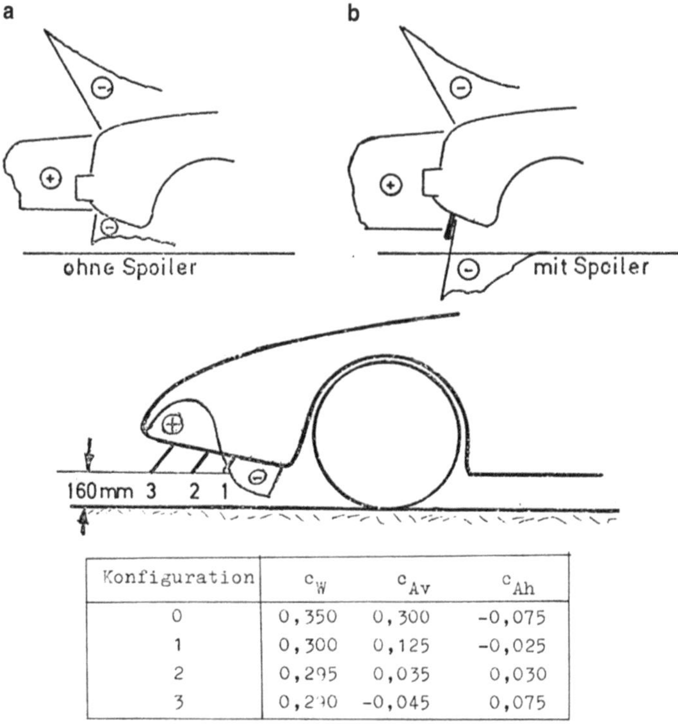

Konfiguration	c_W	c_{Av}	c_{Ah}
0	0,350	0,300	-0,075
1	0,300	0,125	-0,025
2	0,295	0,035	0,030
3	0,290	-0,045	0,075

Abb. 5.22 Vergleich der Drücke an einem Fahrzeug mit und ohne Spoiler (**a**) und Einfluss des Frontspoilers auf die verschiedenen Beiwerte (**b**). (Wiedemann [68])

triebsbeiwerte werden bei Bodenfreiheiten unter dem Bugspoiler von 80 bis 100 mm erreicht. Hinter dem Spoiler bildet sich ein wesentlich größerer Unterdruck aus, während der Druckverlauf auf der Motorhaube nahezu gleich bleibt, vgl. Abb. 5.22a.

Vor allem bei langen Bugüberhängen spielt die Positionierung des Bugspoilers hinsichtlich der Minderung des Vorderachsauftriebes eine wichtige Rolle, wie aus dem gezeigten Beispiel hervorgeht. Bei gleichbleibender Bodenfreiheit reduziert sich beim Vorschieben des Bugspoilers die Bugunterseitenfläche mit positiven Drücken vor der Staufläche, während sich der Flächenanteil mit Unterdruck hinter dem Bugspoiler vergrößert, so dass der Vorderachsauftrieb stark zurückgeht. Der c_W-Wert wird dagegen nur wenig beeinflusst, vgl. Abb. 5.22b. Ein niedriger Frontspoiler bewirkt zudem eine Verringerung des Giermoments, da die Druckkraft auf die Spoilerlippe eine rückdrehende Wirkung besitzt.

Aus Abb. 5.23 geht der Einfluss des Bugspoilers auf die Motorraumdurchströmung hervor. Der Druck im Motorraum wird durch den Bugspoiler stark reduziert. Bei einem Fahrzeug ohne Spoiler versperrt die Hauptströmung der Kühlluftströmung den Weg, daraus resultiert ein hoher Druck im Motorraum. Bei einem Fahrzeug mit Spoiler wird die Hauptströmung etwas nach unten umgeleitet, daher kann die Kühlluft besser aus dem

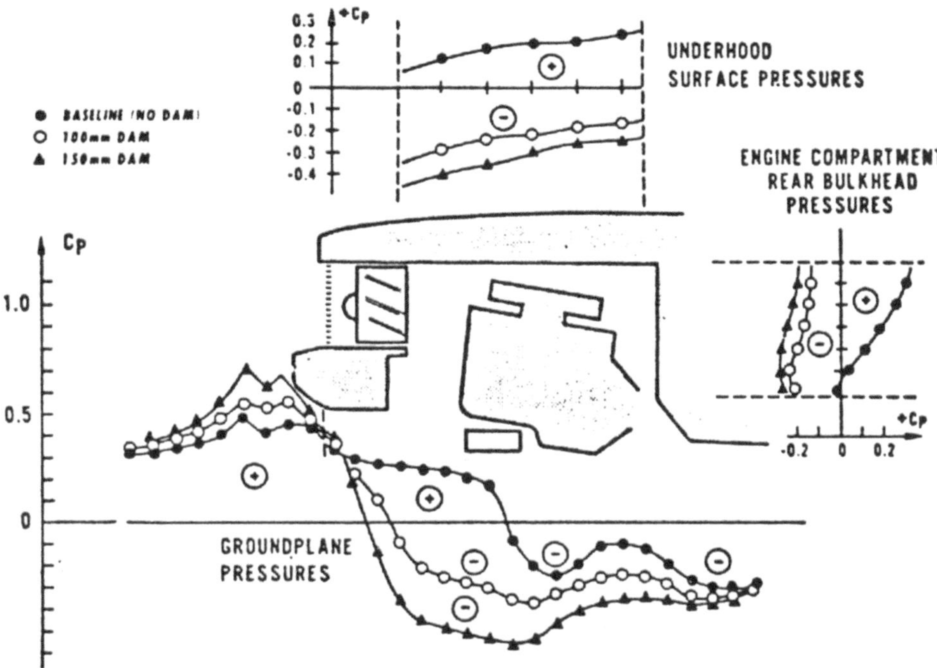

Abb. 5.23 Druckverlauf im Motorraum bei verschiedenen Spoilerhöhen. (Schenkel [46])

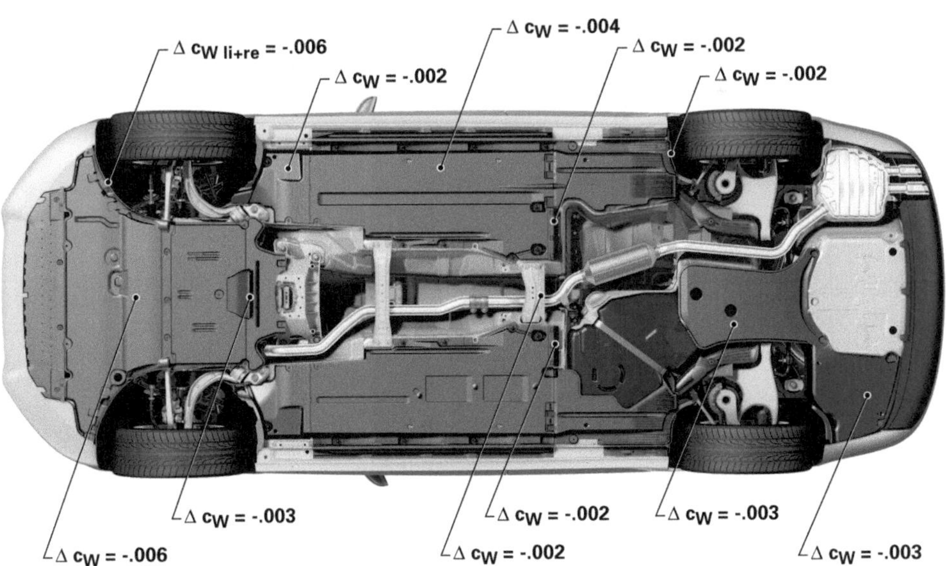

Abb. 5.24 Unterbodenstruktur des AUDI A4 mit Ausweisung von widerstandssenkenden Maßnahmen

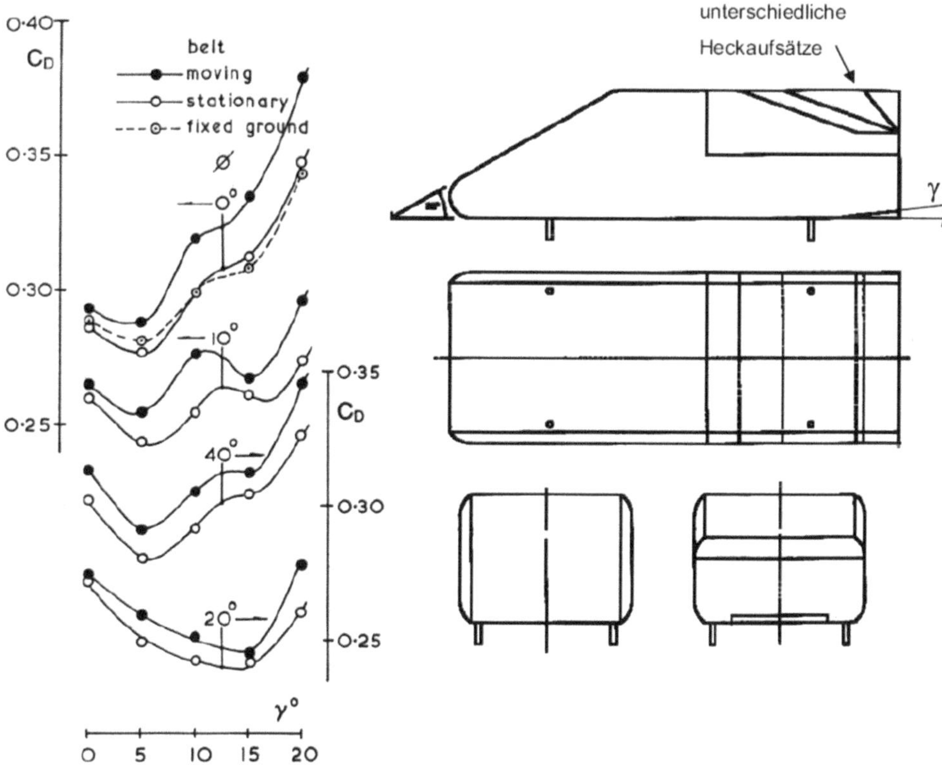

Abb. 5.25 Auswirkungen des Heckdiffusors auf den Luftwiderstand eines Grundkörpers. (Howell in [25])

Motorraum entweichen, wodurch sich eine Erhöhung des Kühlluftdurchsatzes von 25 bis 30 % ergibt.

Im weiteren Verlauf des Unterbodens kann ebenfalls mit Hilfe von Spoilern der Widerstand an ausgeprägten Quellen reduziert werden. Abb. 5.24 zeigt den Unterboden des AUDI A4 (2010). Es sind Spoiler vor den Vorder- und Hinterrädern (Radspoiler) vorhanden, die den c_W-Wert um sechs bzw. zwei Punkte senken. Zwei Fersenblechspoiler und ein Spoiler an der hinteren Quertraverse bringen ebenfalls Verbesserungen von je zwei Punkten.

Durch Ausbildung des hinteren Bereichs der Unterbodenverkleidung als Diffusor ist eine weitere Reduzierung des Luftwiderstands möglich. Hierbei spielt der Diffusorwinkel eine entscheidende Rolle. Ergebnisse einer Diffusorwinkel-Reihe am SAE-Grundkörper sind in Abb. 5.25 dargestellt. Auch hier existiert ein Optimum, nämlich dann, wenn die Diffusorströmung auf die Dachabströmung bestmöglich abgestimmt ist. Der induzierte Widerstand wird damit reduziert. Bei zu großen Diffusorwinkeln löst die Strömung an der Diffusorvorderkante ab.

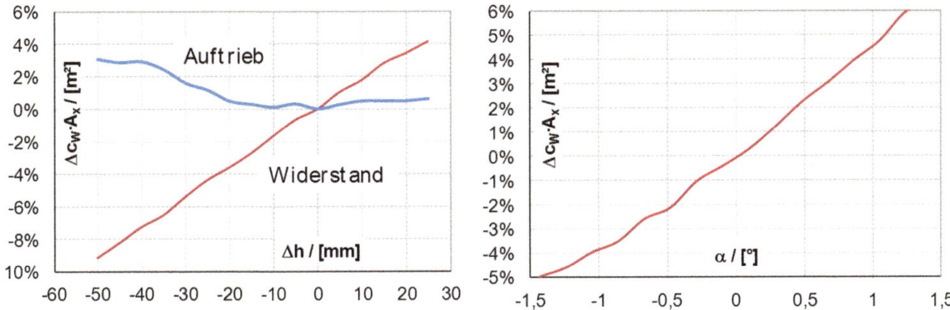

Abb. 5.26 Prozentuale Veränderung des Luftwiderstands $\Delta c_W \cdot A_x$ eines Geländewagens in Abhängigkeit der Veränderung des Fahrniveaus Δh und des Anstellwinkels α relativ zur Lage des Fahrzeugs bei EADE-Beladung. (AUDI AG [5])

Aus Abb. 5.26 geht der Einfluss des Bodenabstands Δh auf Auftrieb und Widerstand hervor. Für den hier betrachteten SUV kann ein linearer c_W-Zuwachs festgestellt werden. Der Einfluss des Anstellwinkels α auf den Widerstand geht ebenfalls aus der Abbildung hervor. Der Bodenabstand Δh, gemessen bei Mitte Radstand, wurde bei diesen Messungen konstant gehalten. Auftrieb und Widerstand nehmen mit dem Anstellwinkel für alle Fahrzeuge in etwa gleich zu. Einem Zuwachs des Anstellwinkels um 1° entspricht ein Widerstandsanstieg von 4 %.

Es kann bei einzelnen Fahrzeugen mit glattem Unterboden passieren, dass der Widerstand bei Annäherung an die Fahrbahn wieder zunimmt. Ein historisches Beispiel ist der Citroen ID 19, vgl. *Schütz* in [54].

5.5 Einfluss sonstiger Aspekte

Weitere Widerstandsquellen am Fahrzeug sind Karosseriespalte, Kühlluftführungen und Anbauteile. Karosseriespalte verursachen im Vergleich zu einem Fahrzeug mit abgedichteten Spalten einen gewissen Mehrwiderstand, dieser liegt je nach Fahrzeug im Bereich von 5 bis 15 c_W-Punkten. Das Thema Kühlluftwiderstand wurde in Abschn. 4.2.3 bereits ausführlich beschrieben und soll hier nur nochmals kurz zusammengefasst werden.

Strömungsverluste in der Kühlluftführung und Mischungsverluste am Auslass führen zu einer Erhöhung des c_W-Werts. Ein laufendes Gebläse führt der Strömung Energie zu und vermindert den c_W-Wert. Luftaustritte zur Unterbodenströmung führen außerdem zu einem Anstieg des Auftriebs an der Vorderachse und einer Absenkung des Auftriebs an der Hinterachse. Luftaustritte auf der Motorhaube haben einen gegenteiligen Effekt. Der Kühlluftwiderstand liegt bei den meisten Fahrzeugen bei ca. 5 bis 10 % des Gesamtluftwiderstands.

Ein aerodynamisch entscheidendes Anbauteil ist der Außenspiegel. Bezüglich der aerodynamischen Güte eines solchen Spiegels sind die Aspekte Spiegelgröße, Spiegelform

Abb. 5.27 Außenspiegelvarianten des AUDI Q7 (Dreiecksspiegel) und des VW Touareg II (Brüstungsspiegel). (Schütz [52])

und Karosserieanbindung zu beachten. Sports Utility Vehicle benötigen zur ausreichenden Durchsicht sowie wegen gesetzlicher Zulassungskriterien größere Außenspiegel als andere Pkw. Bei der Anbindung wird zwischen Dreiecksspiegel (AUDI Q5, Q7) und Brüstungsspiegel (bspw. Touareg II) unterschieden, vgl. Abb. 5.27.

Die Spiegelform wird maßgeblich durch das Fahrzeugdesign bestimmt. Der Spiegel muss sich dabei in das Gesamtbild des Fahrzeugs einfügen. Unterschiedlichste Spiegelformen sind vorstellbar, Abb. 5.28 zeigt hierzu eine Kurzübersicht. Enthalten sind die Dreiecksspiegel des AUDI Q7 und A8, sowie die Brüstungsspiegel des AUDI TT und des VW Touareg II.

Unter Beibehaltung der gesetzlichen Vorgaben bzgl. der Größe des Spiegels kann, bspw. durch Morphing, das aerodynamische Potential der Spiegelform abgeschätzt werden. Auch der Einfluss der Spiegelanbindung ist zu berücksichtigen. Zusammengenommen können bei heutigen Serienspiegeln Unterschiede von 10 Punkten und mehr festgestellt werden.

Ebenso wie die Gestaltung der Außenspiegel bewirkt auch die Wahl einer aerodynamisch gestalteten Felge eine merkliche Reduzierung des Luftwiderstands. Sowohl die Form der Felgenaußenseite als auch das Ventilierungsverhalten gelten als Hauptursache der Widerstandsentstehung an unterschiedlichen Rädern. Insbesondere an den Vorder-

Abb. 5.28 Verschiedene Außenspiegelformen, AUDI Q7 (*1*), AUDI A8 (*2*), AUDI TT (*3*), VW Touareg II (*4*). (Schütz [52])

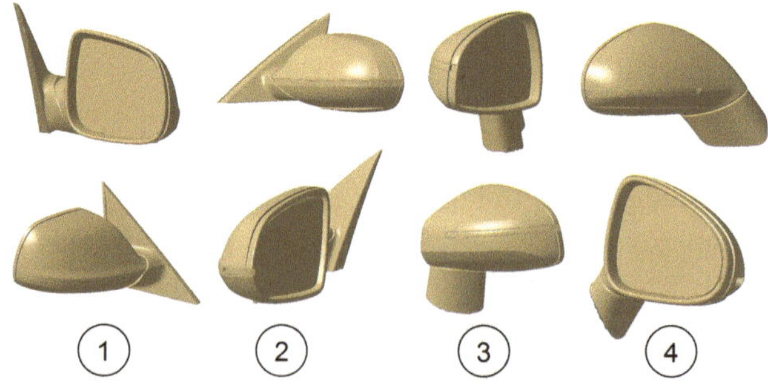

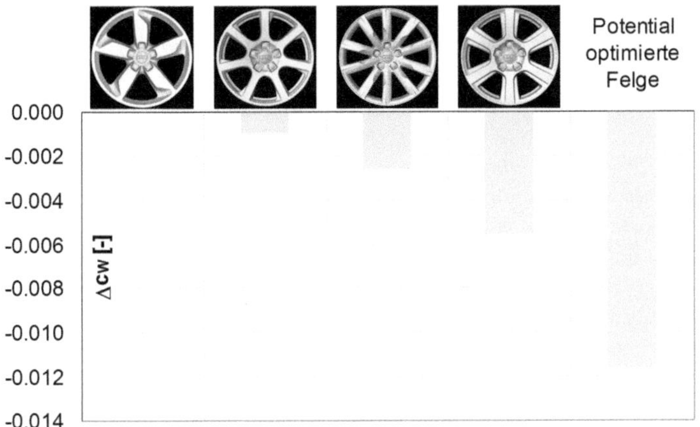

Abb. 5.29 Einfluss des Räderstylings auf den Luftwiderstand des Q5 bei gleicher Reifenbreite und gleichem Durchmesser, ausgedrückt als Veränderung des c_W-Werts zur Fünfarmfelge. (Schütz [52])

rädern ist hierbei auch deren Schräganströmung zu beachten. Das Felgenangebot der Hersteller in den verschiedenen Baureihen beinhaltet oftmals gezielt aerodynamisch verbesserte Räder.

Dabei kann anhand Abb. 5.29 festgestellt werden, dass durch die Wahl des besten Rads eine Luftwiderstandsverbesserung von etwa $\Delta c_W = -0{,}006$ erreicht werden kann. Untersuchungen zur weiteren Optimierung des Felgenstylings zeigen erhebliches Potential zur weiteren Verbesserung der Räder, gerade im SUV-Segment. Eine weitere Verbesserung von $\Delta c_W = -0{,}005$ ist durchaus möglich, ohne dabei Gewichts- und Stylingziele zu vernachlässigen.

Außenspiegel haben für sich genommen hohe c_W-Werte. Ihre Stirnflächen sind im Vergleich zu der des Fahrzeuges jedoch klein, und folglich ist auch ihr Anteil am Gesamtwiderstand gering. Der Widerstand von Dachgepäckträgern u. ä. ist dagegen so groß, dass es sich sehr wohl lohnt, sie zu demontieren, wenn sie nicht benötigt werden. Einige Beispiele der Widerstandsänderung durch verschiedene Dachaufbauten sind in Abb. 5.30 aufgeführt.

Der Effekt von abgerundeten Konturen an der Fahrzeugfront wurde bereits in Abschn. 5.1 beschrieben. Anhand Abb. 5.31 wird aber auch gezeigt, dass die übrigen Karosseriekanten insbesondere Auftriebseinfluss haben. An einer scharfkantig ausgeführten Fahrzeugoberseite wurden die einzelnen Kanten in der durch die Nummern gekennzeichneten Reihenfolge abgerundet. Dabei ist eine Tendenz zu höheren Auftriebsbeiwerten durch zusätzliche Abrundungen zu beobachten, da dadurch ein Ablösen der Strömung verhindert wird.

Die Abrundungen haben bei Schräganströmung zusätzlich auch Auswirkungen auf die Seitenkraft bzw. auf das Giermoment. Am Vorderwagen wird das Giermoment erhöht, vgl. Abb. 5.32. Abrundungen führen zu erhöhtem Unterdruck auf der Leeseite des Bugs.

Roof Load	c_D	$c_{Lf\ \beta=0°}$	$c_{Lr\ \beta=0°}$	$c_{Y\ \beta=20°}$	$c_{N\ \beta=20°}$	$c_{M\ \beta=20°}$	$c_{R\ \beta=20°}$
Base Car (1)	0.34	0.09	0.19	0.66	0.17	0.13	0.12
Roof Rack (2)	0.38	0.10	0.12	0.74	0.16	0.16	0.13
Skis (3)	0.46	0.08	0.13	0.76	0.15	0.15	0.15
Surfboard (4)	0.47	0.10	0.13	0.77	0.16	0.16	0.17
Skibox (5)	0.46	0.10	0.15	0.92	0.15	0.23	0.23
Boat (6)	0.55	0.24	−0.03	1.12	0.17	0.37	0.30
Bicycle (7)	0.55	0.19	0.03	1.00	0.12	0.32	0.38

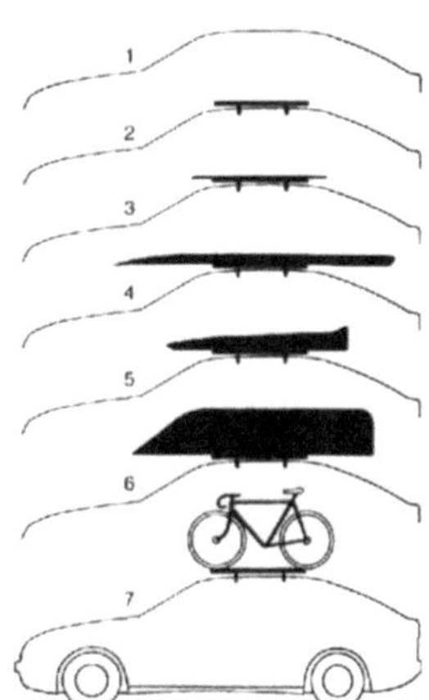

Abb. 5.30 Änderungen der aerodynamischen Eigenschaften durch verschiedene Dachlasten. (Ford Werke GmbH [14])

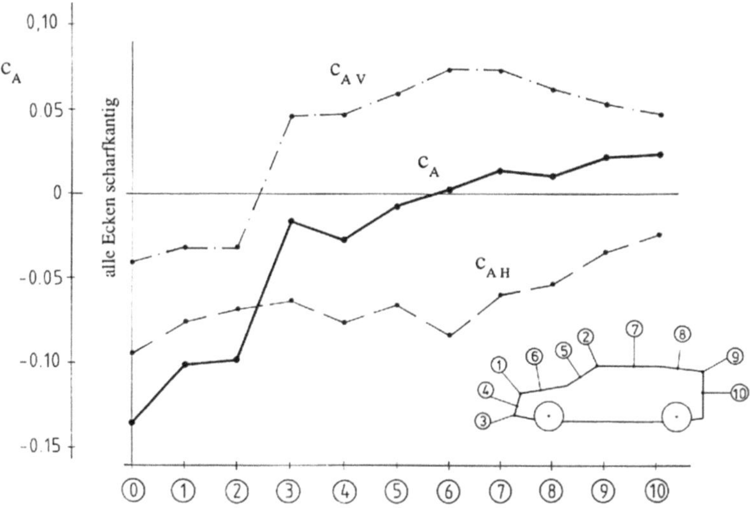

Abb. 5.31 Wirkung abgerundeter Kanten auf die Auftriebsbeiwerte, *0* bedeutet alle Ecken scharfkantig. (Ford Werke GmbH [14])

Rundungen der Seitenkanten der vorderen Haube sowie die Rundung der A-Säulen bewirken dagegen eine Verminderung der vorderen Seitenkraft und des Giermoments. Am Heck des Fahrzeugs führen alle seitlichen Abrundungen zu einem Abbau der hinteren Seitenkraft. Daraus ergibt sich ein Anstieg des Giermoments. Vor allem Abrundungen an den hinteren Säulen führen generell zu einem Anstieg des Giermoments. Bei Schrägheckformen ist dieser Effekt am deutlichsten ausgeprägt, hier bildet sich bei der Umströmung auf der Luvseite eine Unterdruckspitze aus.

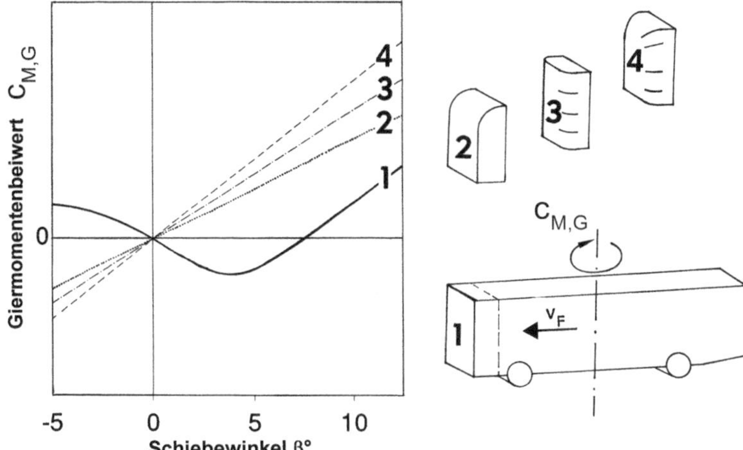

Abb. 5.32 Einfluss von Rundungen der Fahrzeugfront auf das Giermoment an einem Grundkörper. (Ford Werke GmbH [14])

Neben der Verbesserung der aerodynamischen Eigenschaften im engeren Sinne (Strömungskräfte) sind weitere anspruchsvolle Aufgaben in der aerodynamischen Entwicklung zu bearbeiten. Die im Innenraum wahrnehmbaren Windgeräusche sind derart zu beeinflussen, dass sich ein angenehmes Geräuschempfinden auf niedrigem Niveau einstellt. Das Fahrzeug ist insbesondere in sicherheitsrelevanten Bereichen (bspw. Sichtfeld) möglichst frei von Regenwasser und Schmutz zu halten. Außerdem dürfen Windlasten auf Bauteile (bspw. Klappen) konstruktive Grenzen nicht überschreiten, ebenso müssen die Radbremsen mit ausreichend Kühlluft versorgt werden, um Schäden zu vermeiden. Diese Aspekte werden im Folgenden behandelt.

6.1 Besondere Pkw-Konzepte

Zu den klassischen Fahrzeugkonzepten Limousine oder Kombi kommen weitere hinzu. Cabriolet, SUV und Rennwagen erfordern in der aerodynamischen Entwicklung ein besonderes Augenmerk. Bei Cabrios ist zusätzlich zu üblichen Entwicklungsinhalten auf Zugfreiheit und begrenzten Verdeckauszug zu achten, SUVs müssen anhand verschärfter Randbedingungen entwickelt werden und Rennwägen ermöglichen Lösungsansätze, die an Serien-Pkw nicht praktikabel sind.

6.1.1 Cabriolet

Wird das Verdeck beim Cabriolet geöffnet, resultieren eine Widerstandszunahme und ein veränderter Auftrieb. Die Widerstandszunahme ist aber von untergeordneter Bedeutung, weil sowohl Kraftstoffverbrauch als auch Höchstgeschwindigkeit keine Rolle spielen. Die Achsauftriebe müssen lediglich in den fahrdynamischen Grenzen gehalten werden. Wichtig ist aber dafür zu sorgen, dass bei offenem Verdeck der Zug im Innenraum nicht zu

© Springer Fachmedien Wiesbaden 2016
T. Schütz, *Fahrzeugaerodynamik*, ATZ/MTZ-Fachbuch, DOI 10.1007/978-3-658-12818-0_6

Abb. 6.1 Darstellung der Strömung im Innenraum eines offenen Cabriolets. (AUDI AG [5])

stark wird. Abb. 6.1 zeigt die Strömungsverhältnisse im Bereich des Fahrgastraums eines offenen Cabriolets.

Es bildet sich eine turbulente Scherschicht aus, die zu einer Rückströmung in die Kabine führt. Dabei treten zeitliche und räumliche Schwankungen der Geschwindigkeit auf. Sitzt die Dachkante zu tief, so werden die Personen im Fahrzeug frontal mit hoher Geschwindigkeit angeströmt. Mit zunehmender Dachkantenhöhe wird jedoch die Rückströmung größer, da das Ablösegebiet hinter der Windschutzscheibe anwächst. Es gilt also einen guten Kompromiss zu finden.

Die Rückströmung kann durch Maßnahmen reduziert werden. Ein höherer Heckdeckel ist eine Möglichkeit, wobei hierdurch die Sicht nach hinten beeinträchtigt wird. Eine Alternative ist ein Windschott, eine oft aus einem Kunststoffrahmen mit dazwischen gespanntem Netzstoff bestehende Platte, die bei geöffnetem Verdeck hinter den Vordersitzen hochgeklappt wird. Der Grund für die Wahl von durchlässigen Netzstoffen ist, dass bei undurchlässigen Materialien ein Saugeffekt der Scherschicht auftritt. Die transparente Ausführung stellt den besten Kompromiss aus Rückströmung, Seitenströmung und Ansaugen der Scherschicht dar. Die Wirkung eines Windschotts ist in Abb. 6.2 dargestellt.

Eine andere Möglichkeit, um zumindest den subjektiv wahrgenommenen Insassenkomfort anzuheben, besteht in der Anhebung der Lufttemperatur. Dies ist möglich, da der mangelnde thermische Komfort nur schwer in den strömungsmechanischen und thermischen Aspekt unterschieden werden kann. Die Lufttemperatur kann hierbei durch angepasste Ausströmdüsen und Luftverteilungskonfigurationen der Heizungs-/Klimaanlage realisiert werden. In Abb. 6.3 wird über eine Ausströmdüse in der Kopfstütze Warmluft im Nackenbereich des Passagiers ausgeblasen.

Ein weiterer Aspekt, der bei Fahrzeugen mit Stoffverdeck im geschlossenen Zustand beachtet werden muss, ist das so genannte *Ballooning*. Damit wird das Wölben des Stoffverdecks bei höheren Geschwindigkeiten bezeichnet. Bei einer Geschwindigkeit von nur 100 km/h kann sich das Soft-Top schon um 30 bis 60 mm aufwölben. Dies gilt es zu ver-

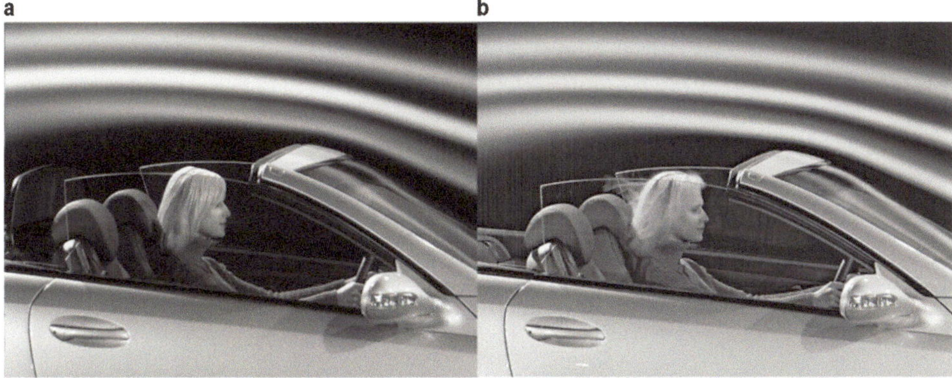

Abb. 6.2 Windschott zur Verminderung einer Rückströmung: Mit Windschott (**a**) und ohne Windschott (**b**). (Schütz [54])

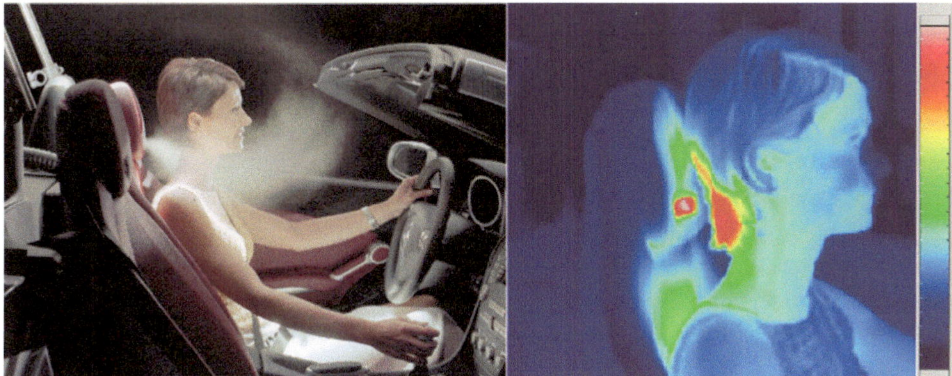

Abb. 6.3 Einblasen von erwärmter Luft in den Nackenbereich. (Schütz [54])

meiden, zum einen aus rein ästhetischen und zum anderen aus Gründen der Geräuschentstehung (Abschn. 6.2.10).

6.1.2 Geländewägen und SUVs

Die Schwierigkeiten bei der Aerodynamikentwicklung von Geländewägen sind vor allem in den Randbedingungen zu suchen. Sowohl für den europäischen als auch für den wichtigen nordamerikanischen Markt ist es anzustreben, diese Fahrzeuge auch bei der Zulassung entsprechend deklarieren zu lassen. Hierfür sieht der Gesetzgeber aber eine Reihe von geometrischen Fahrzeugeigenschaften vor, die in einem solchen Falle erfüllt werden müssen, vgl. Abb. 6.4.

So existieren Mindestanforderungen für die Wasserdurchfahrtshöhe ($>500\,\text{mm}$), die Bodenfreiheit ($>200\,\text{mm}$), den Böschungswinkel ($>25°$), die Steigfähigkeit (entspricht

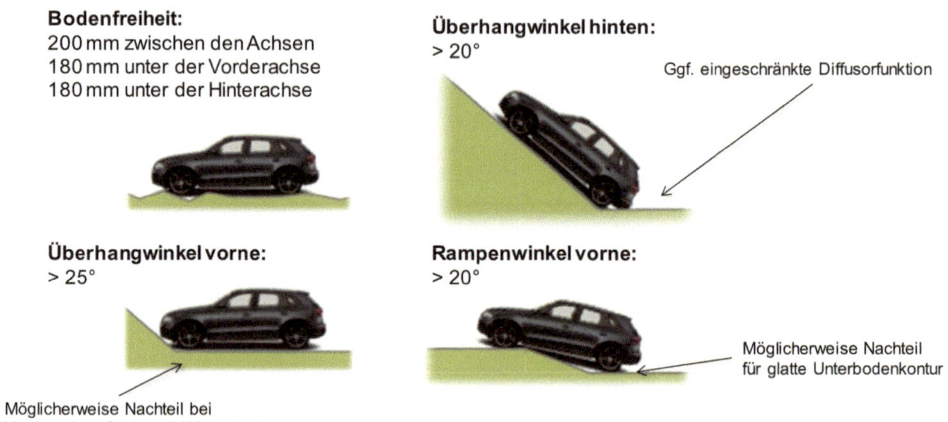

Abb. 6.4 Anforderungen an SUV-Fahrzeuge für die Zulassung als Geländewagen

dem Böschungswinkel am Fahrzeugheck, $> 20°$), sowie den Rampenwinkel ($> 20°$). Während der Aspekt Wasserdurchfahrtshöhe hauptsächlich über die Rädergröße (und in dem Zusammenhang vor allem über die Radbreite) mit aerodynamischen Aspekten verknüpft ist, wirken sich Böschungswinkel und Steigfähigkeit direkt auf die Grundform und den induzierten Widerstand aus. Der Böschungswinkel kann an der Vorderachse hohe Auftriebe erzeugen (Impulssatz!). Die Steigfähigkeit wird zuweilen bei zu steilen Winkeln von Reserveradmulde oder Endschalldämpfern verhindern, dass eine Ausformung des hinteren Unterbodens als funktionsfähiger Diffusor möglich wird. Ein großes Nachlaufgebiet und ein erhöhter Widerstand sind die Folge.

Die Bodenfreiheit wirkt sich direkt auf den Luftwiderstand aus (vgl. Abschn. 5.4). Zusätzlich kommt eine große Stirnfläche zu den aerodynamisch relevanten Punkten hinzu, weil an den Fahrgastraum Forderungen nach erhöhtem Raumangebot gestellt werden. Um einen niedrigen Luftwiderstand zu erreichen, sind c_W-Maßnahmen nötig, wie optimierte Unterbodenströmung mit vielen glatten Abdeckungen, oder aber auch Niveauregulierung zur Fahrwerksabsenkung im Schnellfahrbetrieb. Da dies mitunter kostenintensiv ist, ergibt sich gerade bei SUVs in Abb. 1.5 eine große Streubreite.

6.1.3   Rennsport

Starke Beschleunigung, extreme Bremsverzögerung, hervorragende Fahreigenschaften, verbunden mit hoher Endgeschwindigkeit und einem in Relation zu den Fahrleistungen niedrigen Kraftstoffverbrauch, stellen wichtige Eigenschaften dar, die von Sport- und

Tab. 6.1 Auftriebsbeiwerte verschiedener Kraftfahrzeugtypen

Kfz.-Typ	Serien-Pkw	Sport-Pkw	DTM-Fzg.	F1-Fzg.
c_A [–]	0,02 bis 0,15	−0,05 bis 0	−1	−3

Rennfahrzeugen erfüllt werden müssen. Sportwagen sind für den täglichen Einsatz auf öffentlichen Straßen entworfen, während Rennwagen üblicherweise mit Fahrzeugen der gleichen Klasse auf abgesperrten Rennstrecken in Wettbewerb treten.

Die Aerodynamik hat dabei eine herausragende Bedeutung sowohl für das Leistungsvermögen als auch für die Sicherheit. Rennwägen benötigen zusätzlich hervorragende Fahreigenschaften verbunden mit hoher Kurvengrenzgeschwindigkeit. Sportwagen vereinen alle diese Leistungsmerkmale, wobei die Alltagstauglichkeit Kompromisse erfordert. Die Anforderungen an die Aerodynamik (vgl. auch Tab. 6.1) können folgendermaßen zusammengefasst werden:

- Geringer Luftwiderstandsbeiwert und kleine Fahrzeugstirnfläche, um einen möglichst kleinen Luftwiderstand zu erzielen.
- Ein großes Verhältnis von Abtrieb zu Widerstand. Je nach Einsatzgebiet sind Widerstandsreduzierung oder die Abtriebszunahme höher priorisiert.
- Abtriebskraft an der Hinterachse stärker als an der Vorderachse. Bis in den Schiebewinkelbereich von 10 bis 15°, Vermeidung von Auftrieb.
- Bei Schräganströmung sollte das aerodynamische Giermoment der Seitenauslenkung stabilisierend entgegenwirken.
- Sicherstellung eines ausreichenden Kühlluftstromes, ohne die aerodynamischen Beiwerte deutlich zu verschlechtern.

Nahezu alle den Widerstand senkenden Maßnahmen beeinflussen den Auftrieb. Um Fahrsicherheit und gute Fahreigenschaften zu gewährleisten, müssen Hochleistungsfahrzeuge negativen Auftrieb aufweisen. Von den konstruktiven Möglichkeiten muss diejenige gewählt werden, die den geringsten Widerstandszuwachs ergibt. Negativer Auftrieb kann durch die Fahrzeuggrundform selbst, durch negativ angestellte Flügel und über den Bodeneffekt erzeugt werden.

Die Grundform für minimalen Auftrieb weist einen tiefgezogenen konkaven Bug, eine ebene Oberseite und ein angehobenes Heck inklusive Heckspoiler auf. Entscheidend ist die Höhe der Abrisskante in Relation zur Fahrzeugkarosserie. Alternativ zur Erhöhung des Hecks kann der Auftrieb auch durch negative Anstellung des Fahrzeugkörpers reduziert werden. Große negative Auftriebsbeiwerte im Bereich $c_A = -1$ können mit der Grundform des Fahrzeugs alleine jedoch nicht erzeugt werden. Hier müssen Flügel zur Hilfe genommen werden. Die Wirksamkeit dieser Flügel ist in ungestörter Anströmung am größten. Wegen der größeren Krafthebelarme kann sie zusätzlich dadurch gesteigert werden, dass der Heckflügel hinter der Hinterachse und der Bugflügel vor der Vorderachse montiert werden. Heckflügel ergeben i. A. ein besseres Verhältnis c_A / c_W als das Anheben

$$p_{Unterboden} = p_\infty + \frac{\rho}{2} \cdot \underbrace{\left(u_\infty^2 - u_{Unterboden}^2 \right)}_{< 0}$$

Abb. 6.5 Der Bodeneffekt am Beispiel eines F1-Fahrzeugs

der Heckabrisskante. Optimal wirken Flügel im Zusammenspiel mit einer Heckabrisskante und mit dem Bodeneffekt kombiniert. Das Prinzip des Bodeneffekts besteht darin, dass Fahrbahn und Fahrzeugunterboden eine Kombination aus Düse und Diffusor bilden (vgl. Abb. 6.5). Die anströmende Luft wird durch den Einlauf teilweise unter das Fahrzeug geleitet und in der zwischen Unterboden und Fahrbahn gebildeten Düse beschleunigt. Ein Heckdiffusor verzögert die Luft wieder auf Anströmgeschwindigkeit. Die Druckabsenkung und damit der Abtrieb hängt im Wesentlichen vom Verhältnis der Querschnitte von Diffusorende zur Düse ab. Mit Hilfe von Bernoulli- und Kontinuitätsgleichung können die Begebenheiten einfach erläutert werden.

Bei sehr kleinem Bodenabstand entsteht Auftrieb, da nahezu keine Luft unter dem Fahrzeug durchfließt (Zusammenwachsen der Grenzschichten von Fahrzeug und Straße). Mit zunehmendem Abstand vom Boden wird durch die Düsenströmung am Unterboden Unterdruck erzeugt, so dass der Gesamtauftrieb bis in den negativen Bereich abnimmt.

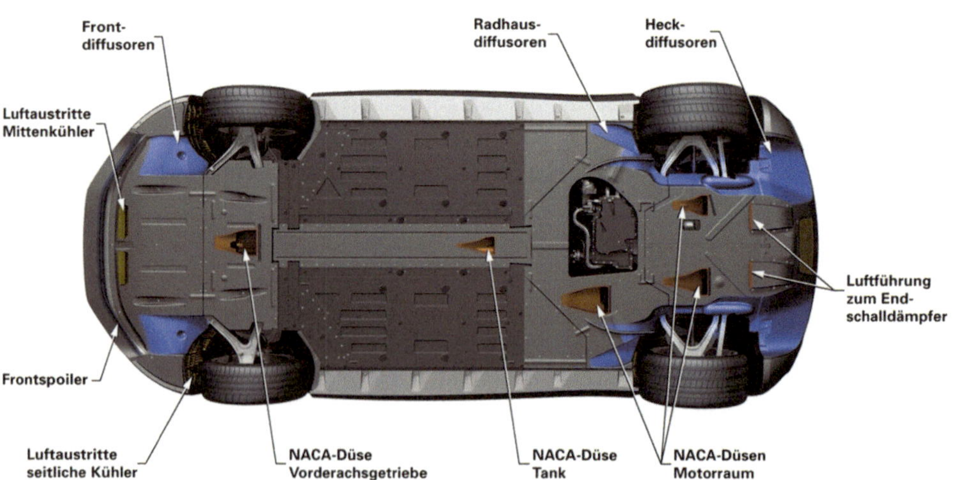

Abb. 6.6 Optimierter Unterboden des AUDI R8. (AUDI AG [5])

Mit weiter steigender Bodenfreiheit wird wieder eine Zunahme festgestellt. Dieser Wie-deranstieg erklärt sich daraus, dass die Strömungsgeschwindigkeit unter dem Fahrzeug bei größerem Bodenabstand wieder abnimmt und der Unterdruck damit kleiner wird. Der Widerstand steigt mit zunehmender Bodenfreiheit an, wenngleich seine Zunahme erheb-lich geringer ist als die des Auftriebes. Das Nickmoment zeigt eine dem Auftrieb analoge Tendenz. Dies bedeutet, dass die Änderung des Auftriebes sich vor allem als Anstieg des Vorderachsauftriebs $c_{A,v}$ auswirkt. Abb. 6.6 zeigt den vollverkleideten Unterboden des AUDI R8 mit auftriebsmindernden Diffusoren vor den Rädern und am Heck. Außerdem besitzt dieses Fahrzeug einen ausfahrbaren Heckflügel.

6.2 Aeroakustik

Bei der aeroakustischen Entwicklung von Kraftfahrzeugen müssen unterschiedliche Hauptgeräuschquellen beachtet werden. Bei der Detailoptimierung ist es dabei güns-tig, wenn die interessierende Schallquelle möglichst isoliert betrachtet werden kann. Denn je mehr Schallquellen in einem Geräusch zusammenwirken, desto schlechter kön-nen Änderungen an einer von ihnen messtechnisch und subjektiv akustisch bewertet werden. Wirkt eine Schallquelle für sich allein, so ist selbstverständlich auch sie allein für den sich ergebenden Schallpegel verantwortlich. Wird an dieser Schallquelle eine Änderung vorgenommen, die eine Geräuschsenkung bewirkt, wird sich diese Änderung durch eine Pegelminderung um einen gleichen Betrag bemerkbar machen. Ist aber eine zweite gleichlaute Schallquelle an der Geräuscherzeugung beteiligt, so ergibt sich bei der gleichen Absenkung an der ersten Quelle nur eine geringere Gesamtpegelsenkung. Je größer die Anzahl der beteiligten Schallquellen, desto mehr verstärkt sich dieser Effekt. Wird z. B. bei zehn gleichlauten Schallquellen der Pegel einer Schallquelle um 10 dB ab-gesenkt, so führt dies zu einer kaum messbaren Absenkung des Gesamtschallpegels von ca. 0,4 dB. Um tatsächlich 10 dB Pegelminderung zu erreichen, müssen 9 der 10 Schall-quellen komplett abgeschaltet werden. Die subjektiv empfundene Lautstärke wird in diesem Falle, nebenbei bemerkt, lediglich halbiert.

Zur Optimierung einer bestimmten Schallquelle sollte diese also isoliert erfasst wer-den können. Daher werden z. B. bei der aeroakustischen Entwicklung des Außenspiegels oft sämtliche Fenster- und Türdichtungen abgeklebt, um Einflüsse von Undichtigkeiten zu vermeiden. Ebenso werden weitere Anbauteile, wie Antenne und Scheibenwischer, häufig entfernt. Falls der A-Säulenwirbel hierdurch nicht wesentlich geändert wird, können auch die Wasserfangleisten glattflächig abgeklebt werden. Ebenso können am Spiegel selbst, Schallquellen, die nicht betrachtet werden sollen, eliminiert werden. Dies gilt beispiels-weise für das Abkleben sämtlicher Spalte am Spiegelfuß bei der akustischen Optimierung der Wasserablaufrinnen am Gehäuse.

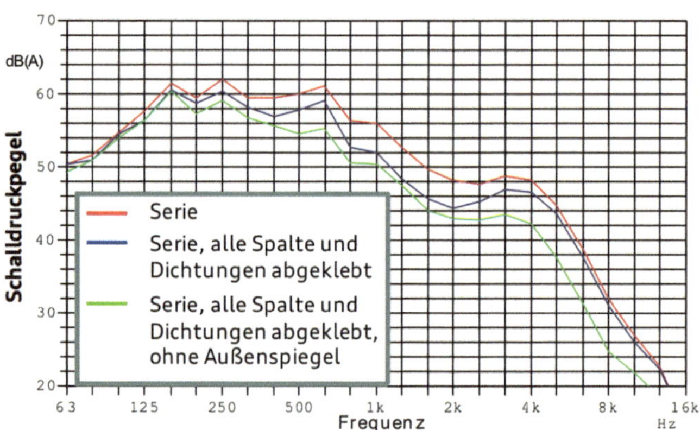

Abb. 6.7 Einfluss eines schlechten Dichtungssystems auf das Schalldruckspektrum im Fahrzeuginnenraum im Vergleich zum Einfluss des Spiegels. (AUDI AG [5])

6.2.1 Leckagen

Wegen des Monopolcharakters ihres Geräuschs ist die Vermeidung von Leckagen besonders wichtig. Beim Kraftfahrzeug betrifft dies hauptsächlich die Entwicklung von Fenster- und Türdichtungen, die mit großer Sorgfalt erfolgen muss. Besonders bei höheren Geschwindigkeiten, bei denen die Druckdifferenz zwischen innen und außen größer wird, erhöht sich das Risiko von Undichtigkeiten dadurch, dass die Türen durch die außen wirksamen hohem Unterdrücke aus ihren Dichtungen gehoben werden.

Im Windkanal werden zur Ermittlung des Einflusses der Dichtungen auf das Innengeräusch zunächst alle Spalte und Fugen der Karosserie bündig mit Klebeband abgedeckt. Durch Vergleich der Messergebnisse ohne und mit Klebeband ergibt sich der Gesamtanteil aller Fugen am Windgeräusch. Auch die Betrachtung einzelner Fugenbeiträge ist selbstverständlich möglich. Abb. 6.7 zeigt den Einfluss eines Dichtungssystems auf den Schalldruck am Fahrerinnenohr in einem Serienfahrzeug im Vergleich zum Einfluss des Außenspiegels. Ein deutlicher Beitrag des Dichtungssystems am Innengeräusch ist zu erkennen. Eine effektive, aber teure Maßnahme zur Minderung dieses Beitrags, ist die Verwendung von Mehrfachdichtsystemen.

Auch die Abdichtungen am Spiegelfuß sowie zwischen den Radhäusern und dem Bereich der A-Säule müssen sorgfältig ausgeführt werden. Hier entsteht der Schall zwar nicht direkt in der Fahrgastzelle, es besteht jedoch die Möglichkeit, dass die Geräusche durch Hohlräume von Türen und Karosserie eingeleitet werden.

6.2.2 Außenspiegel

Eine Vielzahl von aeroakustischen Untersuchungen betrifft die Außenspiegel. Sie sind in Zonen hoher Strömungsgeschwindigkeiten und nahe an den Ohren der Insassen angebracht und daher akustisch besonders problematisch. Die Spiegel-Ausformung wird von ihrer Funktion, aber auch vom Design bestimmt. Verbesserungsmaßnahmen konzentrieren

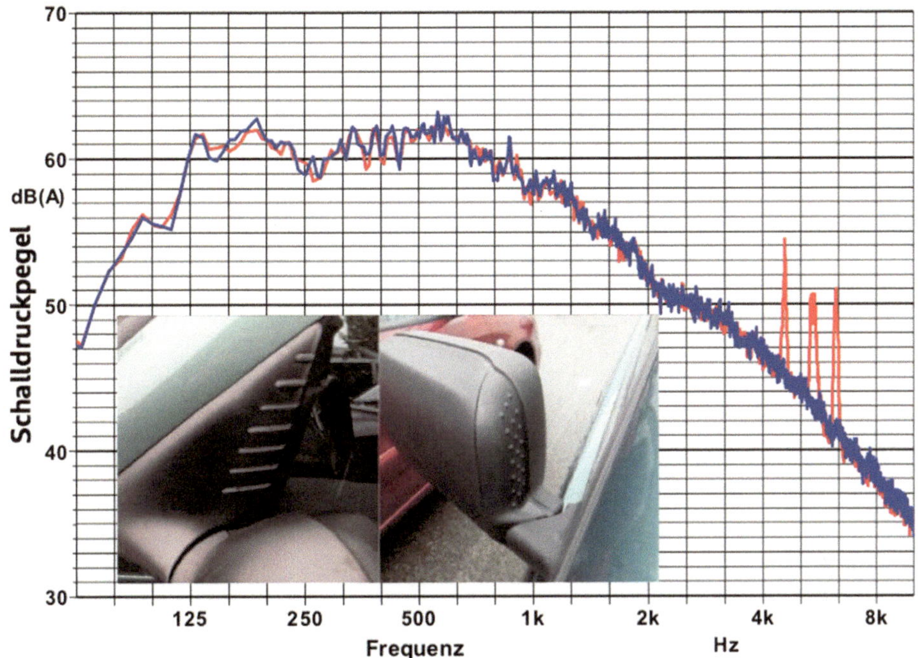

Abb. 6.8 Schmalbandanalyse einer Kunstkopfmessung bei einem Fahrzeugs mit pfeifender Wasserablaufrinne (*mit Spitzen*) und mit Gegenmaßnahme (*ohne Spitzen*), Wirbelerzeuger zur Vermeidung tonaler Geräusche im Bereich zweier Außenspiegel von Serienfahrzeugen. (AUDI AG [5])

sich daher hauptsächlich auf Details wie Tiefe und Form von Wasserablaufrinnen, Klappfugen und Gehäuseentwässerungen. Häufig haben die Geräusche hier tonalen Charakter (Pfeifen), vgl. Schmalbandanalyse in Abb. 6.8.

Bei solchen Geräuschen können Wirbelerzeuger helfen, die vor den Orten der Schallentstehung angeordnet werden und die Periodizität der Schallerzeugung stören, die Abbildung zeigt zwei Beispiele.

6.2.3 Scheibenwischer

Auch die Scheibenwischer haben für die aeroakustische Optimierung einen hohen Stellenwert. In der Ruheposition können sie häufig im Schutz der Motorhaube angeordnet werden. In einigen Fällen sind sie jedoch direkt dem Fahrtwind ausgesetzt, was zu wesentlichen Pegelerhöhungen im Innengeräusch führt. Abhilfe können hier Anspoilerungen (sog. Schwipp) vor der Windschutzscheibe schaffen, die den Luftstrom über die Wischer leiten, vgl. Abb. 6.27, Abschn. 6.4.

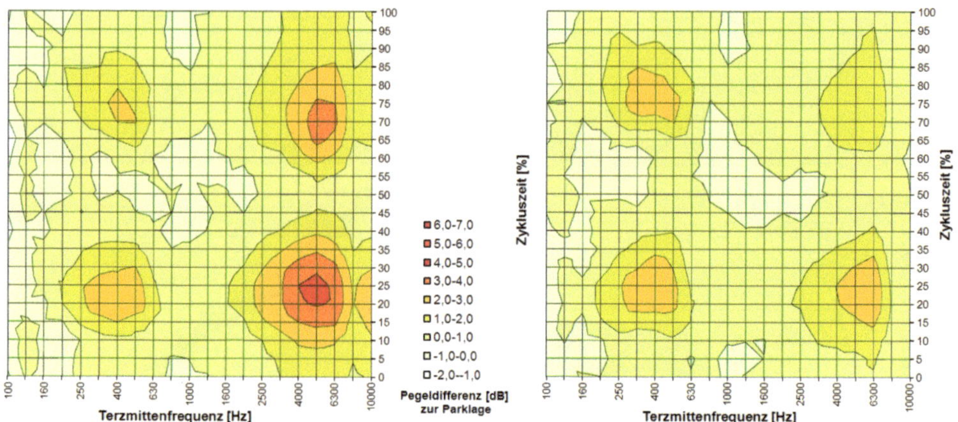

Abb. 6.9 Geräuschspektren am rechten Fahrerohr bei Wischerbetrieb (Differenzen zu den Pegeln bei Ruhelage); 140 km/h Anströmgeschwindigkeit, Serienwischer und optimierter Wischer. (AUDI AG [5])

Auch während des Betriebes kann das Geräusch von Scheibenwischern mit seiner deutlichen Fluktuation störend wirken. Abb. 6.9 zeigt den Verlauf der Geräuschspektren zweier Scheibenwischerausführungen während des Betriebs. Die akustisch optimierte Ausführung weist hier wesentlich geringere Pegel auf. Deutlich ist zu erkennen, dass die höchsten Pegel dann entstehen, wenn sich die Wischer ungefähr in einer Position senkrecht zur Anströmrichtung befinden.

6.2.4 Antennen

Antennen können tonale Geräusche erzeugen. Eine Geräuschminderung kann durch möglichst starke Schrägstellung der Antenne und durch eine Drahtwendel um die Antenne erreicht werden. Diese Maßnahme verhindert die Ausbildung der hinter zylindrischen Körpern typischen Kármán'schen Wirbelstraße. Bei einem Stabdurchmesser von 1 mm und einer Anströmung mit 50 km/h ergibt sich eine Reynoldszahl von 926 (Abb. 3.6). Abb. 6.10 zeigt die Auswirkung einer derartigen Wendel auf das Innengeräusch.

6.2.5 A-Säule

Die Gestaltung der A-Säule wirkt sich deutlich auf die aerodynamische Geräuschentwicklung aus. Durch sie wird die Größe und Ausprägung des Ablösewirbels auf der Seitenscheibe bestimmt, der auch die Geräuschabstrahlung des Außenspiegels beeinflussen kann. Des Weiteren sind die in der A-Säule integrierten Wasserfangleisten geräuscherzeugende Elemente. Optimierungen werden auch hier meistens iterativ vorgenommen, vgl.

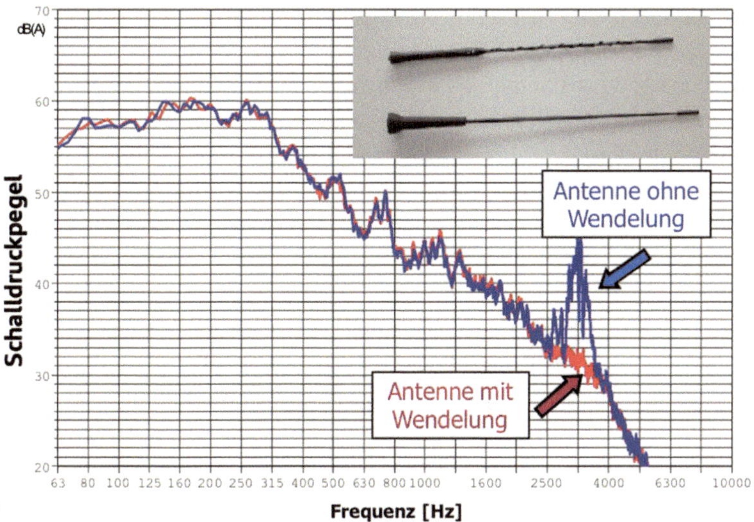

Abb. 6.10 Schalldruckspektren am linken Fahrerohr bei umwendelter und nicht umwendelter Antenne, Anströmgeschwindigkeit 140 km/h. (AUDI AG [5])

Abb. 6.11. Das Bild zeigt Ergebnisse von Kunstkopfmessungen. Wird hier allerdings die Hohlspiegelmessung (vgl. Abschn. 7.6.5) eingesetzt, können aeroakustische Entwicklungen für diesen Karosseriebereich bereits am Hartmodell beginnen.

Auch der Rundungsradius der A-Säule ist ein wichtiger Parameter für die aerodynamische Geräuscherzeugung. Bei Schräganströmung und kleinen Rundungsradien bis

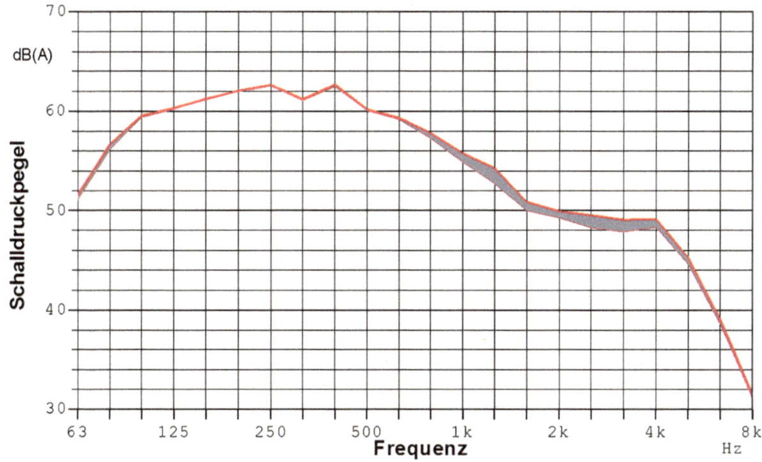

Abb. 6.11 Einfluss der Wasserfangleisten auf den Innenraumpegel bei 140 km/h, gemessen am Fahreraußenohr. (AUDI AG [5])

ca. 10 mm ändert sich zunächst wenig am Geräusch. Bei größeren Radien nimmt es jedoch deutlich ab. Dies bedeutet, dass Fahrzeuge mit großen A-Säulen-Radien akustisch weniger auf Schräganströmung reagieren und daher im realen Verkehr in turbulenter Anströmung weniger Modulationen (Lautstärkeschwankungen) im Innengeräusch aufweisen. Modulationen wirken sich allgemein sehr negativ auf den akustischen Komfort aus.

6.2.6 Hohlraumresonanzen

Bei Kraftfahrzeugen kommen zwei Arten von Hohlraumresonanzen vor. Zum einen Resonanzen, in denen der gesamte Fahrzeuginnenraum angeregt wird, z. B. durch ein offenes Fenster oder das geöffnete Schiebedach. Zum anderen Luftschwingungen in kleinen Hohlräumen, z. B. Nuten, Schlitzen, Rillen oder Bohrungen. Diese Resonanzen werden in ähnlicher Weise angeregt, wie dies bei der Erzeugung von Tönen durch das Überblasen eines Flaschenhalses geschieht. Der Hohlraum wirkt als eine Art Helmholtz-Resonator, dessen Eigenfrequenz stark vom Volumen des Hohlraumes abhängt. Im Resonanzfalle lösen sich an der Vorderkante der Öffnung kohärente Wirbelstrukturen ab, die auf die Hinterkante auftreffen und dort zu Druckwellen führen, die den Innenraum anregen und an der Vorderkante wiederum zur Ausbildung neuer Wirbelablösungen führen. Ob sich eine Resonanz ausbildet oder nicht, ist stark von der Relativgeschwindigkeit der Wirbelstrukturen abhängig, diese wiederum wird durch die Strömungsgeschwindigkeit bzw. Fahrgeschwindigkeit bestimmt.

Wummergeräusche bei geöffnetem Schiebedach treten daher z. B. nur in eng begrenzten Geschwindigkeitsbereichen auf (meist irgendwo zwischen 40 und 90 km/h). Wird die Eigenfrequenz des Innenraums verstimmt, z. B. durch Verändern der Zahl der Passagiere, so verändert sich auch der Geschwindigkeitsbereich, in dem Wummern auftritt. Schiebedachwummern erzeugt Schalldrücke bis ca. 130 dB bei Frequenzen um ca. 20 Hz und stellt eine bedeutende Komfortbeeinträchtigung dar. Eine Absenkung der Schallpegel kann dadurch erreicht werden, dass ein Auftreffen der Wirbelstrukturen auf die Hinterkante des Schiebedachs vermieden wird. Dies kann durch die Definition einer sogenannten Komfortstellung des Schiebedaches geschehen, in der der Öffnungsweg begrenzt ist. Erst beim weiteren Öffnen kommt es zum Wummern.

Des Weiteren werden Windabweiser vor dem Schiebedach eingesetzt, die einerseits das Wiederauftreffen der an der Vorderkante gebildeten Ablösungen auf Bereiche hinter der Schiebedachöffnung verlagern können, andererseits auch mit Wirbelerzeugern (z. B. Kerben, Schlitzen, Nuten, Noppen, Bohrungen) versehen werden können, die die Regelmäßigkeit dieser Ablösungen zerstören, siehe Abb. 6.12. Durch sie wird zwar das Rauschen im Umströmungsgeräusch prinzipiell erhöht, das Wummern wird deutlich gesenkt. Meist lässt sich ein akzeptabler Kompromiss finden. Die Abbildung zeigt unten im tieffrequenten Bereich über ca. 40 dB Verbesserung, oben aber lediglich 3 dB Verschlechterung durch den Windabweiser.

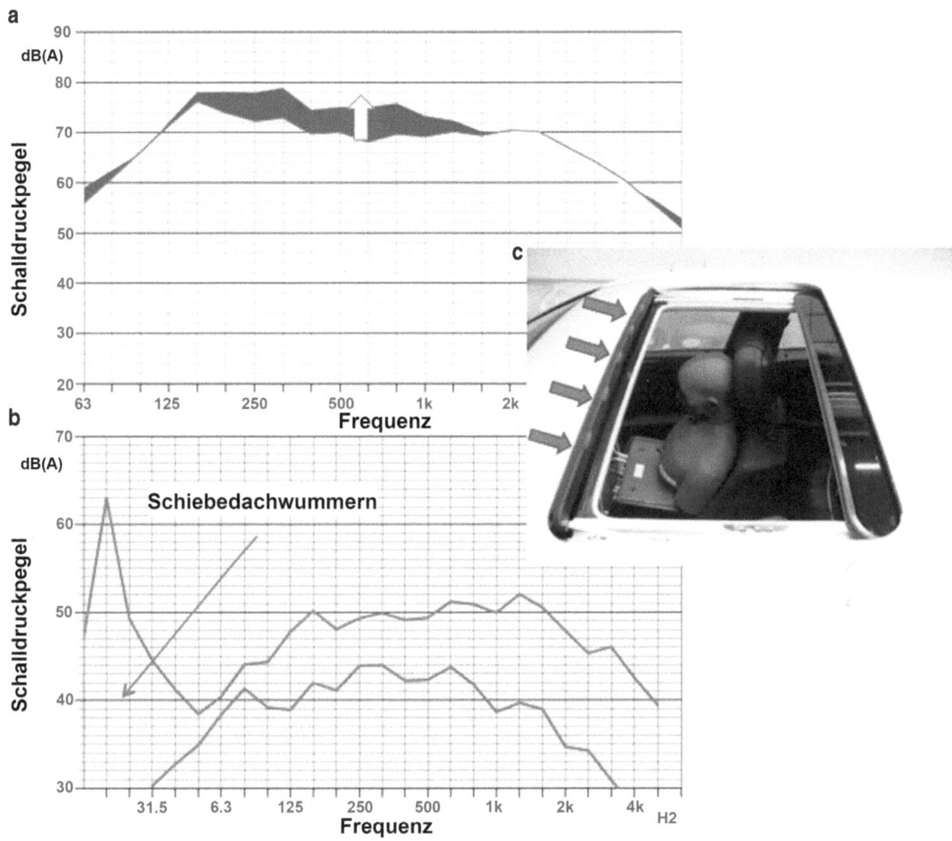

Abb. 6.12 Innengeräuschspektren bei geöffnetem Schiebedach mit und ohne Windabweiser vor dem Schiebedach bei 50 km/h (**a**) und 140 km/h (**b**), Windabweiser mit Kerben (**c**). (AUDI AG [5])

Neben diesen Möglichkeiten könnten in Zukunft weitere Techniken zur Bekämpfung des Schiebedachwummerns Bedeutung erlangen. So könnte die Anbringung einer beweglichen Lippe an der Schiebedach-Vorderkante sinnvoll sein, die durch Aktuatoren z. B. mit einem Rauschsignal angeregt wird und auf diese Weise die periodische Anregung stört.

Wie erwähnt, tragen auch kleinere Hohlräume zur Erzeugung von tonalen Geräuschen bei. So können z. B. Bohrungen in Achskörpern Pfeifgeräusche bei mehreren kHz hervorrufen, die auch im Fahrgastraum unangenehm auffallen können. Um derartige Geräuschanregungen zu vermeiden, sollten Schlitze und Bohrungen an der Karosserieaußenhaut und am Unterboden so weit wie möglich vermieden oder abgedeckt werden.

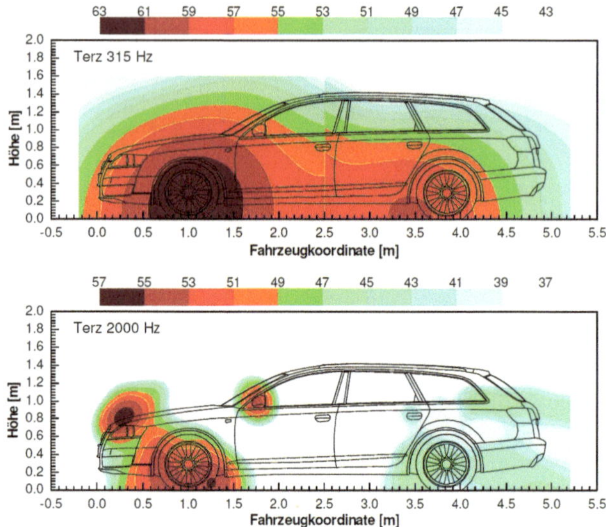

Abb. 6.13 Abstrahlcharakteristik eines Pkw in zwei unterschiedlichen Frequenzbereichen bei 140 km/h Anströmgeschwindigkeit. (AUDI AG [5])

6.2.7　Radhäuser

Besonders die vorderen Radhäuser sind nahezu über den gesamten Frequenzbereich die Hauptquellen für das aerodynamische Außengeräusch. Sie wirken sich jedoch u. a. wegen der ohnehin starken Geräuschdämmung der Spritzwand nur in geringem Maße auf das Innengeräusch aus. In Abb. 6.13 ist das Abstrahlverhalten eines Pkw für zwei Frequenzbereiche bei einer Anströmgeschwindigkeit von 140 km/h dargestellt.

Deutlich ist der Beitrag des vorderen Radhauses im gesamten Frequenzbereich zu erkennen. Das hintere Radhaus ist an der Geräuschabstrahlung typischerweise deutlich weniger und nur im oberen Frequenzbereich beteiligt. Auf dem hinteren Kotflügel ist der Einfluss der Antenne sichtbar.

Bisher ist nicht bekannt, wie sich die Raddrehung auf die Geräuschanregung in den Radhäusern auswirkt, da bei drehenden Rädern die Abrollgeräusche der Reifen nicht von den aerodynamischen Geräuschen getrennt werden können. Es ist jedoch zu vermuten, dass die Geräuschanregung durch die zusätzliche Drehbewegung der umströmten Radscheiben eher zunimmt. Auch sind Fälle bekannt, in denen an den Vorderrädern erzeugte Wirbelstrukturen zu Geräuscheinträgen an den hinteren Seitenscheiben führten.

6.2.8　Unterboden

Für tieffrequente Innengeräusche ist neben der Anregung durch Rollgeräusche beim Befahren von Straßen mit hoher Rauigkeit häufig die Unterströmung des Unterbodens verantwortlich. Diese Geräusche können äußerst lästig sein und den Komfort im Fahrzeug beträchtlich mindern. Die Luftkräfte werden am Unterboden in die Karosserie eingelei-

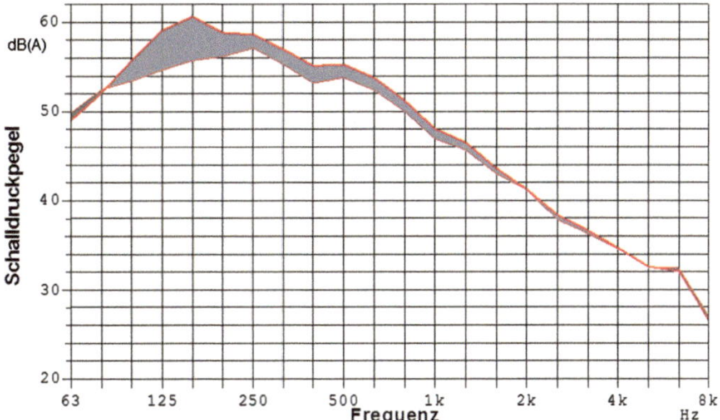

Abb. 6.14 Schalldruckpegel am linken Fahrerohr bei Serienzustand und bei geschlossenem Spalt zwischen vorderem Stoßfänger und Fahrbahn. (AUDI AG [5])

tet. Von dort aus breitet sich der Körperschall in der Fahrzeugstruktur aus und wird von bestimmten Teilflächen in den Innenraum abgestrahlt.

Dies können z. B. auch Dachflächen sein. Tiefgezogene Bugschürzen und eine möglichst glatte Ausführung der Fahrzeugunterseite können hier Abhilfe schaffen. Abb. 6.14 zeigt die Auswirkung einer Abdichtung zwischen vorderem Stoßfänger und Straße auf das Innengeräusch. Auf diese Weise wird der gesamte akustische Einfluss der Luftströmung unter dem Fahrzeug verdeutlicht. Besonders im Frequenzbereich unter 1 kHz macht sich die Wirkung der Unterbodenströmung bemerkbar.

Eine weitere Möglichkeit zur Reduzierung der am Unterboden angeregten Geräusche besteht in strukturellen Veränderungen im Bereich der abstrahlenden Karosserieflächen. Hierzu müssen diese Flächen zunächst identifiziert werden. Dies kann mit Beschleunigungsaufnehmern oder durch den Einsatz der Laser-Doppler-Vibrometrie geschehen. Abb. 6.15 zeigt als Beispiel die Schwingschnelleverteilung im Bereich der Fahrertür eines Pkw bei Strömungsanregung.

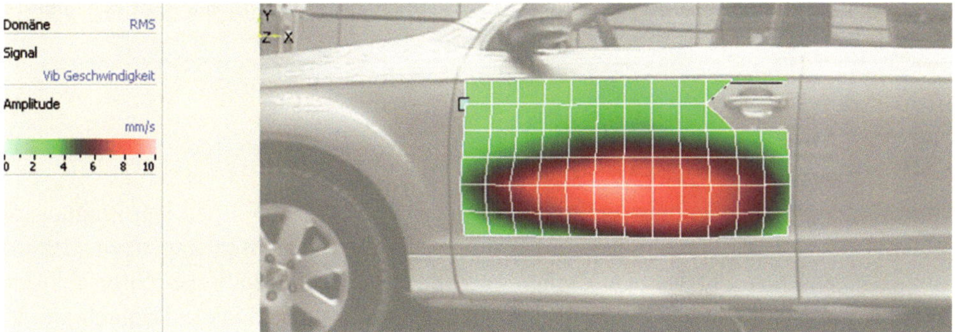

Abb. 6.15 Schwingschnelleverteilung an einer Pkw-Tür bei Anregung durch die Umströmung

Abb. 6.16 Einsatz einer hochdämmenden Zwischenfolie bei Verbundglas. (AUDI AG [5])

Abb. 6.17 Schalldruckpegel
im Fahrzeug bei verschiedenen
Verglasungsvarianten der vorderen Seitenscheiben. (AUDI
AG [5])

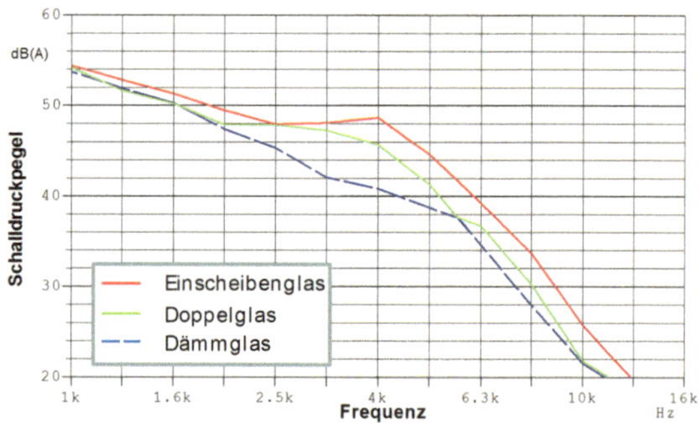

6.2.9 Verglasungseinfluss

Auch die Art und Dicke der Verglasung hat einen beträchtlichen Einfluss auf das Innengeräusch. Diverse Messungen zeigen, dass eine Erhöhung der Scheibendicke wesentlich zur
Reduzierung des Innengeräusches beiträgt. Auch durch den Einsatz einer hochdämmenden Zwischenfolie bei zweischaligem Scheibenaufbau (Abb. 6.16) kann eine deutliche
Geräuschsenkung im hochfrequenten Bereich erreicht werden, wie aus Abb. 6.17 hervorgeht.

6.2.10 Aeroakustik bei Cabriolets

Das Geräusch im Innenraum eines geschlossenen Cabriolets aufgrund Fahrzeugumströmung setzt sich im Wesentlichen aus den drei Anteilen Bauteilschwingungen, Umströ-
mungsgeräuschen und Undichtigkeiten zusammen. Durch periodische Wirbelablösung
resultiert auf den Bauteiloberflächen ein ständig wechselnder Druck. Dadurch werden
Bauteile lokal, aber auch global, zum Schwingen angeregt. Der für die Aeroakustik si-
gnifikante Frequenzbereich von Bauteilschwingungen liegt unter 200 Hz.

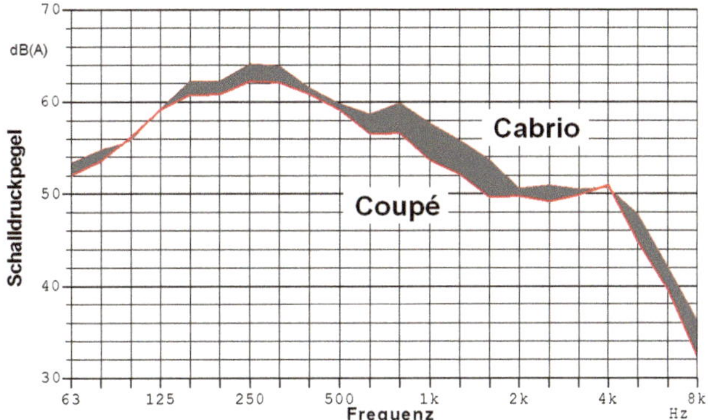

Abb. 6.18 Vergleich der Schalldruckspektren in einem Cabrio und einem Coupé des gleichen Fahrzeugtyps. (AUDI AG [5])

Bei Cabriolets sind in den letzten Jahren deutliche Verbesserungen erreicht worden. Zum einen werden zunehmend gefütterte Verdecke eingesetzt, die neben Vorteilen bei der Innenraumklimatisierung auch akustisch wirksam sind; zum anderen verhindern eingenähte Spriegel und straffer gespannte Stoffe unerwünschte Verdeckbewegungen, was sich sowohl auf die Akustik als auch auf das Balooning positiv auswirkt. Trotzdem sind, selbst bei ähnlich gutem Dichtungssystem, Cabrio-Fahrzeuge gegenüber Coupés akustisch immer noch im Nachteil, vgl. Abb. 6.18. Deutlich können die Einflüsse der Durchschallung im unteren Frequenzbereich erkannt werden. Auch das Dichtungssystem muss bei Cabrios besonders sorgfältig entwickelt werden. Besonderes Augenmerk ist hierbei z. B. auf Verzweigungen zu richten.

Auch im offenen Zustand weisen Cabrios akustische Besonderheiten auf. Während das eindringende Motorgeräusch, wenn es fahrzeugtypisch „designed" ist, von den Insassen meist positiv bewertet wird, wirken sich extreme Zugerscheinungen und Umströmungsgeräusche meist negativ aus. Gerade die Zugfreihaltung durch ein Windschott kann sich zusätzlich ungünstig auf die Geräuschentwicklung auswirken.

6.3 Verschmutzung

Die Benetzung und Verschmutzung der Oberfläche eines Fahrzeugs muss unter zwei Gesichtspunkten gesehen werden. Einmal unter dem Aspekt der Sicherheit, verdeutlich mit den Stichworten „Sehen und gesehen werden". Die Verschmutzung von Scheinwerfern und Signalleuchten, Scheiben und Seitenspiegeln, führt zu einer merklichen Beeinträchtigung ihrer Funktion und der Rundumsicht. Aber auch der Aspekt der Ästhetik darf nicht unterschätzt werden. Großflächige Ablagerungen von Schmutz lassen ein Fahrzeug nicht nur unschön aussehen, sondern beeinträchtigen auch den Komfort der Fahrgäste, da sie schmutzig werden können.

Die Fahrzeugverschmutzung lässt sich auf die zwei Ursachen, Fremd- und Eigenverschmutzung zurückführen. Bei der Fremdverschmutzung treffen schmutzige Wassertrop-

Abb. 6.19 Kräfte und Geschwindigkeitskomponenten am Tropfen. (AUDI AG [5])

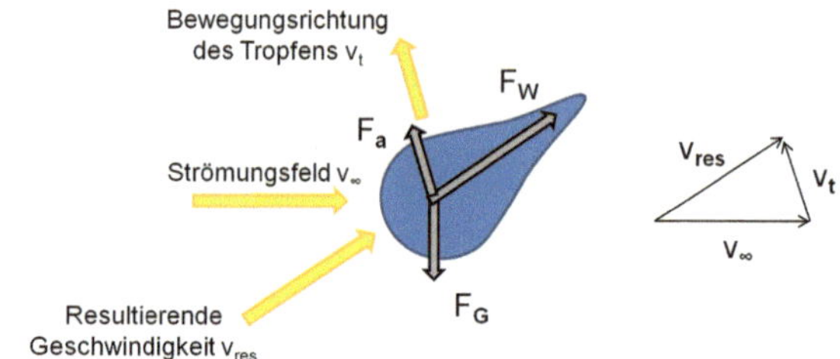

fen aus der Umgebung auf das Fahrzeug und bleiben dort haften, bzw. bilden fließfähige Wasserfilme. Unter Eigenverschmutzung wird Ablagerung und Filmbildung von durch das eigene Fahrzeug, insbesondere durch die drehenden Räder, aufgewirbelte Wassertropfen bzw. Schmutzpartikel verstanden. Ein Wassertropfen bewegt sich durch das Strömungsfeld, ggf. quer zu den Stromlinien, wobei auf ihn entsprechend Abb. 6.19 Trägheits-, Gewichts- und Widerstandskräfte wirken.

Kritischer Bereich bezüglich Rundumsicht sind die Seitenscheibe, die Rückspiegel, die Heckscheibe (besonders bei Vollheckfahrzeugen) sowie der Einstiegsbereich. Die Verschmutzung der Seitenscheibe lässt sich auf zwei Ursachen zurückführen. Zum einen bilden sich Rinnsale aus über die A-Säule laufendem Wasser, zum anderen lagert sich Sprühnebel bzw. lagern sich Tropfen auf der Seitenscheibe ab, verursacht durch die Umströmung des Außenspiegels. Abb. 6.20 zeigt das Verschmutzungsbild einer Seitenscheibe. Besonders kritisch ist hier der Bereich des Sichtfelds des Fahrers auf den Außenspiegel (Pfeil).

Die Auswirkungen einer überlaufenden A-Säule sind besonders bei niedrigen Geschwindigkeiten gravierend. Das Wasser fließt, bedingt durch die Gravitation, über die Seitenscheibe nach unten und kann somit einen Großteil der Seitenscheibe bedecken. Bei höheren Geschwindigkeiten wird der Einfluss des A-Säulenwirbels größer und die nach oben gerichtete Scherkraftkomponente wirkt der Gravitation entgegen, vgl. Abb. 6.21.

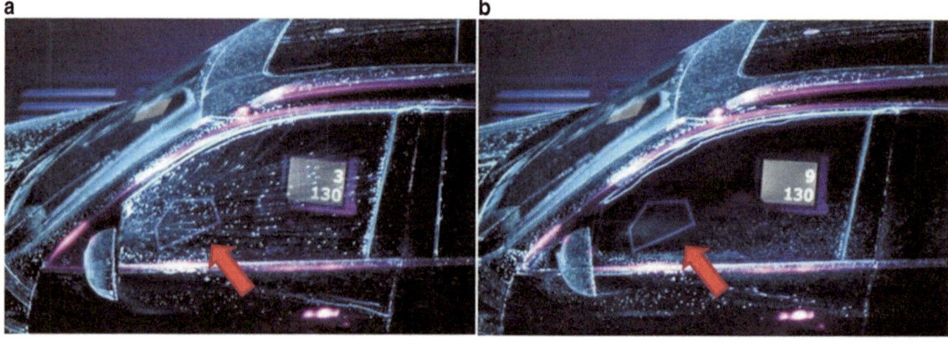

Abb. 6.20 Verschmutzungsbild der Seitenscheibe mit Sichtfeld im nichtoptimierten Zustand (**a**) und mit Maßnahmen (**b**). (AUDI AG [5])

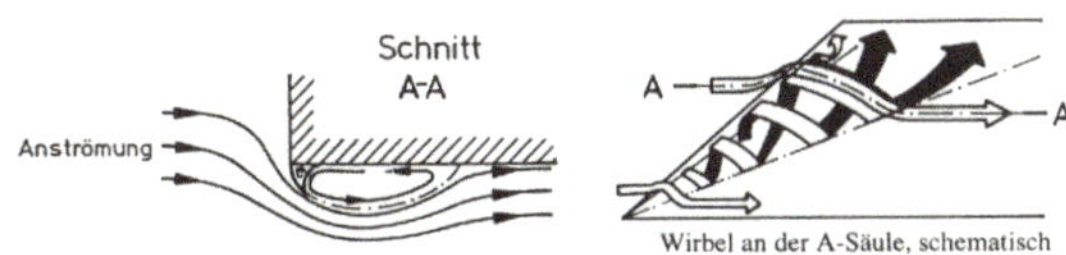

Abb. 6.21 Schematische Darstellung des A-Säulenwirbels

Das Wasser bildet ein Rinnsal und wird stromabwärts transportiert. Es gelangt nicht mehr ins Sichtfeld des Fahrers. Wasserfangleisten sind eine Maßnahme, das Überlaufen der A-Säule zu verhindern. Sie werden in den Rücksprung zwischen A-Säule und Frontscheibe geclipst oder geklebt und führen das Wasser zum Dach hin ab. Bei ihrer Gestaltung ist darauf zu achten, dass sowohl der Luftwiderstand als auch das Windgeräusch nicht negativ beeinflusst werden.

Die Benetzung des Spiegelglases ist ein weiterer Entwicklungsaspekt. Ein stark benetztes Glas behindert die Sicht nach hinten. Abb. 6.22 zeigt ein Spiegelglas mit recht starker Benetzung (a) und eine optimierte Ausführung mit guter Sicht nach hinten (b). Entsprechende Maßnahmen können eine Nut im Spiegelgehäuse oder ein Abweiser an der Gehäuseunterseite sein, vgl. Abb. 6.23. Der Spoiler im Spiegeldreieck dient dagegen zur Optimierung der Seitenscheibenverschmutzung.

Der Heckbereich verschmutzt dadurch, dass sich im Totwasser Schmutzpartikel sammeln und infolge der Wirbelbewegung zur Karosserieoberfläche transportiert werden. Es gibt drei Wege, auf denen Festpartikel in das Hecktotwasser gelangen können. Von den drehenden Rädern wird Schmutz nach hinten abgeschleudert. Er gelangt in das Hecktotwasser und wird durch die Rückströmung auf die Fahrzeugoberfläche transportiert. Staub tritt aber auch seitlich aus den Radhäusern aus und wird von der Außenströmung stromabwärts getragen. Außerdem führt die turbulente Strömung unter dem Fahrzeug Partikel mit sich, die bei Erreichen des Hecks in die abgelöste Strömung mit eingemischt werden.

Mit aerodynamischen Mitteln lässt sich diese Heckverschmutzung nur in Grenzen beeinflussen. Mit einem Spoiler am Dachende (vgl. Abb. 6.24) kann ein sauberer Luftstrom

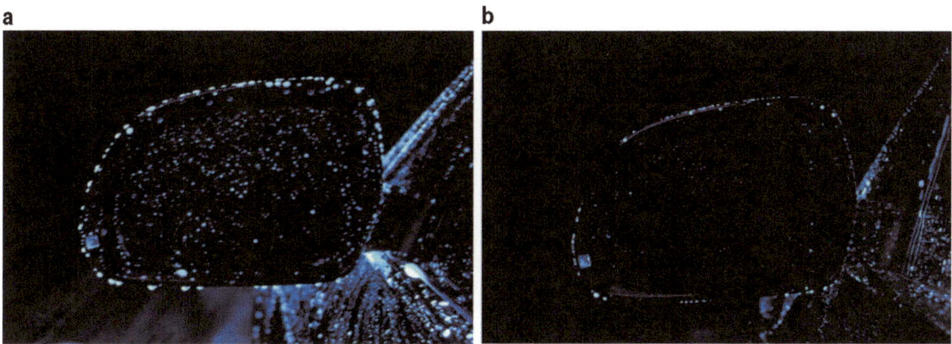

Abb. 6.22 Verschmutzungsbild des Spiegelglases im nichtoptimierten Zustand (**a**) und mit Maßnahmen (**b**). (AUDI AG [5])

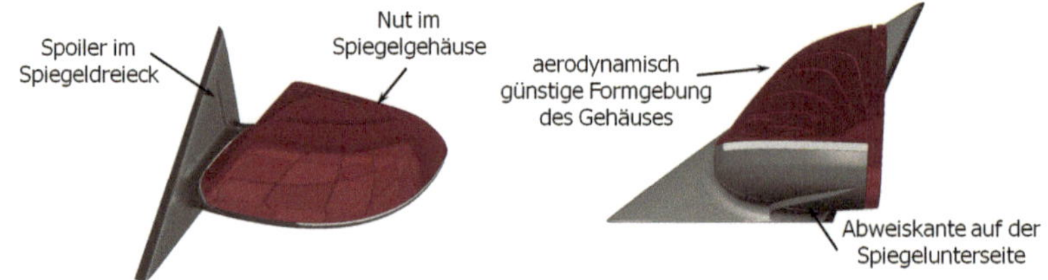

Abb. 6.23 Maßnahmen am Spiegelgehäuse zur Verminderung des Benetzung des Spiegelglases eine AUDI Q5. (Wagner [59])

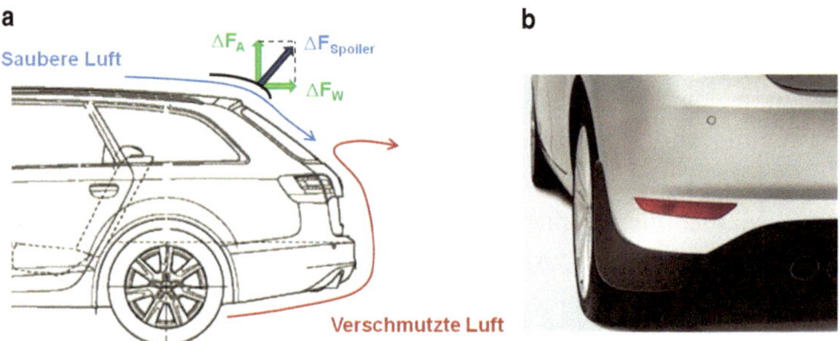

Abb. 6.24 Leitblech zur Reduzierung der Heckverschmutzung beim Vollheck (**a**), Schmutzfänger hinter den Hinterrädern zur Beeinflussung der Heckklappenverschmutzung (**b**)

aus der Dachströmung abgezweigt und nach unten abgelenkt werden. Derartige Flügel führen aber zu einer merklichen Zunahme des Widerstandes und des Auftriebs an der Hinterachse (Impulssatz!). Eine weitere Maßnahme ist die Befestigung von Schmutzfängern hinter den Rädern, vgl. Abb. 6.24b.

6.4   Bauteilbelastungen

Die Verformung und Lageänderung von Bauteilen, wie Motorhaube, Heckdeckel, Türen oder Schiebedach, lässt sich anhand der Druckkraft auf die Fahrzeugoberfläche ermitteln. Diese ist ein Resultat der Druckverteilung und der jeweiligen Bauteiloberfläche. Eine solche Druckverteilung ist in Abb. 6.25 dargestellt. Deutlich erkennbar sind die Unterdrücke im Bereich der Motorhaube, des Schiebedachs und der Seitenfenster. Bei Türen und Scheiben geht es in erster Linie um deren Steifigkeit und Dichtwirkung. Kritisch sind vor allem rahmenlose Türen und Scheiben. Der untere Teil ist fest fixiert, während sich der obere Teil verformen oder bewegen kann. Durch die vom A-Säulenwirbel induzierten Unterdrücke und der daraus folgenden Druckdifferenz zwischen Innen- und Außenseite kommt es zu einer Kraft, die den Türrahmen und die Scheibe nach außen drückt. Die Funktionssicherheit der Tür- und Scheibendichtungen ist nicht mehr gewährleistet und es kommt zu Undichtigkeiten mit hochfrequenten Geräuschanteilen.

Abb. 6.25 Verteilung des Oberflächendrucks auf der Fahrzeugoberfläche aus CFD

Die Kräfte auf die einzelnen Bauteile können insbesondere dann hohe Beträge annehmen, wenn ein Schiebewinkel der Strömung vorhanden ist. Die Kräfte auf der Leeseite sind größer, da sich dort hohe Unterdrücke einstellen, vgl. Abb. 6.26. Ebenfalls zu beachten sind die Kräfte und Momente auf bewegliche Karosserieteile, wie Hauben und Deckel. Wegen der hohen Saugspitze an der Haubenvorderkante treten vor allem am vorderen Deckel große Kräfte auf. Ein Absenken der Haube oder ein größerer Radius an deren Vorderkante reduzieren die Saugspitze.

Auch Scheibenwischer unterliegen einer ins Detail gehenden aerodynamischen Entwicklung, damit ihre Funktionsfähigkeit auch bei hohen Fahrgeschwindigkeiten und starkem Regen gewährleistet ist. Aufgrund der Bewegung des Scheibenwischers können drei Phasen unterschiedenen werden. In der Ruheposition befindet sich der Scheibenwischer im Vorstaugebiet der Windschutzscheibe. Während des ersten Teils des Arbeitsspiels bewegt sich der Wischer nach oben. Anfänglich ist er einer nahezu senkrechten Anströmung ausgesetzt. Im oberen Totpunkt erfolgt die Anströmung dann annähernd parallel zu dem Wischerblatt. Der „worst case" während eines Arbeitsspiels tritt allerdings beim Zurück-

Abb. 6.26 Druckänderung am Kotflügel in Abhängigkeit vom Anströmwinkel. (AUDI AG [5])

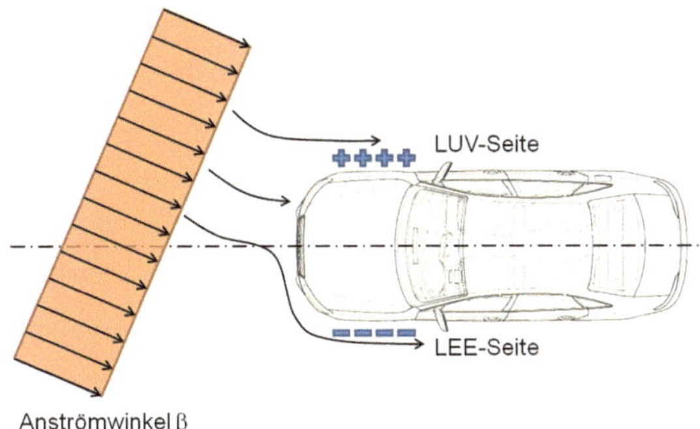

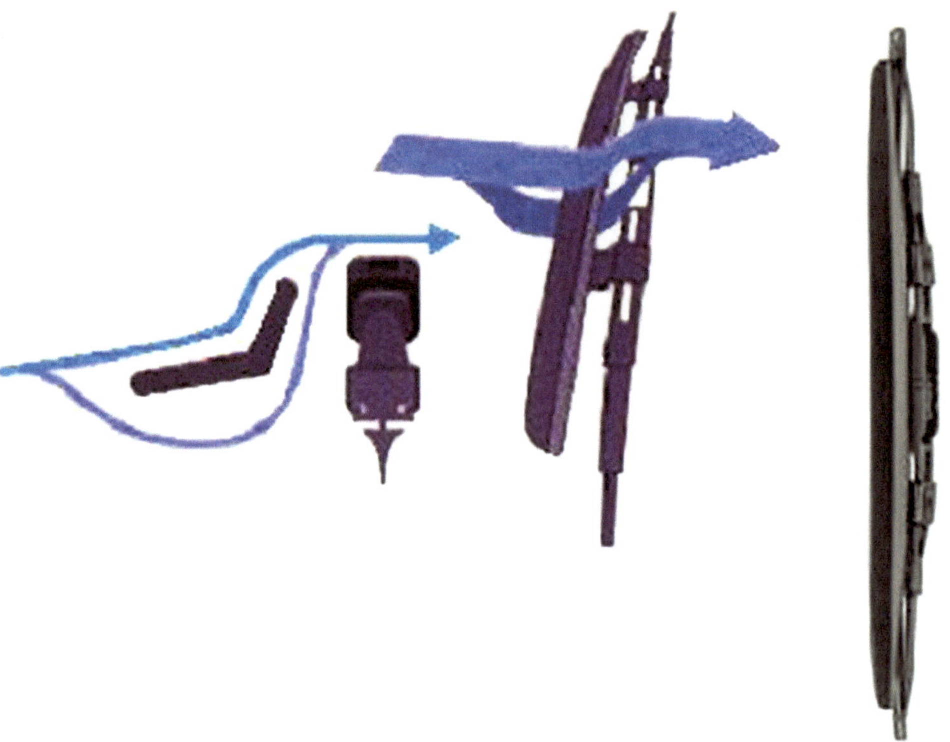

Abb. 6.27 Wischerspoiler mit angedeuteter Luftströmung (Quelle: Denso)

laufen des Wischers ein, da er sich gegen die Strömungsrichtung bewegt und die so auftretende lokale Geschwindigkeit am Wischer am höchsten ist. Eine Möglichkeit, das Abheben des Wischers zu verhindern, ist das Anbringen eines Spoilers auf dem Wischerblatt. Dieser drückt Bügel und Wischergummi nach unten (vgl. Abb. 6.27), weil durch die negative Wölbung Abtrieb erzeugt wird.

6.5   Bremsenkühlung

Um Schäden und Betriebsbeeinträchtigungen zu vermeiden, werden die Radbremsen, und im Besonderen die Bremsscheiben, u. a. auf eine maximal zulässige Temperatur ausgelegt. Als Folge thermischer Überbeanspruchung treten nach [53] folgende Effekte auf:

- Reibwertverlust („fading"),
- lokale Hitzeflecken („hot spots") mit punktueller Verflüssigung von Teilkomponenten und Entstehung eines Luftkisseneffekts,

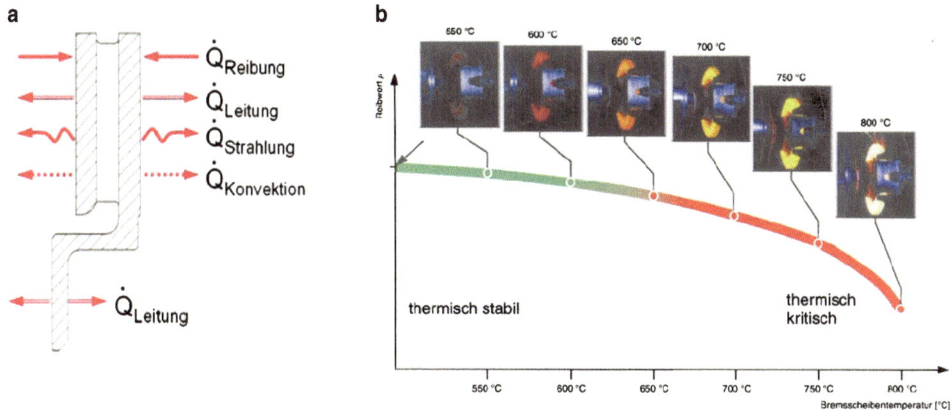

Abb. 6.28 Wärmeübertragungsmechanismen (**a**) und Abnahme des Reibbeiwerts über der Scheibentemperatur (**b**). (Heißing et al. [19])

- störende Geräusche, z. B. Bremsenquietschen und -rubbeln durch aus den Belägen ausgasende und in die Scheibe diffundierende Stoffe,
- erhöhter Belagverschleiß,
- Festigkeitsprobleme in Klebeverbindungen zwischen Belag und Rückplatte,
- unzulässige thermische Verformungen,
- Verdampfung von Bremsflüssigkeit (vor allem bei kurzzeitigem Stillstand des Fahrzeugs), dadurch deutliche Verminderung der Bremskraft,
- Lagerschäden durch übermäßige Wärmeableitung,
- Temperaturrisse in der Scheibe,
- gefährliche Veränderung der Bremskraftverteilung.

Diese Schäden lassen sich durch eine ausreichende Kühlung der Bremse vermeiden. Die beim Bremsvorgang produzierte Wärme wird zu ca. 90 % in die Bremsscheibe und zu ca. 10 % in den Bremsbelag eingebracht. Die Abgabe dieser Wärme erfolgt dann durch Konvektion, Strahlung und Wärmeleitung in die angrenzenden Bauteile. Hierbei ist der konvektive Wärmeübergang vorherrschend. Dieser wird maßgeblich von der Strömung im Radbereich beeinflusst. Vor allem der Reibwertverlust („fading"; engl. to fade = schwinden) zwischen Scheibe und Belag infolge von Überhitzung ist hierbei zu vermeiden, vgl. Abb. 6.28.

Die Verbesserung des konvektiven Wärmeübergangs kann durch gezieltes Anströmen der Bremse erreicht werden. Abb. 6.29 zeigt eine Simulation der Strömung im Bereich der Bremse mit einem optimierten Luftleitblech. Hierbei konnte ein gezielter Luftstrom der Bremsscheibe zugeführt werden. Ein für den Wärmeübergang hinderliches Rezirkulationsgebiet wurde beseitigt.

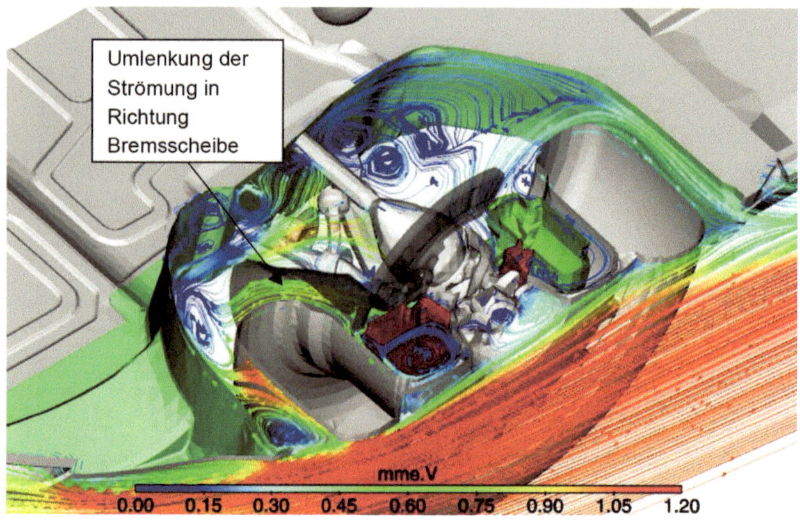

Abb. 6.29 Numerische Simulation eines aerodynamisch optimierten Luftleitblechs. (VW AG [60])

Die im Straßenversuch bestimmten Bremszyklus-Endtemperaturen sind ebenfalls dargestellt. Im Vergleich zur Basisvariante ohne Leitblech konnte eine Temperaturabsenkung von 12 % erreicht werden, vgl. Abb. 6.30.

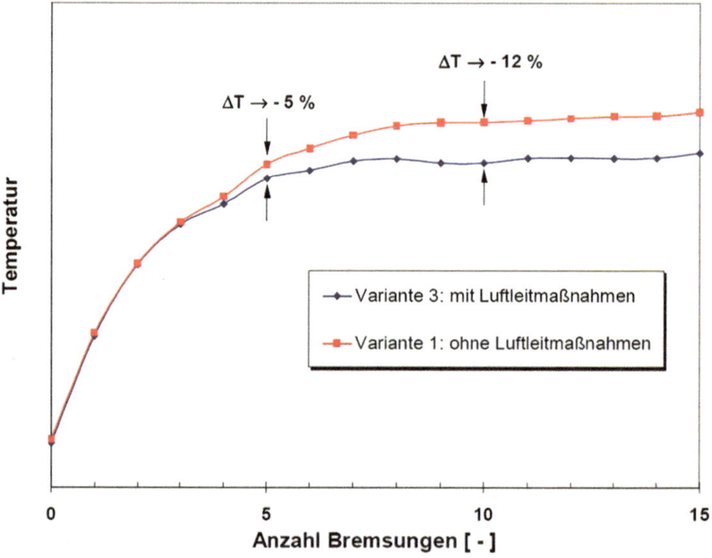

Abb. 6.30 Auswirkung des optimiertem Luftleitblechs auf die Scheibentemperatur. (VW AG [60])

Abb. 6.31 Schematische Anströmung des Rad- und Bremsenbereichs aus der Unterbodenströmung. (Appel et al. [3])

Die zu erwartende Strömung an der Bremsanlage kann bei detaillierter Betrachtung aufgeteilt werden in die Durchströmung und die Umströmung. Beide Teile stellen sich aufgrund der geometrischen Gegebenheiten im Radbereich äußerst komplex dar. Während die Umströmung hauptsächlich von der Fahrzeug- und Radgeometrie und der resultierenden Radhausströmung abhängt, wird die Durchströmung primär durch die Form der Kühlkanäle und die Druckverhältnisse am inneren und äußeren Scheibenrand bestimmt. Da sich die Radbremse mit ihrer Bremsscheibe im Allgemeinen im Inneren des jeweiligen Rads befindet, entspricht die Anströmung der Radbremse derjenigen des jeweiligen Rads.

Bei den meisten Fahrzeugen ist die vordere Bremse von größerer Bedeutung als die hintere Bremse, da an der Vorderachse aus fahrdynamischen Stabilitätsgründen höhere Bremskräfte zugelassen werden. Somit spielt die Anströmung der Vorderräder eine wichtige Rolle. Der zu den Vorderrädern gerichtete Luftstrom wird aus der im Bereich des Vorderwagens divergenten Unterbodenströmung abgezweigt. Es resultiert eine Schräganströmung der Vorderräder bezogen auf die Radmittelebene. Nach der Umlenkung des Luftstroms in Richtung Rad und Bremse und im weiteren Verlauf durch den Innenbereich der Felge strömt die Luft durch die rotierende Felge aus. Der wirksame Druckgradient wird hierbei auch durch die Ventilationswirkung der Felge bestimmt. Die schematische An- und Abströmung zeigt Abb. 6.31. Die Strömung kann durch Bremsenanbauteile beeinflusst werden, um den Wärmeübergang zu erhöhen. Hierzu zählen unter anderem geeignete Bremsenschutzbleche und Luftleitschaufeln.

Die Durchströmung der Bremsscheibe trägt erheblich zum Wärmeübergang bei. Sie wird durch die Bauweise der Bremsscheibe selbst und ebenfalls von den im unmittelbaren Umfeld angeordneten Bauteilen (bspw. Schutzblech) beeinflusst. Abb. 6.32 zeigt schematisch die Strömung in dieser Umgebung und die Strömungsumlenkung und -behinderung durch ein Bremsenschutzblech.

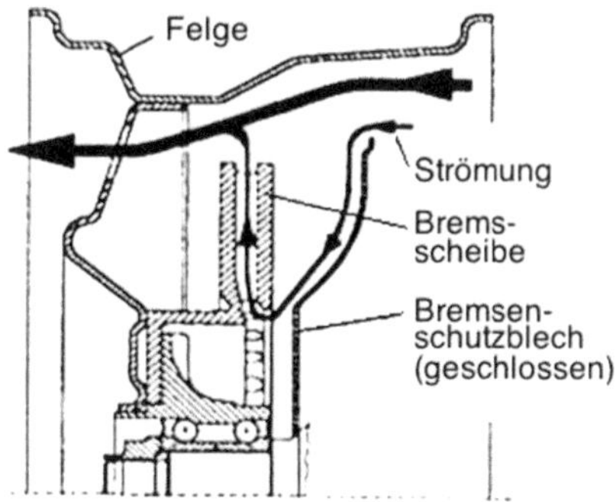

Abb. 6.32 Qualitative An- und Durchströmung der Bremsscheibe. (Schölzel [51])

In Abb. 6.33 ist der Einfluss verschiedener Geometrieveränderungen im Bremsenumfeld des obigen Fahrzeugs dargestellt. Das Verschließen des NACA-Kühlkanals verschlechtert die Abkühlsituation etwas, das Demontieren des Schutzblechs bringt eine merkliche Verbesserung mit sich, und auch die Felgenform zeigt einen Einfluss.

Besonders bemerkenswert ist aber die Verschlechterung, die sich beim Verschließen der Motorkühlluftführung ergibt. Diese Kühlluft strömt in die Radkästen aus und fördert deren Entlüftung und damit auch die Bremsenkühlung. In diesem Falle ist der Einfluss des NACA-Kanals stärker zu bewerten, weil dieser dann den einzigen gezielten Luftstrom zur Bremse führt.

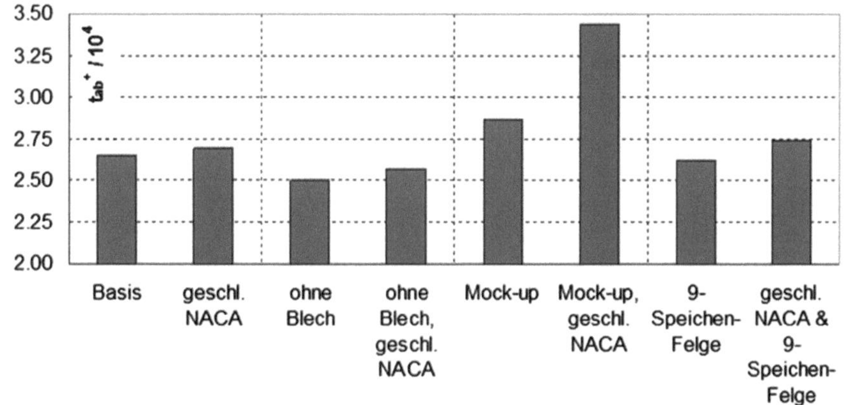

Abb. 6.33 Abkühlzeit der Bremsscheibe des AUDI RS4 bei verschiedenen Geometrievarianten im Bremsenumfeld. (Schütz [53])

Auf der Straße fahrend, unterliegt ein Fahrzeug vielen verschiedenen Einflüssen wie Topographie, Verkehrsgeschehen, Wetter usw. Dabei wechseln ständig Beschleunigungen, Geschwindigkeiten, Steigungen, Beladungen, natürlicher Wind, Feuchtigkeit, Lufttemperatur etc. Untersuchungen auf Prüfständen ohne äußere Störungen und unter kontrollierten Bedingungen durchzuführen, hat den Vorteil, eine oft umfangreiche, spezialisierte und gewichtige Messausstattung verwenden zu können und reproduzierbare Ergebnisse zu erhalten. Außerdem sind Luftkräfte, Strömungsgeschwindigkeiten und Drücke im Fahrbetrieb schlecht zu messen.

Der Windkanal ist ein solcher Prüfstand. Luftwiderstand, Seitenwindeinfluss, Innenraumbelüftung, Geräuschentwicklung, Verschmutzungsverhalten, Scheibenwischerfunktion etc. können dort ohne den Einfluss der übrigen Fahrumstände, des Wetters und ohne Gefährdung anderer ermittelt werden. Im Gegensatz zur Straße wird dabei im Windkanal die Bewegungssituation umgekehrt. Das Fahrzeug steht fix positioniert in einer Messkammer, die Luft wird relativ zum Fahrzeug bewegt, während auf der Straße das Fahrzeug sich durch ruhende Luft bewegt.

Seit den 1930er-Jahren wurde Fahrzeugaerodynamik zunächst in Kanälen der Luftfahrtindustrie gemessen. Heutige spezielle Fahrzeugwindkanäle sind Weiterentwicklungen aus diesen Luftfahrtwindkanälen. Dabei ist eine Reihe von Vorkehrungen zu treffen, damit die Strömungsverhältnisse im Windkanal denen auf der Straße entsprechen. Oftmals steht das Fahrzeug im Windkanal auf ruhendem Boden und wird mit einem Luftstrahl begrenzten Querschnitts angeströmt. Der Luftstrom sollte aber eigentlich sehr breit und hoch sein und der Boden relativ zum Fahrzeug mit Fahrgeschwindigkeit bewegt (bzw. die Räder mit entsprechender Drehzahl gedreht) werden. Bauteile, die sich innerhalb einer vorhandenen Bodengrenzschicht oder in einem von den Windkanalwänden selbst gestörten Strahl befinden, haben andere Oberflächendrücke und erfahren damit andere Luftkräfte. Viele Maßnahmen im Windkanal dienen der Verbesserung der Randbedingungen, um möglichst dem realen Fahrbetrieb entsprechende Messergebnisse zu erhalten. Eine Messung des

© Springer Fachmedien Wiesbaden 2016

T. Schütz, *Fahrzeugaerodynamik*, ATZ/MTZ-Fachbuch, DOI 10.1007/978-3-658-12818-0_7

wirklichen Luftwiderstands bei Straßenfahrt als objektiver Maßstab gelang indes bisher nicht.

7.1 Windkanalbauweisen

Fahrzeugwindkanäle können aufgrund der folgenden Eigenschaften klassifiziert werden nach:

- Art der Messstrecke (vgl. auch Abb. 7.1):
  - Offene Messstrecke
  - Geschlossene Messstrecke
  - Feste Wände entsprechend den erwarteten Stromlinien geformt
  - Geschlitzte Wände
  - Fallweise anpassbare Wände
- Luftführung (vgl. Abb. 7.2):
  - Offene Luftführung (Eiffel- oder NPL-Windkanäle)
  - Geschlossene Luftführung (Windkanal Göttinger Bauart) in horizontaler, vertikaler und verzweigter Ausführung
- Physikalische Messgrößen:
  - Aerodynamik für Kraftmessungen
  - Akustik für Windgeräuschmessungen
  - Thermo- und Klimawindkanäle für thermische Versuche
  - Windkanäle für Verschmutzungs- und Nässeuntersuchungen

Der Einfluss der Messstrecke und die daraus resultierenden Vor- und Nachteile der einzelnen Bauweisen werden im weiteren Verlauf nochmals tiefergehend diskutiert, vgl. Abschn. 7.3. Die Ausbildung der neueren Fahrzeugwindkanäle von großen OEMs (AUDI 1998, BMW 2009, u. a.) und Dienstleistern (Uni Stuttgart 1988, u. a.) als Kanäle mit offener Messstrecke sowie eine Reihe von Ringvergleichen (vgl. EADE) zeigt die vorteilhaften Eigenschaften der offenen Messstrecke.

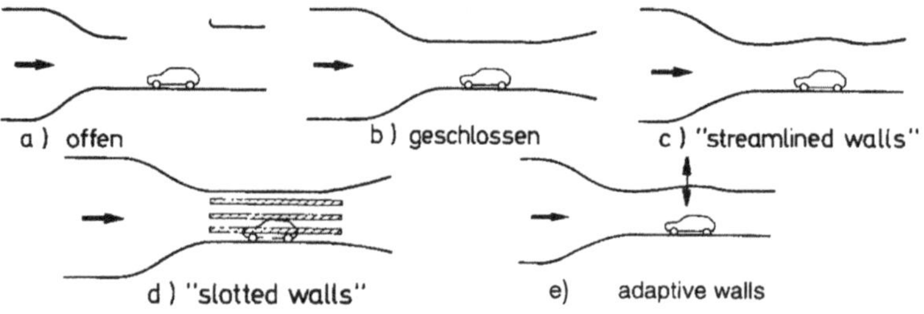

Abb. 7.1 Klassifizierung der Fahrzeugwindkanäle nach der Art der Messstrecke. (Vgl. Schütz [54])

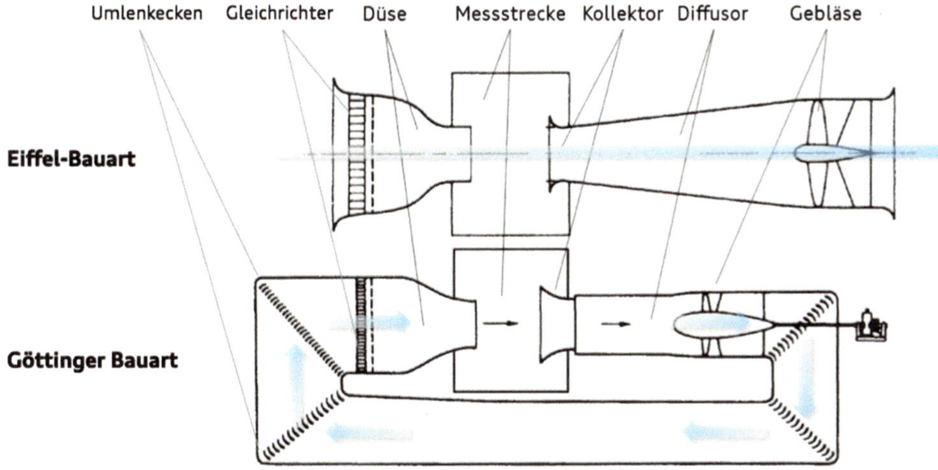

Abb. 7.2 Klassifizierung der Windkanäle nach der Art der Luftführung, Prinzipskizzen eines Eiffel-Windkanals (*oben*) und eines Windkanals Göttinger Bauart. (Nach Wüst [64])

Die Luftführung wird bei industriell genutzten Fahrzeugwindkanälen meist geschlossen gestaltet, da somit bei der Beschleunigung der Luft enorme Energiemengen und damit Kosten eingespart werden können. Während bei einem Eiffelkanal im Betrieb permanent Umgebungsluft auf Betriebsgeschwindigkeit gebracht werden muss, reicht nach einmaliger Beschleunigung der Luftmasse beim Kanal Göttinger Bauart im Stationärbetrieb die Kompensation der Reibungsverluste aus, vgl. Abb. 7.2. Im Bild ebenfalls dargestellt sind die wichtigsten Bauelemente Düse, Messstrecke, Kollektor, Diffusor, Gebläse und Umlenkecken.

Die Strömungsgleichrichter sorgen zunächst für eine korrekte Ausrichtung der Strömung, für einen niedrigen Turbulenzgrad der Anströmung und für ein Zerfallen der großen Wirbelstrukturen des Gebläses. In der Düse wird die Strömung auf Messgeschwindigkeit beschleunigt, wodurch der Turbulenzgrad weiter herabgesetzt wird. In der Messstrecke wird das Messobjekt positioniert. Der Kollektor fängt dann die über das Fahrzeug strömende Luft wieder ein und bestimmt darüber hinaus die Druckverteilung im Windkanal. Im Diffusor wird die Strömung verzögert. Von den Umlenkecken wird die Strömung wieder Richtung Düse zurückgeführt. Das Gebläse ist für die Beschleunigung und für den Erhalt der Strömungsbewegung nötig.

7.2 Konditionierung der Fahrzeugan- und -umströmung

Je näher die Versuchsbedingungen an einem Prüfstand der Realität kommen, desto realistischer und wertvoller sind auch die Messergebnisse. Das Fahrzeug bewegt sich über der ruhenden Straße mit drehenden Rädern durch ruhende Luft, ggf. mit im Vergleich zur

Fahrgeschwindigkeit langsamen natürlichen Winden. Bei der konventionellen Windkanaltechnik wird das Fahrzeug mit nichtrotierenden Rädern und stehendem Boden untersucht, d. h. es existiert keine Simulation der Relativbewegung zwischen Fahrzeug und Fahrbahn und der Raddrehung. Rotierende Räder beeinflussen einerseits die Umströmung der Fahrzeugunterseite sowie andererseits das Strömungsfeld im Bereich des Kühlluftaustritts [30]. Sie verursachen, abhängig von den verwendeten Reifen und Felgen, Strömungsverwirbelungen, was sich in Verlusten bemerkbar macht. Die Rotation der Räder reduziert dabei im Vergleich zu stehenden Rädern die Stärke der entstehenden Wirbel. Aufgrund der fehlenden Relativbewegung bildet sich eine windkanalspezifische Bodengrenzschicht aus, die insbesondere bei der Umströmung der Fahrzeugunterseite Bedeutung hat. Es entsteht ein windkanalspezifisches Strömungsfeld auf der Fahrzeugunter- und eventuell auch auf der Fahrzeugoberseite. Dies hat besonderen Einfluss auf die Untersuchung niedriger Fahrzeuge mit geringer Bodenfreiheit, wie beispielsweise eines Rennsportwagens, und auf die Analyse der Räderumströmung. Insbesondere die Abtriebsverhältnisse können mit konventioneller Windkanaltechnik nicht untersucht werden, da aufgrund der genannten Bodeneffekte die Druckverhältnisse der Fahrzeugunter- und Oberseite nicht der beim praktischen Betrieb auf der Straße entsprechen.

Doch auch bei konventionellen Fahrzeugen ist das Erzeugen eines straßenähnlichen Strömungsfeldes wünschenswert, da somit z. B. Optimierungen der Fahrzeugunterseite realistisch durchgeführt werden können. Insofern entsteht die Motivation für eine Bodensimulation im Windkanal durch

- Beseitigen der WK-Grenzschicht durch Absaugen und Ausblasen (Widerstandserhöhung),
- die Darstellung der Relativbewegung zwischen Fahrzeug und Fahrbahn (Widerstandserhöhung) und durch
- die Simulation der Radrotation mit Laufbändern und Rollen (Widerstandsreduzierung).

Weiterhin ist auf der Straße durch vorausfahrende Fahrzeuge, aber auch durch natürliche Winde, ein gewisses Maß an Strömungsturbulenz vorhanden. Das Ziel im Prüfstandsbau muss es also sein, genau diese Randbedingungen bei der Messung zu berücksichtigen. Im Folgenden soll auf die beiden Punkte Bodensimulation und Turbulenz eingegangen werden. Die Auswirkungen der Bodensimulation auf die Kraftbeiwerte zeigt Abb. 7.3 für ein beispielhaftes Fahrzeug.

7.2.1 Grenzschichtkonditionierung

Wie bereits erwähnt, werden die wandnahen Strömungsschichten aufgrund der allgemeinen Haftbedingung in Verbindung mit den Zähigkeitskräften des Fluids abgebremst. Während bei Straßenfahrt sich das Fahrzeug über ruhendem Boden durch ruhende Luft bewegt, mithin also keine Relativbewegung zwischen Luft und Boden besteht, ist bei konventio-

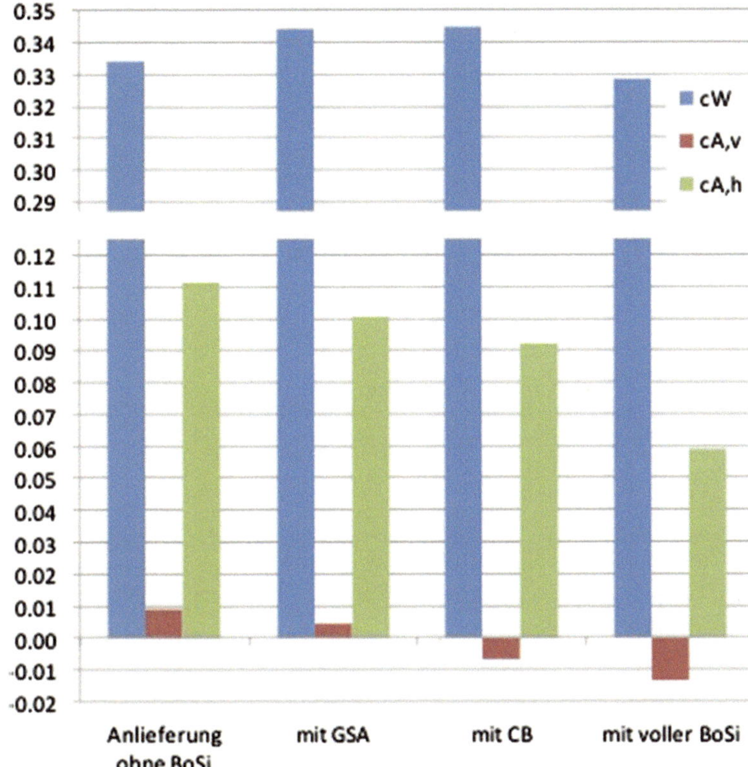

Abb. 7.3 Widerstands-, Vorderachsauftriebs- und Hinterachsauftriebsbeiwert ohne Bodensimulation, nur mit Grenzschichtvorabsaugung (GSA), mit zusätzlichem Mittenlaufband (Centerbelt CB) und mit zusätzlicher Raddrehung (volle Bodensimulation)

nellen Windkanalmessungen eine Relativbewegung zwischen der bewegten Luft und dem Boden vorhanden. Es kommt hier (entsprechend Abb. 3.7, Abschn. 3.1.5) zur Ausbildung einer Grenzschicht. Effekte, die durch die Bodenbindung des Fahrzeugs sich aerodynamisch auswirken (sog. Bodeneffekte), werden am Prüfstand verfälscht, wenn keine Maßnahmen unternommen werden, die Grenzschicht zu entfernen oder sich gar nicht erst ausbilden zu lassen.

Eine sich ausbildende Grenzschicht besitzt eine Verdrängungswirkung. Mit zunehmender Laufstrecke kann weniger transportiert werden, d. h. es muss Luft aus der Grenzschicht verdrängt werden. Daraus resultiert eine Geschwindigkeitskomponente senkrecht zur Strömungsrichtung am Grenzschichtrand. Bei der Grenzschichtbeeinflussung wird z. B. Einfluss auf diese senkrechte Geschwindigkeitskomponente genommen, indem Luft aus der Grenzschicht abgesaugt oder Luft in die Grenzschicht geblasen wird. Denkbar sind sogenannte Vorabsaugungen oder Grenzschichtabscheidungen mit Hilfe eines Scoops, aber auch verteilte Absaugungen über große Teilen des Windkanalbodens. Abb. 7.4 zeigt

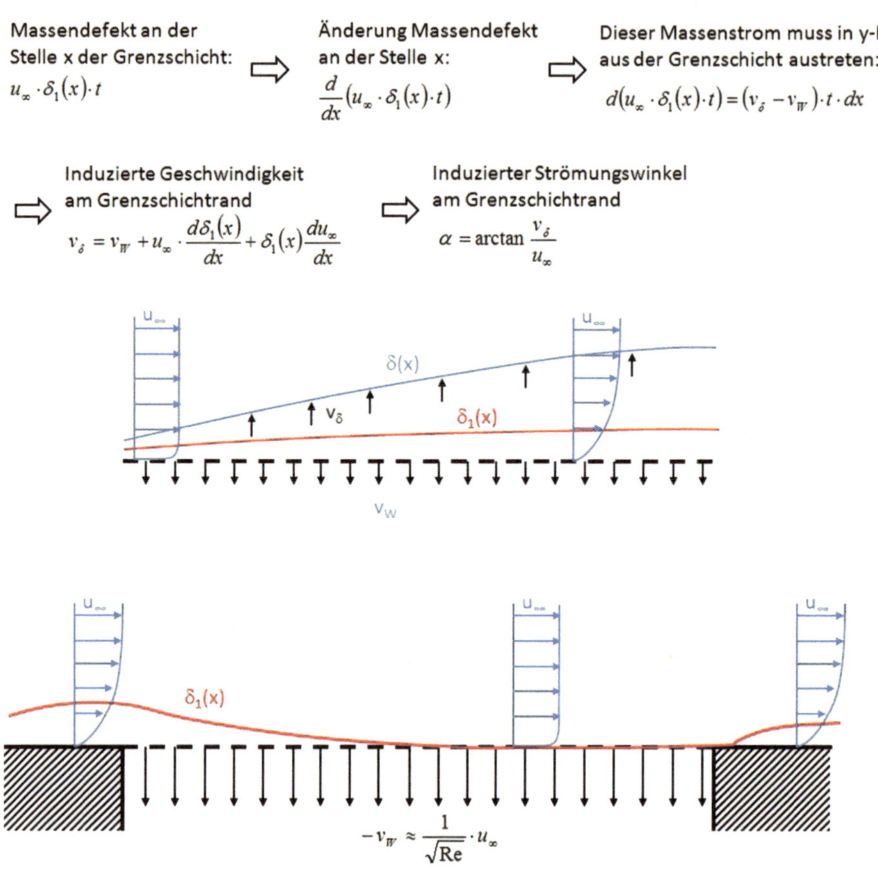

Abb. 7.4 Einfluss von verteiltem Absaugen auf die Bodengrenzschicht. (Wiedemann [72])

ein verteiltes Absaugen der Grenzschicht über mehrere Öffnungen im Boden entlang der Laufstrecke.

Durch das Absaugen wird eine senkrechte Geschwindigkeitskomponente erzeugt, die Luft aus der Grenzschicht saugt. Das Aufweiten der Grenzschicht wird dadurch verhindert, bzw. je nach Stärke des Absaugens wird die Grenzschicht verdünnt. Am Ende der Absaugstrecke bildet sich von neuem eine Grenzschicht, die sich in ihrer Lauflänge entsprechend der Abbildung aufweitet.

Beim tangentialen Ausblasen wird ein Luftstrahl mit hoher Strömungsgeschwindigkeit (ca. $7 \cdot u_\infty$) tangential zum Boden in die Strömung eingebracht (Abb. 7.5). Die Strömung in der Grenzschicht wird dadurch beschleunigt, und es entstehen innerhalb der Grenzschicht höhere Strömungsgeschwindigkeiten als außerhalb. Analog zum bewegten Boden wirkt die so beschleunigte Grenzschicht wie eine Pumpe und saugt Material von oben aus der reibungslosen Strömung an. Die Verdrängungsdicke wird vorübergehend negativ. Aufgrund der Reibungswirkung der Grenzschicht am stehenden Boden kehrt sich dieser

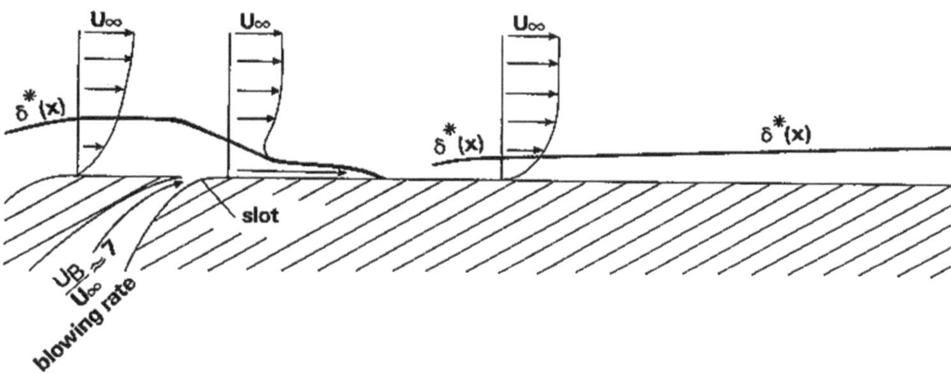

Abb. 7.5 Einfluss von tangentialem Ausblasen auf die Bodengrenzschicht. (Wiedemann [72])

Effekt nach einiger Lauflänge jedoch um und es bildet sich erneut eine Grenzschicht mit positiver Verdrängungsdicke aus.

Mit beiden Maßnahmen kann die Grenzschicht zwar in der Art beeinflusst werden, dass Bodeneffekte realitätsgetreuer nachgebildet werden können. Realistischste Ergebnisse erhält man derweil mit einer Kombination der genannten Maßnahmen.

7.2.2 Relativbewegung zwischen Fahrzeug und Fahrbahn

Da sich auf der Straße ein Fahrzeug über ruhendem Grund fortbewegt, bildet auch diesbezüglich ein konventioneller Windkanal mit Fahrzeug auf ruhendem Boden die Realität nicht hinreichend ab. Hierzu muss der Windkanalboden eine Relativbewegung zum Fahrzeug vollführen. Dies ist durch ein Laufband unter dem Fahrzeug möglich. Hierbei ist sowohl ein Einbandsystem vorstellbar, bei dem das Fahrzeug mit den Rädern auf einem breiten Laufband abrollt, als auch ein System mehrerer großer und kleiner Laufbänder, vgl. Abb. 7.6.

Je nach Bandkonfiguration sind unterschiedlich große Auswirkungen auf den c_W-Wert festzustellen. Der Situation auf der Straße entspricht am ehesten die Einbandtechnik. Allerdings ergeben sich hierbei Probleme bei der Fahrzeugfesselung und der Bestimmung der Luftkräfte in vertikaler Richtung.

Abb. 7.7 zeigt ein Fahrzeug messfertig auf einem Einbandsystem. Aufwändige Ausleger, die das Strömungsfeld stören und damit auch den gemessenen Widerstandsbeiwert beeinflussen, sind hier erforderlich.

Bei Verwendung eines Mittenlaufbands unter dem Fahrzeug, vier Flachlaufbändern als Radantriebe und einer nahezu beliebigen Anzahl weiterer Laufbänder um das Fahrzeug herum, ist eine günstige Fahrzeugfesselung mit Schwellerstützen möglich. Mit der dargestellten 9-Band-Technik ist es möglich, nahe an den c_W-Wert eines idealen (ohne Fesselung) Einbandsystems heranzukommen. Stand der Technik ist indes das Fünfband-

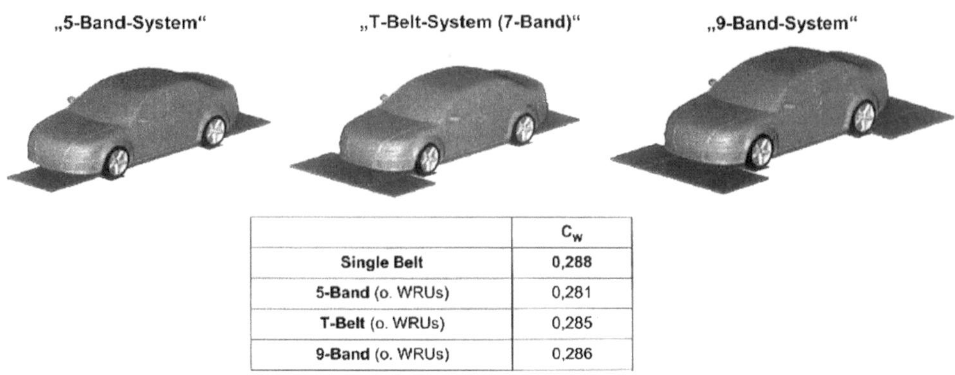

	c_W
Single Belt	0,288
5-Band (o. WRUs)	0,281
T-Belt (o. WRUs)	0,285
9-Band (o. WRUs)	0,286

Abb. 7.6 Mehrbandsysteme und ihr Einfluss auf den c_W-Wert einer Mittelklasselimousine, abgeleitet mit CFD. (Wiedemann [67])

Abb. 7.7 Breites Laufband des MIRA 1:4-Modellwindkanals. (MIRA Ltd. [38])

system, bei dem ein schmäleres Laufband zwischen den Rädern läuft und die Räder selbst sich auf kleinen Laufbändern befinden (vgl. Abb. 7.8).

Die Auswirkung der Laufbandtechnik auf das Geschwindigkeitsprofil unter dem Fahrzeug zeigt Abb. 7.9. Während ein konventioneller Windkanal mit ruhendem Boden ein deutliches Grenzschichtprofil erzwingt, kann durch die Verwendung des Laufbands nahezu ein Blockprofil erhalten bleiben. Ein alleiniges Ausblasen erzeugt ein sehr bau-

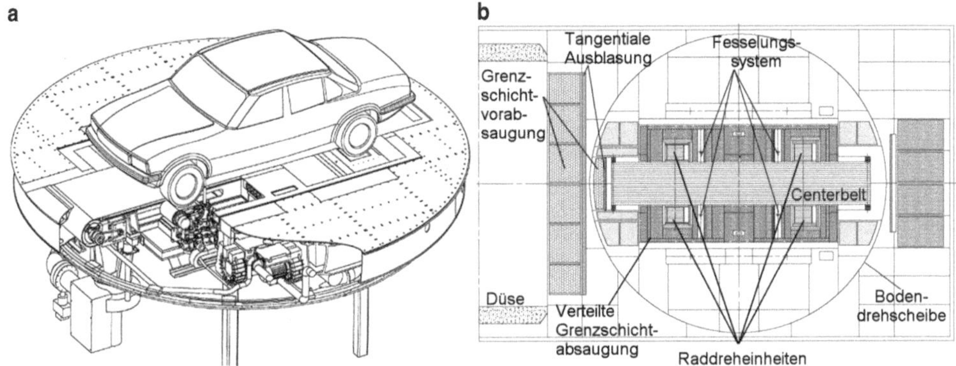

Abb. 7.8 Windkanalwaage mit Raddreheinheiten, Fahrzeugfesselung, Versuchsträger und Centerbelt (**a**) und Messstreckenboden des IVK-Aeroakustikwindkanals mit Bodendrehscheibe, Centerbelt, Raddreheinheiten, Fesselungssystem und Grenzschichtbeeinflussung (**b**). (Potthoff und Wiedemann [44])

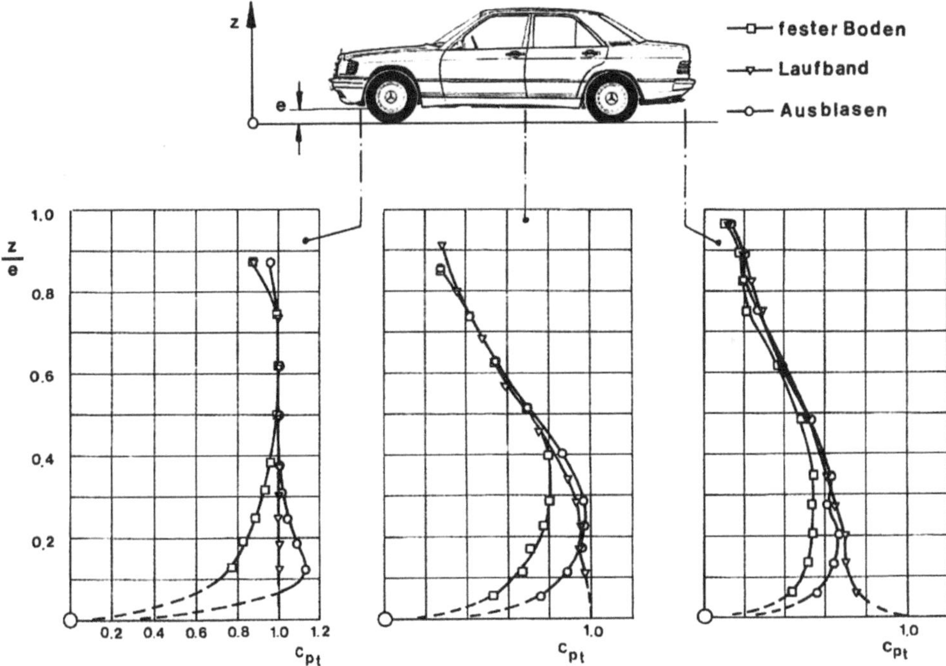

Abb. 7.9 Vergleich verschiedener Geschwindigkeitsprofile unter einem Fahrzeug für festen Boden, Laufband und einem vorgelagerten Ausblasen. (Berndtsson et al. [7])

chiges Geschwindigkeitsprofil, dass direkt am Boden immer noch einen ausgeprägten Geschwindigkeitsgradienten zeigt, allerdings ist in großen Bereichen eine deutlich höhere Geschwindigkeit zu erkennen.

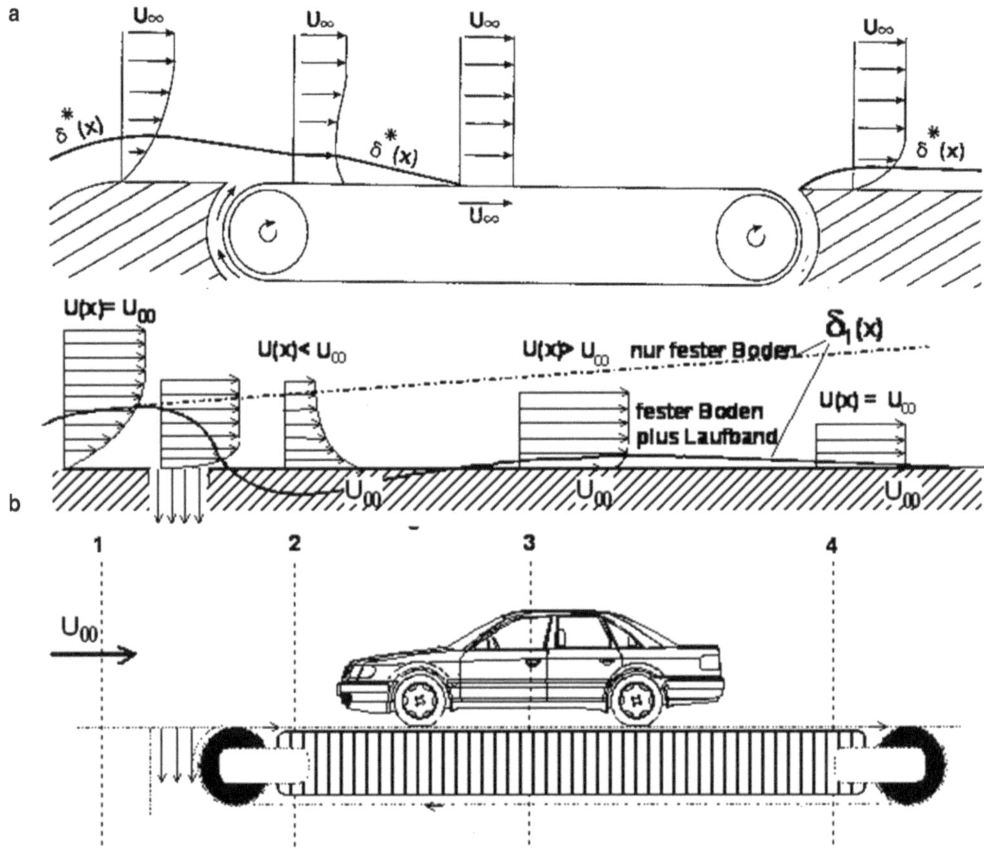

Abb. 7.10 Schematische Wirkungsweise eines Laufbands auf das Grenzschichtgeschwindigkeitsprofil, ohne (**a**) und mit Fahrzeug (**b**). (Wiedemann [72])

Abb. 7.10a zeigt schematisch die Wirkungsweise eines Laufbandes, zunächst aber ohne Fahrzeug. Bei Austritt der Strömung aus der Windkanaldüse ist bereits eine Bodengrenzschicht vorhanden. Vor dem Beginn des Laufbandes wird diese Bodengrenzschicht abgesaugt und ggf. wird zusätzlich axial ausgeblasen, um ein fülligeres, im Idealfall rechteckiges Geschwindigkeitsprofil zu erhalten. Durch Einblasen von Luft in die Grenzschicht zu Beginn des Laufbandes wird der Abbau der Grenzschichtdicke beschleunigt, sodass sich nach einer kurzen Laufstrecke ein nahezu rechteckiges Geschwindigkeitsprofil der Anströmung ergibt.

Bei Auftreffen der Strömung auf das Laufband und unter Berücksichtigung eines Fahrzeugs wird die Strömung in unmittelbarer Bodennähe aufgrund des großen Geschwindigkeitsunterschiedes zwischen Luft (Staupunktströmung) und Laufband stark beschleunigt. Es bildet sich für kurze Zeit eine negative Verdrängungsdicke aus, d. h. das Laufband wirkt während dieser Zeit als „Pumpe". Im weiteren Verlauf kehrt sich dieser Effekt um.

Abb. 7.11 Auswirkung zweier c_W-Maßnahmen bei unterschiedlichen Bodensimulationsarten

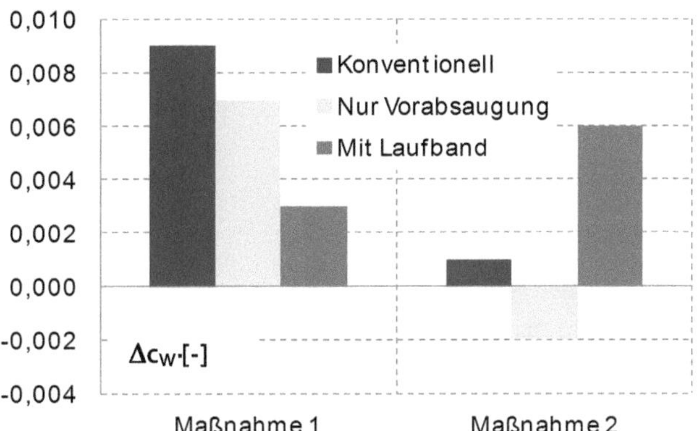

Da die Strömung beim Eintritt in den Zwischenraum von Fahrzeug und Laufband beschleunigt wird (unteres Bild), bildet sich erneut eine Bodengrenzschicht mit positiver Verdrängungsdicke aus. Nach der Unterströmung des Fahrzeugs nimmt die Grenzschichtdicke wieder ab und bildet sich nach einer entsprechenden Laufstrecke hinter dem Fahrzeug praktisch vollständig zurück.

Die beschriebenen Effekte können mit konventioneller Windkanaltechnik nicht nachgebildet werden. Daher muss zur Optimierung von Fahrzeugen mit geringer Bodenfreiheit sowie für Unterbodenuntersuchungen an Serienfahrzeugen auf die Simulation einer Relativbewegung zwischen Fahrzeug und Fahrbahn zurückgegriffen werden. Abb. 7.11 zeigt einen Vergleich verschiedener Unterbodenkonfigurationen an einem Fahrzeug. Die Untersuchungen wurden einmal mit und einmal ohne hochwertige Bodensimulation durchgeführt. Es ist jeweils das Delta-c_W im Vergleich zu einer festen Basiskonfiguration dargestellt. Die Ergebnisse für Konfiguration 1 zeigen übereinstimmend ein positives Δc_W (Widerstandszunahme), allerdings mit Laufband nur ca. 1/3 des Betrages der konventionellen Simulation. Bei Konfiguration 2 gibt es sogar einen Widerspruch. Während die Messungen mit festem Boden c_W-Werte um null herum zeigen, liefert das Laufband eine deutliche c_W-Verschlechterung.

Dieses Beispiel zeigt, dass durch einen Verzicht auf eine geeignete Bodensimulation das Risiko einer Optimierung des Fahrzeugunterbodens in die falsche Richtung besteht. Auf diese Weise könnten teure und evtl. schwere c_W-Maßnahmen das Fahrzeug am Ende noch verschlechtern.

Exkurs (nach Beese [6])

Verdeutlicht werden sollen diese Bodeneffekte nun nochmals am Beispiel eines Tragflügels. Bodeneffekte entstehen also grundsätzlich, wenn Körper mit geringem Abstand zur Fahrbahn bewegt werden, wie dies z. B. bei Fahrzeugen mit geringer Bodenfreiheit der Fall ist. Dadurch entstehen Wechselwirkungen, die sich besonders bei der Ausbildung von Grenzschichten bemerkbar machen. Abb. 7.12 zeigt dazu die Bewegung eines Tragflügels in Bodennähe.

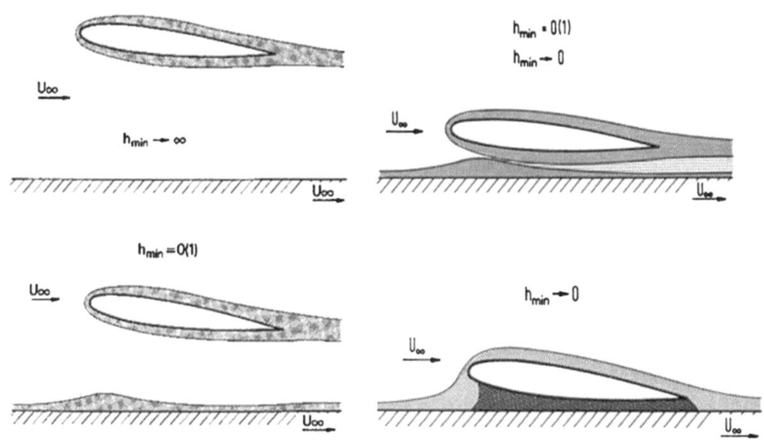

Abb. 7.12 Bodeneffekt bei einem Tragflügel in Bodennähe. (Nach Beese in [6])

Der Tragflügel bewegt sich durch ruhende Luft und über stehenden Boden. Bei ausreichend großem Bodenabstand bildet sich nur um den Tragflügel eine Grenzschichtströmung aus. Bei Verringerung des Bodenabstandes wird die Luft zwischen Flügel und Boden vom bewegten Flügel mitgerissen. Die Bewegung des Tragflügels induziert am Boden somit eine Grenzschichtströmung. Bei weiter abnehmendem Bodenabstand verstärkt sich dieser Effekt. Die Folge davon ist eine Strömung zwischen Flügel und Boden, die nur noch aus den Grenzschichtströmungen des Flügels und des Bodens besteht. Bei weiterer Abnahme des Bodenabstandes „verschmelzen" beide Grenzschichten miteinander und blockieren den Durchgang zwischen Flügel und Boden. Der Tragflügel wird dabei kaum noch unterströmt, sondern nur noch überströmt. In diesem Fall würde der Auftrieb des Flügels vollständig zusammenbrechen.

Ein ähnlicher Effekt ergibt sich bei sog. Rezirkulationen. Abb. 7.13 zeigt einen angestellten Tragflügel, der sich durch ruhende Luft und über stehenden Boden bewegt. An der Hinterkante des Flügels entsteht eine Ablösezone, in der eine Rückströmung stattfindet. Aufgrund des geringen Bodenabstandes induziert der bewegte Flügel am Boden eine Grenzschichtströmung, die sich aufgrund des Druckanstiegs (Diffusor) aufdickt.

Dieses Aufdicken ergibt sich aus dem Anstellwinkels des Flügels, d. h. bei zunehmendem negativen Anstellwinkel des Tragflügels dickt sich die induzierte Bodengrenzschicht stärker auf. Ab einem gewissen Anstellwinkel des Tragflügels kann sich die Bodengrenzschicht nicht weiter aufstauen. Es bildet sich deshalb eine „Blase" in der Grenzschicht aus, in der – ähnlich dem Nachlauf des Tragflügels – eine Rückströmung stattfindet. Es ist sogar möglich, bei stark verzögerten Strömungen negative Verdrängungsdicken zu erhalten. Anschaulich bedeutet dies, dass die Strömungsgeschwindigkeit innerhalb der Grenzschicht größer als außerhalb ist. Der Boden wirkt in diesem Fall praktisch als Pumpe.

Abb. 7.13 Tragflügel in Bodennähe bei geringem (**a**) und vergrößertem (**b**) Anstellwinkel. (Nach Beese in [6])

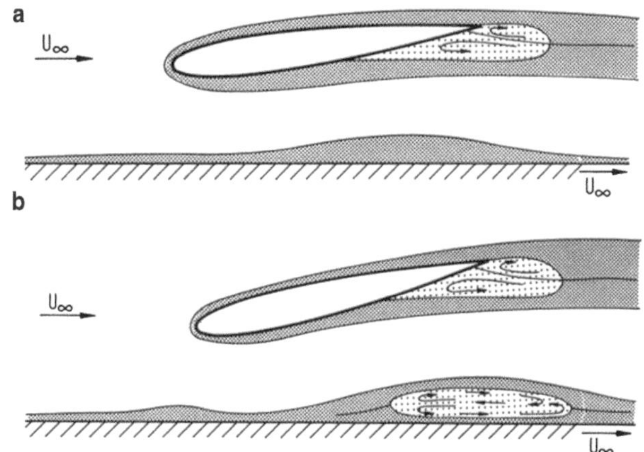

In Abb. 7.14 wurde dazu ein Tragflügel mit verschiedenen Anstellwinkeln vermessen. Der Tragflügel bewegt sich darin über stehenden Boden und in ruhender Luft bzw. im Falle einer Windkanalsimulation mit Laufband. Dabei bildet sich zwischen Luft und Flügel eine Grenzschicht. Da die Luft vom Flügel mitgerissen wird, entsteht – analog zu Abb. 7.13 – bei geringem Bodenabstand eine induzierte Bodengrenzschicht. Die Strömung zwischen Boden und Tragflügel kann prinzipiell beschleunigt oder verzögert werden. Das Beschleunigen bzw. das Verzögern der Strömung beeinflusst jedoch auch die Grenzschichten und ihre Verdrängungsdicken.

Im Fall eines großen positiven Anstellwinkels (Fall A) wird die Strömung zwischen Boden und Flügel zunächst verzögert (Staupunktsströmung). In der Strömung wird somit weniger transportiert. Daraus resultiert eine negative Verdrängungsdicke zwischen Luft und Boden, d. h. in dieser Grenzschicht wird mehr transportiert als außerhalb. Die Flügelgrenzschicht wird gleichzeitig aufgedickt. Auf die Beschleunigung folgt die Strömungsverzögerung bis hinter die Flügelhinterkante. Die Verdrängungsdicke am Boden wird wieder null.

Bei zunehmend negativem Anstellwinkel des Flügels (Fall B und C) wird die Strömung zwischen Boden und Flügel zunächst beschleunigt. Der Luftdurchsatz in der Strömung wird dadurch zunehmend größer als in der induzierten Bodengrenzschicht. Daraus resultiert eine positive Verdrängungsdicke, d. h. die induzierte Bodengrenzschicht wird aufgedickt. Gleichzeitig wird durch den Mehrtransport an Luft in der Strömung die Flügelgrenzschicht dünner. Die Bodengrenzschicht verhält sich aufgrund ihrer Induktion durch die Flügelbewegung immer gegensätzlich zur Flügelgrenzschicht. Auch hier wird die Verdrängungsdicke am Boden in einem gewissen Abstand von der Flügelhinterkante wieder null.

All diese Effekte resultieren aus der Relativbewegung zwischen Fahrzeug bzw. Flügel und Fahrbahn. Somit ist es das Ziel, bei Windkanaluntersuchungen derartige Effekte zu erzeugen, um ihren Einfluss auf den Luftwiderstand und das Fahrverhalten bestimmen zu können. Die Möglichkeiten hierzu wurden zuvor beschrieben.

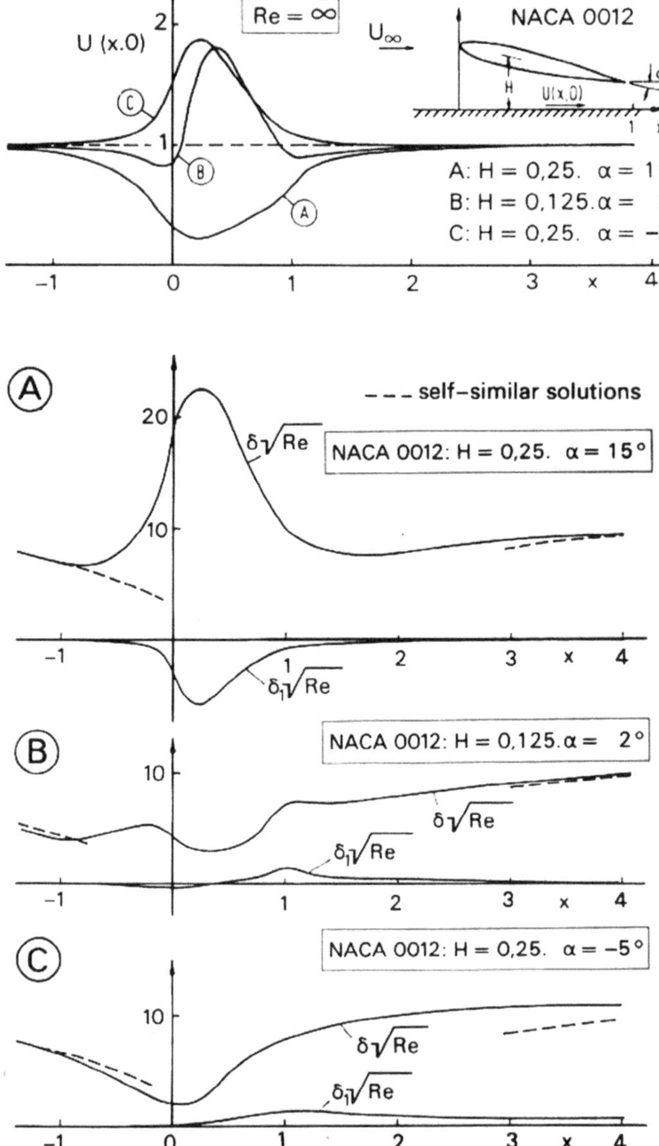

Abb. 7.14 Geschwindigkeitsverteilung und Grenzschichteigenschaften bei Anströmung eines angestellten Tragflügels. (Nach Beese in [6])

Abb. 7.15 Luftwiderstand eines stehenden und eines drehenden Einzelrads in Abhängigkeit des Anströmwinkels. (Pfadenhauer [41])

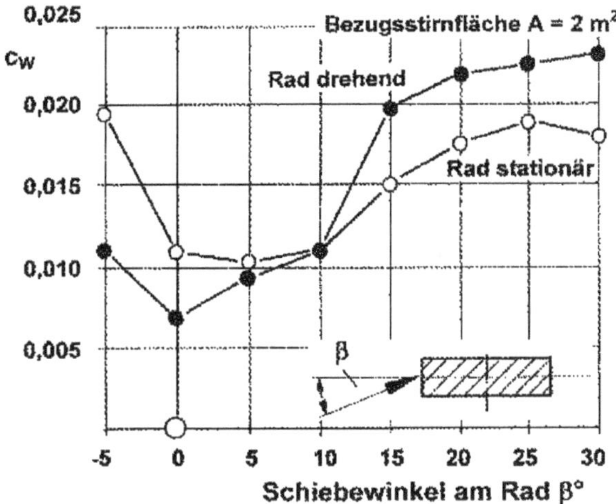

7.2.3 Darstellung der Raddrehung

Ein weiterer Schritt zur verbesserten Bodensimulation sind rotierende Räder. Die Raddrehung verändert das Strömungs- und Druckfeld in der Radumgebung maßgeblich, was sich i. d. R. in niedrigeren c_W-Werten äußert. Beim stehenden Reifen bildet sich der größte Unterdruck in unmittelbarer Bodennähe. Im oberen Bereich des Reifens herrscht nahezu Umgebungsdruck [58]. Beim rotierenden Reifen ist die Druckverteilung im Nachlauf gleichmäßiger. Der größte Unterdruck liegt im Bereich der Reifenmitte vor. Im Mittel ist der Unterdruck und somit der Widerstand kleiner. Die Auswirkungen dieser Effekte auf den Luftwiderstand zeigt Abb. 7.15. Darin angeführt ist der Vergleich eines stehenden und rotierenden Einzelrades im Radhaus bei unterschiedlichen Anströmwinkeln. Bis zu einem Anströmwinkel von ca. 15° zeigt das drehende Rad gegenüber dem stehenden deutlich geringeren Luftwiderstand. Bei kleineren Anströmwinkeln, die auf der Straße jedoch nur selten vorkommen, kehrt sich dieser Effekt um.

Der Kühlluftstrom aus dem Motorraum verursacht aufgrund der Umlenkung beim Strömungseintritt und Strömungsaustritt Impulsverluste. Weiterhin besteht eine Wechselwirkung zwischen Raddrehung und Kühlluftstrom. Die Raddrehung beeinflusst den Kühlluftaustritt bzw. der Kühlluftstrom resultiert in einer veränderten Anströmung der Räder. Der Anströmwinkel des Vorderrades wird durch Laufband und Raddrehung verkleinert, durch einen glatten Unterboden verkleinert und durch den Kühlluftstrom vergrößert. Die Hinzunahme der Radrotation bedeutet eine Verringerung des Gesamtwiderstandes und eine Erhöhung des Kühlluftwiderstandes. Es ist bemerkenswert, dass anscheinend ein Teil des sog. Kühlluftwiderstandes nicht im Kühlsystem, sondern an den Rädern entsteht, wo er dann durch die Raddrehung beeinflusst wird [30].

Die Antriebsart der Räder ist ebenfalls zu berücksichtigen. Werden, wie in Abb. 7.8 zuvor dargestellt, Flachbandradantriebe benutzt, kann von einer realistischen Reifenlatschausbildung ausgegangen werden. Daher ist dies heute auch als Stand der Technik zu bezeichnen. Rollenantriebe führen zu einer unrealistischen Verformung des Reifens und damit zu Verfälschungen des Messergebnisses. Zumeist werden in Windkanälen zur Luftkraftbestimmung Flachbandsysteme eingesetzt. In Thermo- und Klimawindkanälen, wo es eher auf die realistische Darstellung des Strömungsfelds im Motorraum ankommt, werden aufgrund der einfacheren Technik eher Rollenantriebe verwendet.

7.2.4 Turbulenz

Jüngere Überlegungen zur realistischen Darstellung der Anströmung des Fahrzeugs im Windkanal beziehen die Strömungsturbulenz bei Straßenfahrt mit ein. Untersuchungen ergaben, dass Windkanäle in ihrer Basiskonfiguration zu geringe Turbulenzgrade wie auch Längenskalen produzieren, vgl. Abb. 7.16. Das liegt u. a. an den großen Düsenkontraktionen und den Strömungsgleichrichtern, vgl. Abb. 7.17a.

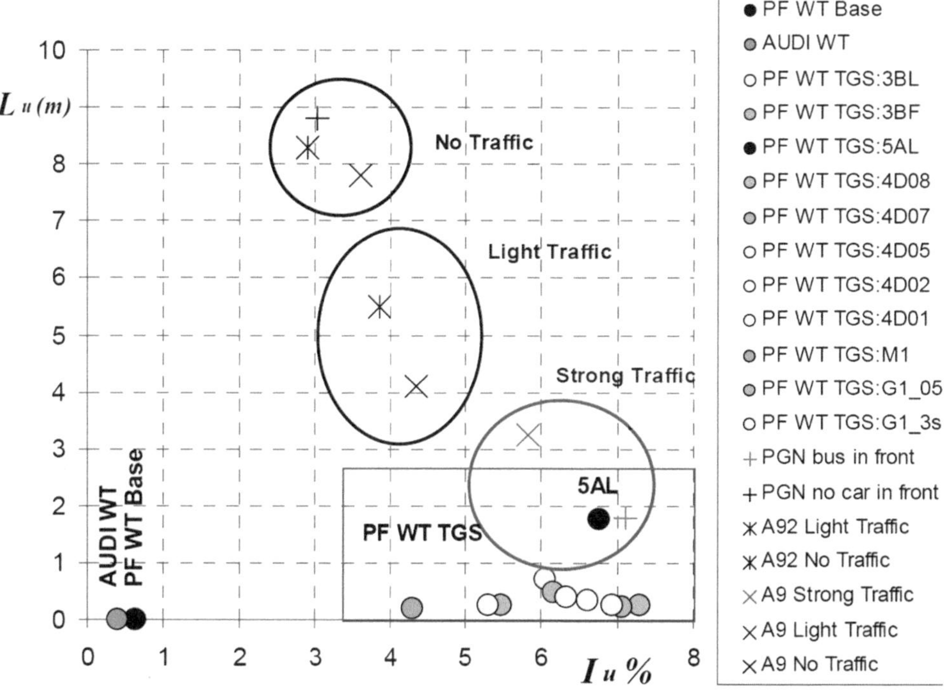

Abb. 7.16 Turbulenter Längenmaßstab der Anströmung, aufgetragen über dem Turbulenzgrad, ausgewertet für zwei Windkanäle (AUDI und Pininfarina PF) und drei Verkehrsdichten bei Straßenfahrt. (Lindener et al. [34])

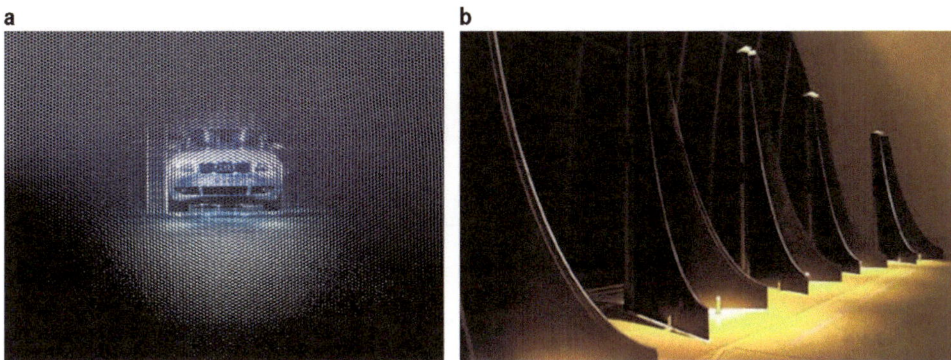

Abb. 7.17 Strömungsgleichrichter im Audi-Windkanal (AUDI AG [5]), Turbulence Generating System (TGS) im Pininfarina-Windkanal. (http://www.pininfarina.it/en/services/wind_tunnel [42])

Dagegen zeigen sich für unterschiedliche Verkehrssituationen andere Wertepaare. Mit steigender Verkehrsdichte nimmt der Turbulenzgrad der Anströmung zu, die durchschnittlichen turbulenten Längenskalen nehmen ab. Im Windkanal von Pininfarina wurde im Jahre 2003 ein System zur Erzeugung einer realistischeren Turbulenz vorgestellt. Mit oszillierenden Platten in der Windkanaldüse werden Wirbel erzeugt, s. Abb. 7.17b. Hiermit können zumindest Anströmsituationen generiert werden, die denen bei starkem Verkehrsaufkommen in etwa entsprechen. Bei Windkanälen ohne derartige Maßnahmen muss also immer beachtet werden, dass die Turbulenzbedingungen nicht der Realität entsprechen. Dies ist insbesondere bei Fragestellungen zur Seitenwindempfindlichkeit und zur Aeroakustik von Belang.

7.3 Windkanalinterferenzen

Weitere zu berücksichtigende Strömungsabweichungen zwischen Windkanal und Straße sind sogenannte Blockierungseffekte. Im Windkanal wird ein Fahrzeug umströmt, jedoch treten dabei Wechselwirkungen mit den festen Wänden des Kanals auf. Dies führt zu geänderten Druck- und Geschwindigkeitsfeldern im Vergleich zur unberandeten geometrischen Situation auf der Straße. Bei Freistrahlwindkanälen werden vor allem die folgenden Interferenzeffekte unterschieden (vgl. Übersichtsdarstellung in Abb. 7.18):

- Einfluss des horizontalen Druckgradienten der leeren Messstrecke (Horizontal Buoyancy),
- Strahlaufweitung (Jet Expansion),
- Düsenblockierung (Nozzle Blockage),
- Kollektorblockierung (Collector Blockage).

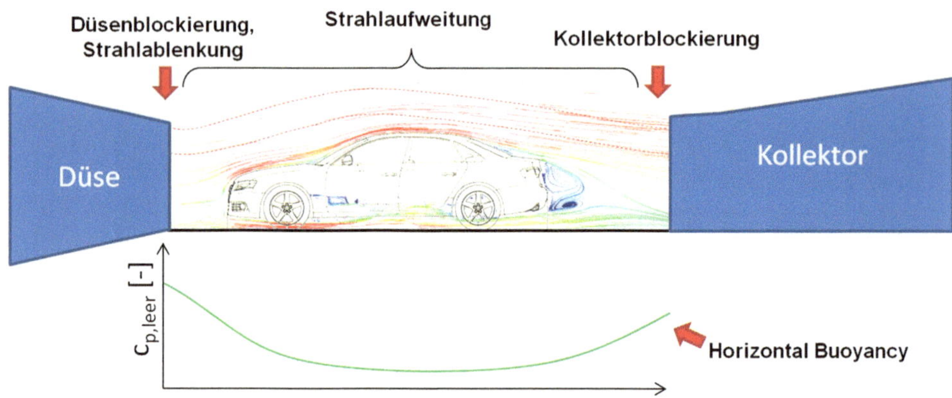

Abb. 7.18 Übersicht zu den verschiedenen Interferenzeffekten und den Entstehungsorten in einem Freistrahlwindkanal. (AUDI AG [5])

Bei Windkanälen mit geschlossener Messstrecke bzw. geschlitzten Wänden treten teilweise andere Effekte in den Vordergrund, hier sei aber auf die entsprechende Literatur verwiesen, bspw. *Wickern* in [61]. In jedem Fall sind hier aber recht große Korrekturen nötig.

Die verschiedenen Interferenzeffekte können mit Hilfe einer geeigneten Methode beziffert werden. Anschließend kann ein gemessener Luftkraftbeiwert so korrigiert werden, dass die Verfälschung durch die Interferenzen im korrigierten Zahlenwert nicht mehr enthalten ist.

Ziel ist es, durch die Messung im Windkanal Ergebnisse zu erhalten, die trotz der Blockierungseffekte mit der Realität übereinstimmen und somit direkt auf die Straße übertragbar sind. Eine gängige Methode wurde von *Mercker* und *Wiedermann* [37] formuliert:

$$q_{\infty,\mathrm{korr}} = q_\infty \cdot (1 + \varepsilon_N + \varepsilon_S + \varepsilon_C)^2 . \tag{7.1}$$

Hier werden für die einzelnen Blockierungseffekte Korrekturfaktoren für den Staudruck q_∞ (die Anströmgeschwindigkeit) angegeben. Dabei stehen die Indizes für Düsenblockierung (N), Strahlaufweitung (S) und Kollektor (C). Mit den Korrekturfaktoren ist es möglich, die gemessenen Luftkraftbeiwerte anzupassen. Hier kann dann auch der Effekt des horizontalen Druckgradienten $\Delta c_{W,HB}$ additiv korrigiert werden. Es gilt

$$c_{W,\mathrm{korr}} = \frac{F_{\mathrm{Mess}}}{q_\infty \cdot A_x} \cdot \frac{q_\infty}{q_{\infty,\mathrm{korr}}} + \Delta c_{W,HB} = c_{W,\mathrm{mess}} \cdot \frac{1}{(1 + \varepsilon_N + \varepsilon_S + \varepsilon_C)^2} + \Delta c_{W,HB}. \tag{7.2}$$

Der Verlauf des statischen Drucks im leeren Windkanal wird messtechnisch ermittelt. Für offene Messstrecken wird dabei meist ein parabelförmiger Verlauf festgestellt. Wirkt nun im vorderen Bereich der Messstrecke ein Überdruck, wird bei einer Widerstandsmessung am Fahrzeug der c_W-Wert zu hoch gemessen. Ein zu hoher Druck im

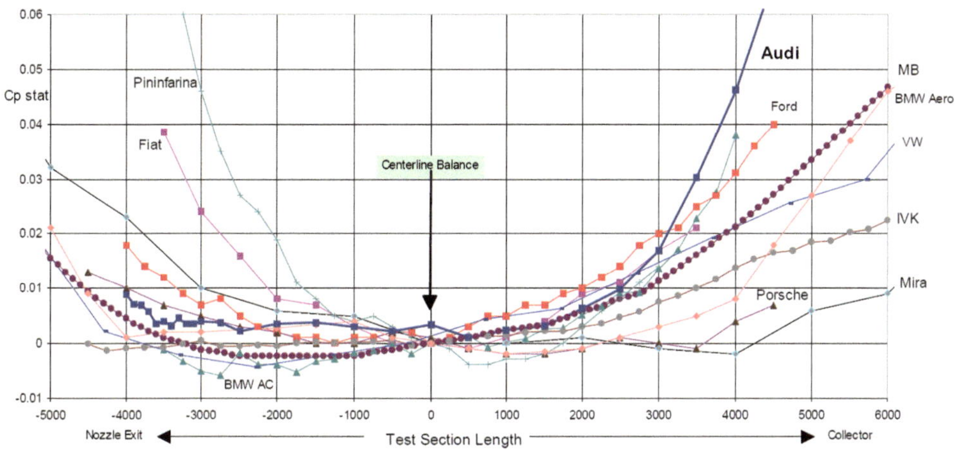

Abb. 7.19 Druckverlauf in verschiedenen europäischen Windkanälen. (Wickern und Lindener [62])

hinteren Messstreckenbereich bedeutet dagegen, dass ein zu geringer Widerstand gemessen wird. Der Korrektursummand $\Delta c_{W,HB}$ ergibt sich aus der Größe des Fahrzeugs sowie den Druckgradienten dc_p/dx an Düse und Kollektor. Druckverläufe verschiedener Windkanalmessstrecken zeigt Abb. 7.19.

Die Vorgehensweise bei der Korrektur der Blockierungseffekte ist in der Übersicht in Abb. 7.20 dargestellt. Basis für jede Art der Betrachtung ist ein Körper in einem unbegrenztem Strömungsfeld. Diese Strömungssituation entspricht unter idealisierten Bedingungen den Strömungsverhältnissen in der Natur. Davon ausgehend erfolgt die erste

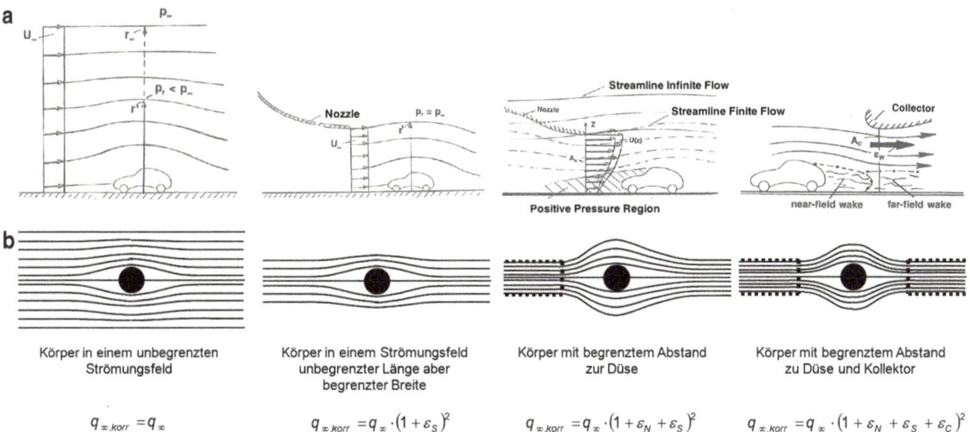

$$q_{\infty,korr}=q_\infty \qquad q_{\infty,korr}=q_\infty \cdot (1+\varepsilon_S)^2 \qquad q_{\infty,korr}=q_\infty \cdot (1+\varepsilon_N+\varepsilon_S)^2 \qquad q_{\infty,korr}=q_\infty \cdot (1+\varepsilon_N+\varepsilon_S+\varepsilon_C)^2$$

Abb. 7.20 Übersicht zur Vorgehensweise der Windkanalkorrekturen am Fahrzeug (**a**), schematisch anhand einer Kugelumströmung (**b**) und unter Angabe der entsprechenden Staudruckkorrektur. (Mercker et al. [37])

Annäherung an Windkanalverhältnisse durch eine Begrenzung der Breite des Strömungsfeldes.

In der Praxis entspricht diese begrenzte Breite dem Freistrahl, der aus der Düse austritt. Entscheidend ist hierbei also die Querschnittsfläche der Windkanaldüse. Außerdem müssen in die Korrektur die Größe des Fahrzeugs und die Ausdehnung der Messstrecke einfließen.

Die Blockierung wirkt sich qualitativ und quantitativ unterschiedlich aus, je nachdem, ob eine geschlossene oder eine offene Messstrecke betrachtet wird. Im ersten Fall gibt es eine Berandung der Strömung durch feste Wände, welche die Düse und den Diffusor miteinander verbinden. Der Blockierungseffekt führt dazu, dass der freie Kanalquerschnitt verringert wird. Aus Kontinuitätsgründen (Kontinuitätsgleichung!) muss die Geschwindigkeit um das Fahrzeug herum größer als in unendlicher Strömung sein, da die Stromlinien durch die festen Wände eingeengt werden. Bei der offenen Messstrecke ist ein Aufbiegen der Stromlinien prinzipiell möglich. Allerdings unterscheidet sich auch hier der Stromlinienverlauf von der unendlichen Strömung (Stromlinien biegen weiter aus). Das Vorzeichen der Korrekturgröße ist umgekehrt zu dem der geschlossenen Messstrecke und betragsmäßig weniger als halb so groß. D. h. während in den geschlossenen Messstrecken zu große Geschwindigkeiten und damit zu große Kräfte gemessen werden, sind diese in der offenen Messstrecke zu klein.

In einem zweiten Schritt wird der Strömungsaustritt aus der Düse korrigiert. Das Fahrzeug versperrt dabei die Düsenaustrittsfläche entsprechend seinem Abstand zum Düsenaustritt wie ein Stöpsel. Je näher das Fahrzeug zur Düse positioniert ist, desto kleiner wird die effektive Düsenfläche. Eine Erhöhung der Anströmgeschwindigkeit und eine unrealistische Umlenkung der Strömung ist die Folge, vgl. Abb. 7.20. Da die Strecke zwischen Düse und Kollektor nicht beliebig groß ausgelegt werden kann, beginnt die Ablenkung und damit die Beschleunigung der Strömung bereits in der Düse. Zur Quantifizierung dieses Effekts wird das Blockierungsverhältnis $B_D = A_x / A_D$ definiert. Dieses Verhältnis gibt an, wie stark die Düsenfläche durch das Fahrzeug versperrt wird und in welchem Maß die Strömung durch das Fahrzeug verdrängt wird. Abb. 7.21 zeigt die Definition des Blockierungsverhältnisses B. Das Blockierungsverhältnis liegt in realen Freistrahlaerodynamikwindkanälen zwischen 5 und 27 %. Angemerkt sei noch, dass für geschlossene Messstrecken eine Blockierung die dreifache Wirkung hat wie bei einer offenen.

Ein möglichst geringes Blockierungsverhältnis ist zwar aus den genannten Gründen wünschenswert, jedoch praktisch nicht immer realisierbar. Bei der Vermessung großer Fahrzeuge würde dies eine entsprechend große Düsenfläche erfordern, die Kosten hierfür sowie der Energieaufwand zum Betrieb des Windkanals wären sehr hoch. Weitere Einflussfaktoren auf die Düsenblockierung und die entsprechende Korrektur sind Abstand Fahrzeug zu Düse und Fahrzeuglänge.

Bei Vorhandensein eines Kollektors in begrenztem Abstand zum Körper muss die Strömung nach dem Umströmen des Körpers wieder eingefangen werden. Dies bedeutet eine weitere Strömungsumlenkung auf einer recht kurzen Strecke. Die Kollektorblockierung wird über das Kollektorblockierungsverhältnis, den Abstand des Fahrzeugs zur Düse, die Messstreckenlänge und den gemessenen c_W-Wert korrigiert.

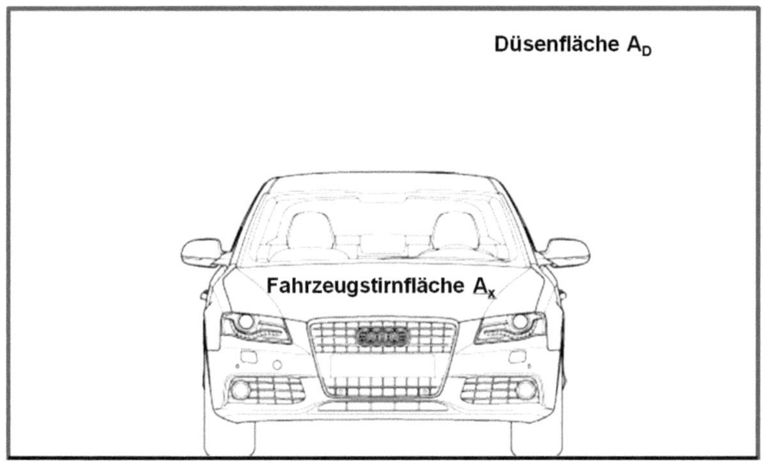

Abb. 7.21 Definition des Blockierungsverhältnisses B

7.4 Windkanalanlagen der Fahrzeugindustrie

Im Folgenden sollen einige ausgeführte Windkanäle vorgestellt werden. Tab. 7.1 zeigt eine Übersicht hierzu.

Auffällig ist, dass der Deutsch-Niederländische Windkanal (DNW LLF 8x6 = Large Low-Speed Facility mit $8\,\text{m} \times 6\,\text{m}$ Messstrecke) bzgl. aller drei angegebenen Werte

Tab. 7.1 Europäische Windkanäle und deren Kenngrößen

	Art der Messstrecke	Düsenquerschnitt [m^2]	Kollektorquerschnitt [m^2]	Test Section Length [m]
DNW LLF 8x6	Geschlossen	48,0	48,0	20,0
MIRA	Geschlossen	34,9	34,9	15,2
SF EMMEN	Geschlossen	32,3	32,3	15,0
Volkswagen	Offen	37,5	44,8	10,0
DaimlerChrysler	Offen	32,0	53,6	12,2
FIAT	Offen	30,5	40,5	10,5
FORD	Offen	20,0	28,2	9,7
IVK	Offen	22,5	26,5	9,9
BMW	Offen	20,0	22,1	10,0
Audi	Offen	11,0	37,4	9,5
Pininfarina	Offen	11,0	17,3	8,0
Volvo	Geschl. Wand	27,0	39,6	15,8
Porsche	Geschl. Wand	22,3	37,7	13,5
IAT S10	Geschl. Wand	15,0	17,0	10,2

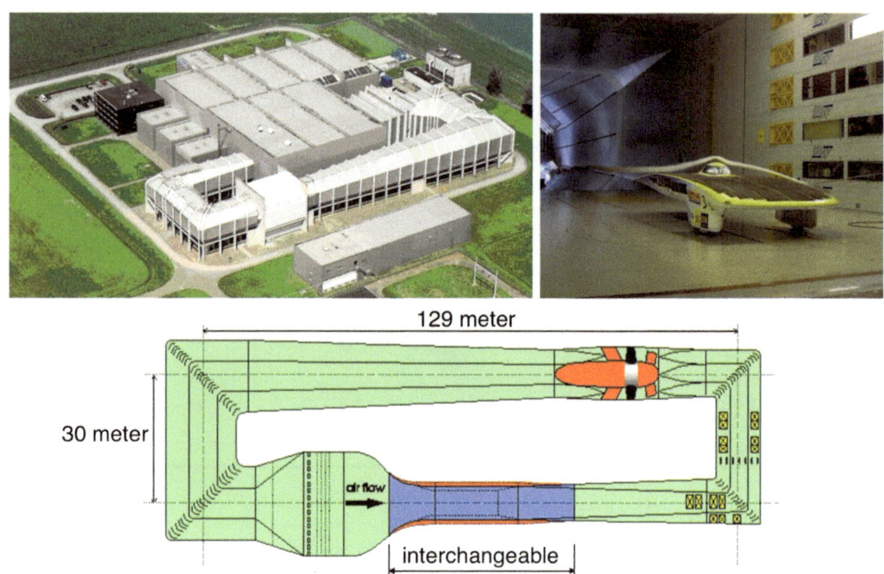

Abb. 7.22 Deutsch-Niederländischer Windkanal DNW LLF 8x6 mit Luftbild, Ansicht der Messstrecke und im Grundriss. (http://www.dnw.aero [11])

am größten ist. Der Windkanal Göttinger Bauart mit horizontaler Luftführung hat eine geschlossene Messstrecke. Mit einem Düsenquerschnitt von $48\,\mathrm{m}^2$ ergeben sich für Fahrzeuganwendungen sehr kleine Düsenversperrungen. Eine Mittelklasselimousine mit $2\,\mathrm{m}^2$ Stirnfläche liegt bspw. bei $B_D < 5\,\%$.

Die Wirkung indes entspricht der Versperrung von ca. $B_{D,\mathrm{offen}} \approx 15\,\%$. Daher müssen gemessene Widerstandsbeiwerte mitunter deutlich nach unten korrigiert werden. Die maximale Windgeschwindigkeit beträgt $80\,\mathrm{m/s}$, die Luftkräfte werden mit einer externen Sechskomponentenwaage aufgenommen. Außerdem sind auch aeroakustische Untersuchungen möglich. Abb. 7.22 zeigt den DNW LLF 8x6 [11].

Der Volvo Windkanal in Göteborg ist auch ein Windkanal Göttinger Bauart mit horizontaler Luftführung. Die Messstrecke für rein aerodynamische Anwendungen ist mit geschlitzten Wänden ausgeführt. Die Größen von Düse ($27\,\mathrm{m}^2$), Kollektor ($39{,}6\,\mathrm{m}^2$) und Messstrecke ($15{,}8\,\mathrm{m}^2$) sind moderat, die Düsenversperrung liegt für eine Mittelklasselimousine bei etwa $B_D \approx 7{,}6\,\%$. Der Volvo Windkanal ist mit einem Fünfbandsystem zur Darstellung von Straßenrelativbewegung und Raddrehung ausgerüstet und bietet die Möglichkeit der Grenzschichtabsaugung. Die Grenzschicht ist an einem geeigneten Referenzpunkt hier allerdings etwa fünfmal so dick wie in vergleichbaren Kanälen (IVK, AUDI). U. a. aufgrund des in Richtung Kollektor deutlich ansteigenden statischen Druckverlaufs müssen hier die c_W-Rohwerte der Windkanalwaage deutlich korrigiert werden, um eine Vorhersage für Straßenfahrt zu bekommen. Für einen Mittelklassekombi beträgt die Korrektur etwa 0,035 nach unten (Abb. 7.23).

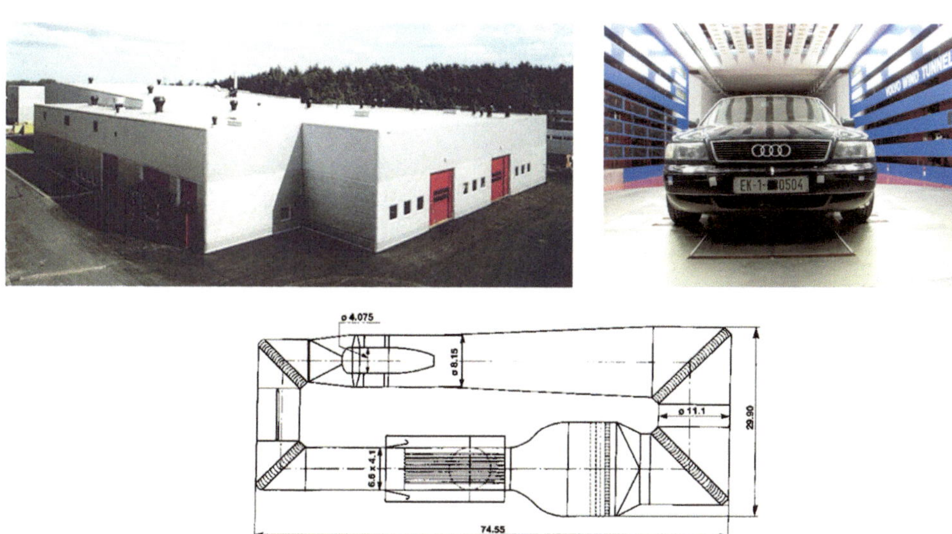

Abb. 7.23 Volvo Windkanal mit Luftbild, Ansicht der Messstrecke und im Grundriss

Auch der im Jahre 1999 erbaute Aeroakustikwindkanal der AUDI AG ist auch von Göttinger Bauart und hat eine offene Messstrecke mit horizontaler Luftführung. Durch die 11 m^2 große Düse ist bei maximaler Gebläseleistung (2,7 MW) eine Anströmgeschwindigkeit von 300 km/h möglich. Wie der Volvo Windkanal ist er mit einem Fünfbandsystem und verschiedenen Maßnahmen (Ausblasung, Absaugung) zur Grenzschichtkonditionierung ausgerüstet. In der Regel wird der Betrieb mit vollständiger und ohne Bodensimulation unterschieden. Das 1 m breite, mit Kunststoff überzogene Mittenlaufband, ist 5,5 m lang und läuft über vier Rollen. Die Kräfte auf das Fahrzeug werden auch hier mit einer Sechskomponentenwaage mit integriertem Hubsystem aufgenommen. Das Hubsystem mit einer maximalen Hubhöhe von 1,80 m ermöglicht ein schnelles und bequemes Arbeiten bei Fahrzeugumbauten. Der Kanal gilt heute als leisester Fahrzeugaeroakustikkanal überhaupt. Gründe hierfür sind u. a. eine Antischallanlage und eine spezielle Auskleidung der Wände von Plenum und Luftführung. Der Staudruck wird mit der Düsenmethode ermittelt. Abb. 7.24 zeigt den AUDI-Aeroakustikwindkanal in verschiedenen Ansichten.

Trotz seiner recht großen Düsenversperrung und dem vor allem zum Kollektor hin deutlich ansteigenden Druckgradienten werden die gemessenen Widerstandsbeiwerte als sehr realitätsgetreu erachtet. Dies liegt daran, dass sich die Interferenzeffekte gegenseitig nahezu auslöschen. Windkanäle mit einer solchen Auslegung werden auch selbstkorrigierende Kanäle genannt.

Abb. 7.24 Aeroakustikwindkanal der AUDI AG mit Luftbild, Ansicht der Messstrecke und im Grundriss. (AUDI AG [5])

7.5 Modellwindkanäle

Besonders in der frühen Entwicklungsphase ist es wichtig, bereits Aussagen über die aerodynamischen Eigenschaften von Fahrzeugen treffen zu können. In der Regel stehen zu diesem Zeitpunkt jedoch noch keine Prototypen oder 1:1-Modelle zur Verfügung. Hinzu kommt, dass das Anfertigen von 1:1-Modellen mit großem Zeitaufwand und hohen Kosten verbunden ist. Aus diesen Gründen werden aerodynamische Messungen häufig an verkleinerten Fahrzeugmodellen durchgeführt. Da die Untersuchungen am verkleinerten Modell auf reale Fahrzeuge übertragbar sein müssen, sollten Fahrzeug und Maßstabsmodell im Detail möglichst gut übereinstimmen. Wichtig ist aber auch, dass all die Anforderungen, die aus den vorangegangenen Kapiteln an einen 1:1-Windkanal gestellt werden, auch für entsprechende Maßstabsanlagen erhoben werden. Abb. 7.25 zeigt eine Windkanalmessung im 1:1- und 1:4-Maßstab.

Um bei Modell- und 1:1-Versuchen gleiche Strömungsverhältnisse zu erhalten, müssen Machzahl *Ma* und Reynoldszahl *Re* bei beiden Versuchen übereinstimmen. Die Machzahl steht dabei für Gewährleistung gleicher Kompressibilität, die Reynoldszahl zur Sicherstellung vergleichbarer laminarer und turbulenter Strömungsanteile. Mit der Schallgeschwindigkeit *a*, der charakteristischen Länge *L* (bspw. Radstand) und der kinematischen

Abb. 7.25 Fahrzeug im 1:1-Windkanal (**a**) und detaillierte 1:4-Nachbildung im 1:4-Modellwindkanal (**b**). (AUDI AG [5])

Viskosität ν gilt für Ma und Re

$$Re = \frac{v_\infty \cdot L}{\nu} \quad \text{und} \quad Ma = \frac{v_\infty}{a}. \tag{7.3}$$

Damit ist bei Modellversuchen eine Erhöhung der Strömungsgeschwindigkeit nötig, um gegenüber 1:1-Versuchen gleiche Reynoldszahlen zu erhalten. Durch diese Maßnahme wird in der Gleichung aber zwangsläufig die Machzahl vergrößert. Eine Übereinstimmung beider Größen bei Modell- und 1:1-Versuchen ist somit nicht zu erreichen. Bei Modellversuchen können also lediglich ungefähr vergleichbare Strömungsverhältnisse gegenüber 1:1-Versuchen geschaffen werden, indem nur eines der beiden Kriterien erfüllt wird. Eine möglichst gute Übereinstimmung der Reynoldszahlen ist dabei von primärer Bedeutung, da von ihr das Ausbilden einer laminaren oder turbulenten Strömungsform abhängt. Reynoldszahlen von mindestens 10^6 sollten dabei gewährleistet sein, sonst muss mit zu hohen c_W-Werten durch laminare Grenzschichtanteile und entsprechenden Ablösungen gerechnet werden. Da der Kurvenverlauf in Abb. 7.26 ab Reynoldszahlen von $Re > 10^6$ zunehmend abflacht, kann ab etwa $Re = 5 \cdot 10^6$ auf die exakte Einhaltung der Reynoldszahl verzichtet werden.

Die aerodynamische Untersuchung eines 1:1-Modells mit einer Strömungsgeschwindigkeit von 150 km/h kann beispielsweise im verkleinerten Maßstab mit einer Strömungsgeschwindigkeit von 216 km/h nachgebildet werden. Die Reynoldszahlen beider Messungen unterscheiden sich zwar, jedoch liegt der Fehler lediglich in einem Bereich von 1 bis 2 %.

Eine Möglichkeit, die Reynoldszahl in Maßstabsmessungen nicht zu sehr erhöhen zu müssen und damit Ma-Zahlähnlichkeit einzubüßen, ist die Erhöhung des Turbulenzgrades der Anströmung. Dies wird durch Positionierung eines Turbulators (Sieb in der Windkanaldüse, Stolperdrähte an kritischen Modellstellen) erreicht. Abb. 7.27 zeigt die Druckverteilung im Längsmittelschnitt eines verkleinerten Modells mit variierter Reynoldszahl.

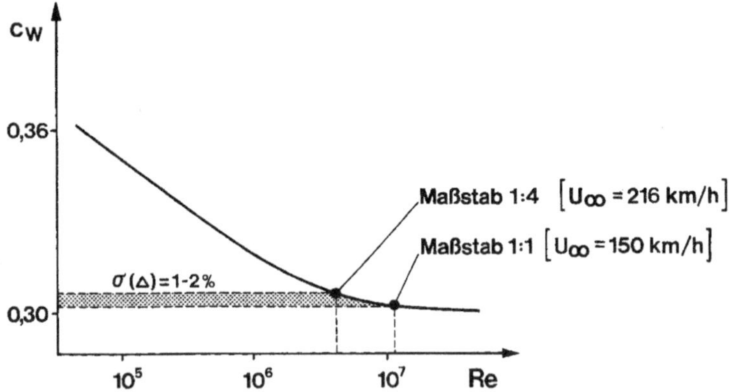

Abb. 7.26 Modellmessungen bei verschiedenen Reynoldszahlen. (Wiedemann und Ewald [70])

Unterschiede ergeben sich besonders im Bereich des Vorderwagens entlang der Motorhaube und des Unterbodens. Konfigurationen mit höherer Reynoldszahl erreichen in diesem Bereich größere Drücke bzw. geringere Unterdrücke. Mit einem Sieb vor der Windkanaldüse wurde dann der Turbulenzgrad der Strömung erhöht. Obwohl diese Maßnahme keinen Einfluss auf die Reynoldszahl selbst besitzt, verhält sich die Strömung aufgrund der erhöhten Turbulenzenergie wie bei erhöhter Reynoldszahl. Variierte Reynoldszahlen zeigen darin nahezu keinen Einfluss auf die Druckverteilung.

Ist im linken Bild ohne Sieb die Strömung im Bereich des Vorderwagens noch laminar, so verhält sich die Strömung mit Sieb über die gesamte Modelllänge turbulent. Für Messungen in Modellwindkanälen bedeutet dies, dass durch Erhöhung des Turbulenzgrades bereits bei niederen Reynoldszahlen eine turbulente Strömung geschaffen werden kann.

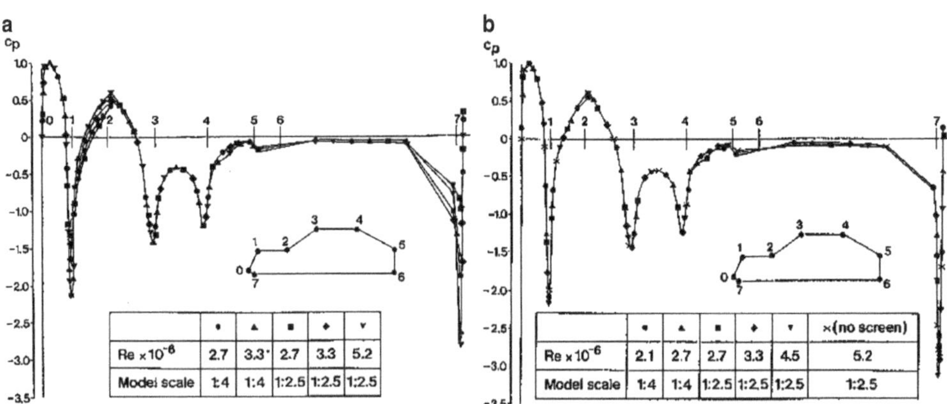

Abb. 7.27 Druckverteilung auf einem Modell bei variierter Reynoldszahl ohne (**a**) und mit (**b**) Erhöhung des Turbulenzgrads der Anströmung. (Wiedemann und Ewald [70])

Somit kann mit verkleinerten Modellen oder mit geringerer Strömungsgeschwindigkeit gearbeitet werden.

7.6 Messtechnik und Analyseverfahren

Der Windkanal ist ein Prüfstand zur Messung physikalischer Größen, die sich bei der Fahrzeugumströmung einstellen. Ausgewählte Messverfahren sollen an dieser Stelle vorgestellt werden.

7.6.1 Staudruckbestimmung im Windkanal

Zur Bestimmung des Staudrucks (bzw. der Anströmgeschwindigkeit) im Windkanal existieren theoretisch eine Reihe von Verfahren. Die nötige Genauigkeit und Robustheit, insbesondere um den Einfluss der Lufttemperatur auszuschalten, bringt aber nur die Staudruckermittlung über statische Druckmessungen. Dabei werden zwei Verfahren unterschieden, die Düsen- und die Plenumsmethode (in Windkanälen mit geschlossener Messstrecke ist nur die Düsenmethode anwendbar). Bei der Düsenmethode wird der Staudruck durch eine Druckdifferenz Δp_N in der Düse bestimmt. Mit einer Messsonde wird dann in der Messstrecke die Strömungsgeschwindigkeit in Abhängigkeit dieser Düsendruckdifferenz aufgezeichnet. Hierfür wird der Düsenkalibrierfaktor k_N entsprechend

$$q_\infty = \frac{\rho}{2} \cdot v_\infty^2 = k_N \cdot \Delta p \qquad (7.4)$$

eingeführt. Sein Verhalten über alle Geschwindigkeiten wird dann als Düsenfaktorkurve bezeichnet. Anhand dieser Kurve wird dann stets der Staudruck bzw. die Referenzgeschwindigkeit bestimmt, vgl. Abb. 7.28.

Bei der Plenumsmethode wird die Druckdifferenz zwischen der Düse und dem Plenum abgenommen. Hier kann, nach Bernoulli, über das Düsenkontraktionsverhältnis A_{VK}/A_N

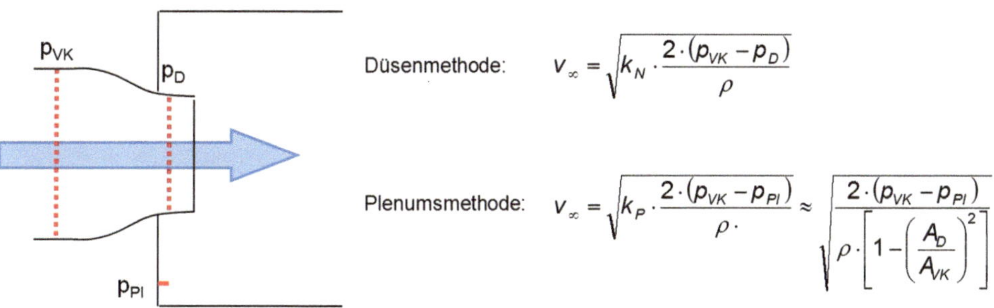

Abb. 7.28 Methoden zur Staudruckbestimmung im Windkanal. (AUDI AG [5])

auf die Strömungsgeschwindigkeit rückgerechnet werden. In der Praxis wird aber auch dieses Verfahren, ähnlich der Düsenmethode kalibriert.

Je nach Blockierungsverhältnis ergibt sich bei beiden Methoden ein Unterschied bei der Bestimmung der Strömungsgeschwindigkeit. Bei großer Düsenblockierung wird mit der Düsenmethode eine zu hohe Geschwindigkeit eingestellt (konstanter Massenstrom). Im Extremfall steigt der c_W-Wert gegen unendlich, da die Geschwindigkeit beliebig hochgeregelt wird (reibungsfreie Theorie). Bei der Plenumsmethode wird dagegen im Falle großer Düsenblockierung die Geschwindigkeit (zumindest am Strahlrand) immer konstant gehalten. Im Extremfall wird der c_W-Wert aufgrund der Drucküberhöhung an der Fahrzeugfront zu hoch gemessen. Also werden mit der Düsenmethode größere Kräfte gemessen. Beide Methoden sind in europäischen Freistrahlkanälen gebräuchlich. Die Plenumsmethode liegt näher am wahren Wert als die Düsenmethode. Allerdings führt die Anwendung der Düsenmethode in vielen Windkanälen zu einer Kompensation mit anderen Blockierungsfehlern deren Vorzeichen entgegengesetzt sind. Solche Windkanäle werden als selbstkorrigierende Windkanäle bezeichnet.

7.6.2 Wägetechnik

Die Luftkraft und das Luftmoment, das die Windkanalströmung am Fahrzeug erzeugt, wird über eine Wägeeinrichtung ausgewertet. Dafür muss zunächst das Fahrzeug (bzw. das Modell) mit dieser Waage verbunden werden. Es besteht die Möglichkeit, einen Ausleger oder Schnüre am Fahrzeug zu befestigen oder die Waage im Windkanalboden anzuordnen und mit dem Fahrzeug an den Radaufstandspunkten bzw. am Schweller zu verbinden, vgl. Abb. 7.29.

a

b
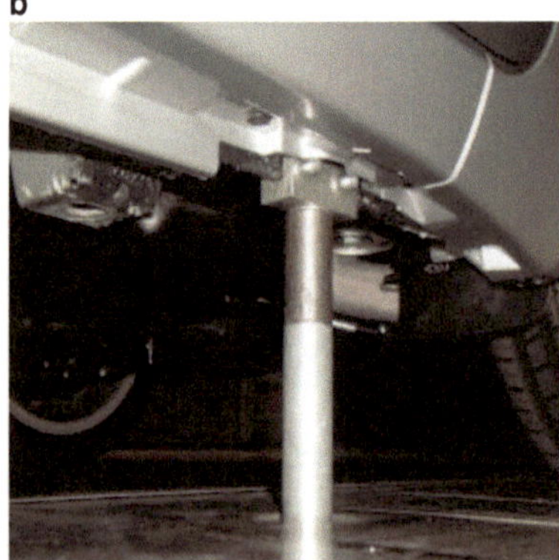

Abb. 7.29 Fahrzeugfesselung mit Auslegern (**a**) und mit Schwellerhalterung (**b**). (Quelle: RUAG)

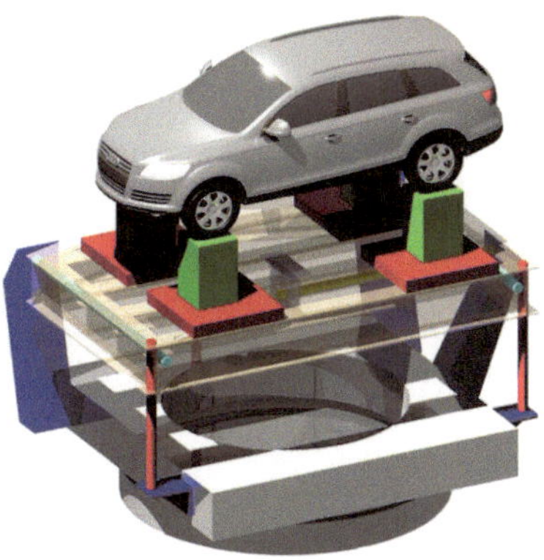

Abb. 7.30   Sechskomponenten-Pyramidenwaage des AUDI Windkanals. (AUDI AG [5])

Im Falle der Fesselung mittels eines Auslegers oder mit Schnüren kann die Waage auch im Modell angeordnet werden. Dies wird als interne Waage bezeichnet. Eine externe Waage befindet sich dagegen außerhalb des Fahrzeugs.

Heute gebräuchliche externe Waagen sind Pyramidenwaagen (Sechskomponentenwaagen) und Plattformwaagen (Siebenkomponentenwaagen). Bei Pyramidenwaagen sind sämtliche Verbindungen zum Fahrzeug (Radantriebe, Schwellerhalterungen) an einem Rahmen befestigt. An diesem werden dann mittels Druckaufnehmer die Kräfte in alle drei Raumrichtungen gemessen. Für jede Raumrichtung gibt es zwei Druckaufnehmer, über die bekannten Abstände zueinander werden dann auch die Momente ausgerechnet. Die Position des Fahrzeugs auf dem Rahmen muss während der Luftkraftmessung genau beachtet werden (Verschiebemessung), weil bei Verschiebung in x-Richtung der Einfluss der Gewichtskraft des Fahrzeugs die Auftriebsmessung verfälscht. Abb. 7.30 zeigt die Pyramidenwaage des AUDI-Windkanals.

Bei Plattformwaagen (vgl. Abb. 7.31) werden Kräfte in x- und y-Richtung ebenfalls am Rahmen aufgenommen, die z-Kraft wird allerdings direkt an allen vier Radaufstandspunkten gemessen. Der Vorteil hierbei besteht darin, dass die Verschiebemessung entfallen kann, eine Störung der Auftriebsmessung durch das Fahrzeuggewicht ist nicht möglich.

Aufgelöste Waagen (zwölf Komponenten) messen an jedem Radaufstandspunkt drei Kraftkomponenten und bestimmen hieraus dann die Gesamtkraft und die Momentenkomponenten. Aufgelöste Waagen sind wie Plattformwaagen ebenfalls unproblematisch bzgl. Verschiebung des Fahrzeugs in x-Richtung. Allerdings sind sie mit Aufkommen moderner Bodensimulationstechniken nicht mehr verwendet worden, u. a. weil bei Raddrehung eine Verfälschung durch den Rollwiderstand auftritt.

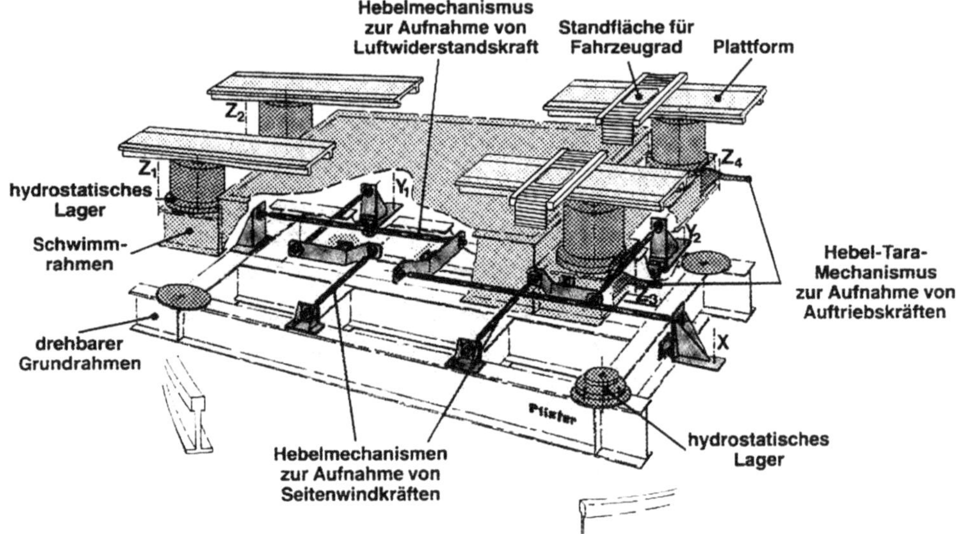

Abb. 7.31 Siebenkomponentenwaage des IVK-Windkanals. (Schütz [54])

7.6.3   Druck- und Geschwindigkeitsmessung

Oberflächendruckmessungen können an einem Fahrzeug oder Modell mit Oberflächen-
bohrungen angefertigt werden. Allerdings zerstört dies die Oberfläche und ist an Fahrzeugen, die sich auch im Fahrbetrieb befinden nicht sinnvoll. An Fahrzeugmodellen finden
Druckbohrungen durchaus Anwendung, allerdings muss dabei darauf geachtet werden,
dass der Bohrungsdurchmesser nicht zu groß gewählt wird, da sonst ein merklicher Messfehler auftritt, vgl. Abb. 7.32.

Abb. 7.32 Messfehler
bei der Druckmessung in
Abhängigkeit des Bohrungs-
durchmessers. (Gorlin und
Slezinger [17])

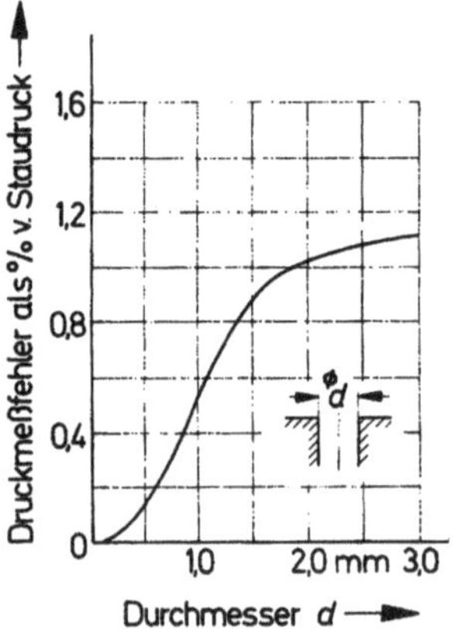

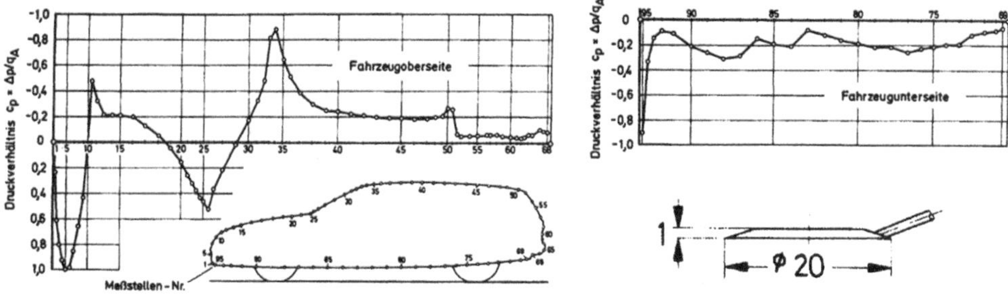

Abb. 7.33 Verlauf des Oberflächendrucks auf einem Fahrzeug, ermittelt mit aufgeklebten Oberflächendrucksonden. (Potthoff [43])

Eine Möglichkeit, zerstörungsfrei Oberflächendrücke zu messen, ist das Aufkleben von Flachdrucksonden, sogenannter Wanzen, Abb. 7.33. Wichtig ist die Anbringung in nicht zu stark gekrümmten Oberflächenbereichen, damit die Oberfläche durch die Sonde nicht zu stark verfälscht wird. In der Flachdrucksonde befindet sich eine Öffnung mit einem anschließenden Kanal, auf den eine Druckleitung angeschlossen werden kann.

Die Messung der Strömungsgeschwindigkeit ist auf mehreren Arten möglich. Eine sehr einfache Messmethode ist die Messung des dynamischen Drucks mit einem Prandtlrohr entsprechend Abb. 7.34. Eine Messbohrung an der Sondenspitze greift den Totaldruck, eine seitliche den statischen Druck ab. Bei Differenzbildung lässt sich auf den dynamischen Druck (Staudruck) schließen und damit auch auf die Strömungsgeschwindigkeit. Eine Messsonde, die nur den Totaldruck an der Sondenspitze misst, wird Pitotrohr genannt. Diese werden oftmals mehrfach übereinander angeordnet, um auf einen Schlag mehrere Messpunkte abzudecken. Diese Anordnung wird als Totaldruckrechen bezeichnet, vgl. Abb. 1.8, Kap. 1.

Wird das Prandtlrohr schräg angeströmt, ergibt sich allerdings ein Messfehler, wobei die Sonde selbst keine Information liefert, ob sie schräg angeströmt wird. Zur Messung

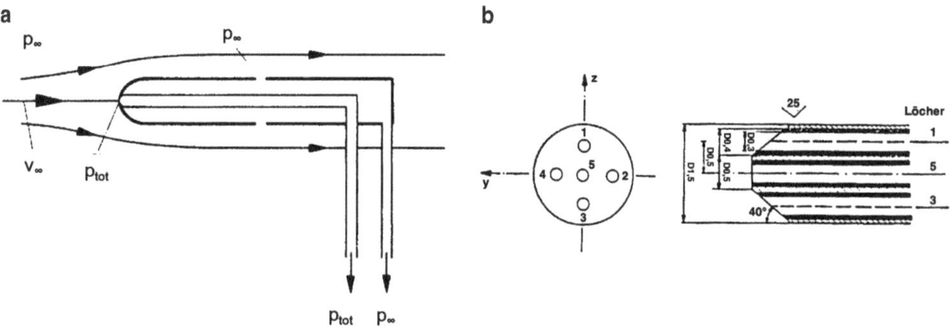

Abb. 7.34 Prandtlrohr (**a**) und Fünflochsonde (**b**) zur Bestimmung von Strömungsgeschwindigkeiten. (Schütz [54], Landhäußer [31])

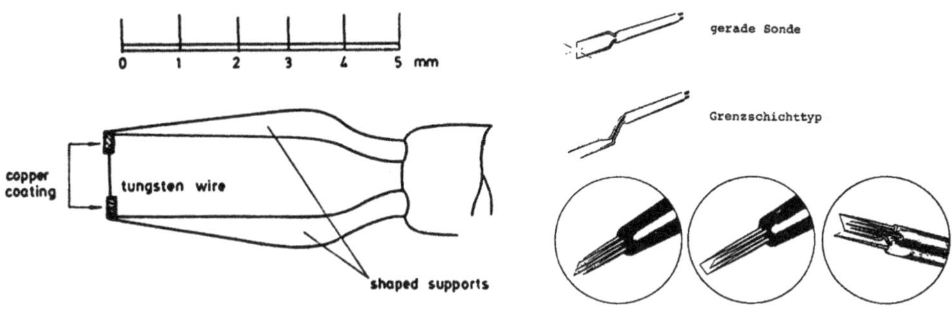

Abb. 7.35 Aufbau und Bauweisen von Hitzdrahtsonden. (Kiske et al. [29])

von großen Strömungswinkeln in mehrdimensionalen Feldern (z. B. in Nachläufen) eignen sich deshalb Mehrlochsonden. Unterschiedliche Anströmrichtungen der einzelnen Bohrungen ergeben Druckunterschiede, aus denen die Richtung der Strömung errechnet werden kann. Zeigen die Bohrungen 1 bis 4 den gleichen Druck, so weist die Sonde in Strömungsrichtung. Die Bohrung 5 ist dann korrekt ausgerichtet.

Bei der Hitzdrahtanemometrie wird ein dünner Draht mit einen Durchmesser von 2,5 bis 10 µm aus Wolfram (teilweise auch Platin oder Nickel) verwendet. Der Draht ist zwischen zwei wesentlich dickeren Stahlspitzen gespannt, an die er angeschweißt ist. Über den Halter und dem daran angeschlossenen Kabel wird die elektrische Verbindung zur Hitzdrahtbrücke hergestellt, s. Abb. 7.35.

Der Draht wird elektrisch beheizt, wobei sein elektrischer Widerstand von der Temperatur abhängt. Durch die Umströmung findet ein Wärmetransport in das Strömungsmedium statt, der mit der Strömungsgeschwindigkeit korreliert. Durch Messung der elektrischen Größen mittels einer Brückenschaltung kann so nach erfolgter Kalibrierung auf die Strömungsgeschwindigkeit geschlossen werden. Vom Hitzdraht wird die Geschwindigkeitskomponente in einer Ebene senkrecht zum Draht erfasst. Die Komponente tangential zum Draht hat nur einen sehr geringen Einfluss und kann in den allermeisten Fällen vernachlässigt werden. Die Drahtdicke ist der bestimmende Parameter für die Dynamik. Je dünner der Draht ist, umso höhere Frequenzen können damit erfasst werden, aber desto größer ist auch seine mechanische Empfindlichkeit.

Die Laser-Doppler-Anemometrie (LDA) ist ein berührungsloses, optisches Messverfahren zur punktuellen Bestimmung von Geschwindigkeitskomponenten in Strömungen, s. Abb. 7.36. Hierbei wird ein Laserstrahl in zwei Strahlen aufgeteilt. Am Messpunkt kreuzen sich diese Strahlen wieder und es entsteht ein Interferenzstreifenmuster. Ein Partikel, welches sich zusammen mit dem Fluid durch das Streifenmuster bewegt, generiert in einem Photodetektor ein Streulichtsignal, dessen Frequenz proportional der Geschwindigkeitskomponente senkrecht zu den Interferenzstreifen ist. Dabei handelt es sich um Schwebung zwischen dem unterschiedlich dopplerverschobenen Streulicht beider Laserstrahlen. Durch Kombination von drei Laser-Doppler-Systemen mit unterschiedlichen Laserwellenlängen können so punktuell alle drei Strömungsgeschwindigkeitskomponen-

Abb. 7.36 Laser-Doppler-Anemometrie. (Quelle: FKFS)

ten erfasst werden. Ein typisches Messvolumen hat bei der Laser-Doppler-Anemometrie eine Länge von einem Millimeter und einen Durchmesser von einigen Zehntel Millimetern.

Particle Image Velocimetry (PIV) ist ebenfalls ein berührungsloses optisches Verfahren zur Bestimmung von Geschwindigkeitsfeldern. Dem strömenden Gas werden kleinste Partikel, bspw. aus Öl, zugesetzt. Die Partikel haben einen Durchmesser von 0,5 bis 2 µm. Ein zu einer Ebene aufgeweiteter Laserstrahl beleuchtet in einer Ebene die Partikel pulsierend. Während eines Pulses werden in kurzem Abstand zwei Bilder geschossen. Meist werden hierzu zwei CCD-Chips einer Kamera verwendet. Der zeitliche Abstand der Auslöseverzögerung muss an die Hauptströmungsgeschwindigkeit angepasst werden. Je schneller die Strömung ist, umso kürzer muss der Abstand der Auslöseverzögerung gewählt werden. Die Partikel bewegen sich in der Zeit zwischen den beiden Bildern mit der lokalen Strömungsgeschwindigkeit. Das von den Partikeln reflektierte Licht der beiden Pulse wird mit einem Objektiv auf den CCD-Sensor der Kamera abgebildet und anschließend digital weiterverarbeitet. Die Ermittlung der Geschwindigkeitskomponenten in der Bildebene gelingt durch die Berechnung der Kreuzkorrelationsfunktion zwischen benachbarten Bildbereichen in beiden Bildern. Mit den Methoden der Photogrametrie kann die Kamera kalibriert werden, damit die Bewegung aus den Bildkoordinaten in räumliche Koordinaten umgerechnet werden kann.

Abb. 7.37 Definition der Fahrzeugstirnfläche

7.6.4　Stirnflächen- und Konturermittlung

Die Fahrzeugstirnfläche A_x ist die Schattenfläche bei Parallelprojektion zur Fahrzeuglängsachse auf eine querstehende Ebene. Sie wird zur Berechnung des Luftwiderstandsbeiwerts verwendet. Abb. 7.37 zeigt die Definition von A_x.

Bei der Stirnflächenbestimmung muss mit parallelem Licht gearbeitet werden. Bei Zentralprojektion müsste für die Abtastung eines 5 m langen Kreiszylinders mit $2\,\mathrm{m}^2$ Querschnitt die Lichtquelle 10.000 km entfernt sein, wenn der Flächenfehler $< 0{,}1\,\%$ sein soll, vgl. Abb. 7.38. Dies ist in einem Messraum aber nicht umsetzbar.

Bei der Verwendung von parallelem Licht befinden sich Lichtquelle und eine Fadenkreuzkamera als Messkopf auf einer Koordinatenmessmaschine. Der Strahlengang beider Geräte ist koaxial. Hinter dem Messobjekt befindet sich ein Schirm, die Schattenkontur wird dann abgetastet. Konstanter Abstand zum Projektionsschirm erspart Nachfokussieren. Der Flächeninhalt der Kontur wird dann im Rechner ermittelt, vgl. Abb. 7.39.

Probleme bei der Verwendung von Laserlicht sind vor allem, dass die Kontur unscharf wird oder mit dem Hintergrund verschmilzt. Laserlicht ist nie exakt parallel einstellbar, außerdem ist die Konturverfolgung schwierig. Es existieren weitere optische Verfahren zur Vermessung der Stirnfläche, auf deren Erklärung aber an dieser Stelle verzichtet wird. Außerdem kann die Stirnfläche auch aus CAD-Daten ermittelt werden.

Abb. 7.38 Probleme bei der Stirnflächenvermessung mit Zentralprojektion. (Schmidt [50])

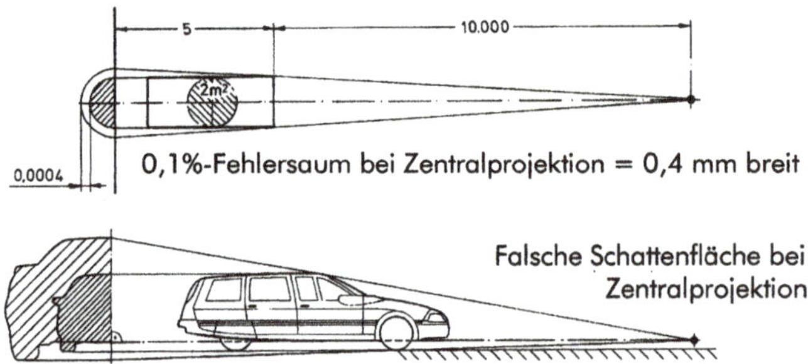

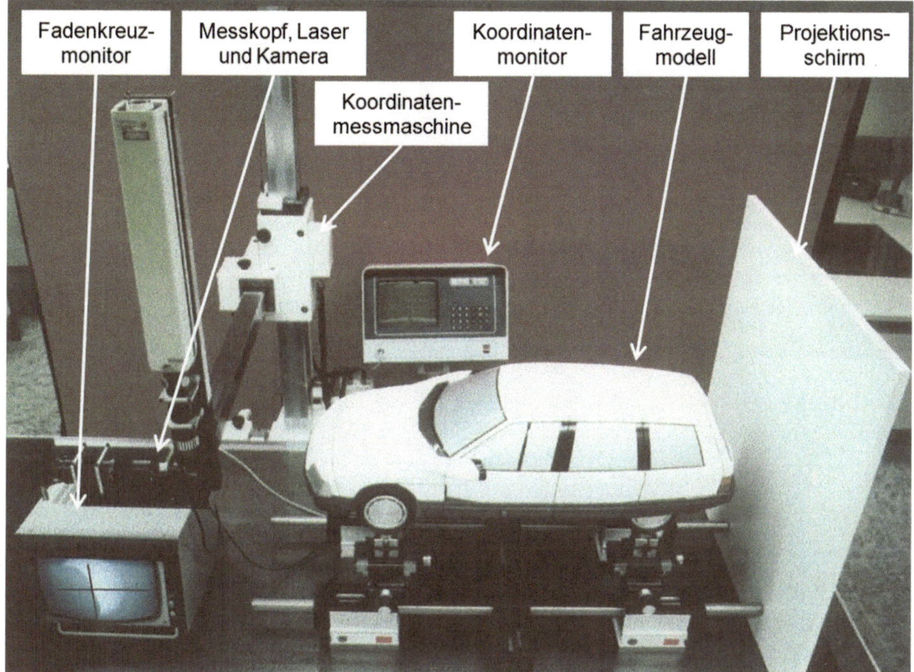

Abb. 7.39   Stirnflächenvermessung an einem Fahrzeugmodell. (Schmidt [50])

7.6.5   Akustikmessungen

Luftschallmessungen werden vorwiegend mit *Mikrofonen* als Impedanzwandler (Schalldruck bewirkt eine Wechselspannung) durchgeführt. Am häufigsten verwendet werden dabei sogenannte Kondensatormikrofone. Die Kapazität des Kondensators (Membran / Gegenelektrode) wird über einen Widerstand auf den Wert einer bestimmten Vor- oder Polarisationsspannung aufgeladen. Durch Schalldruckbeaufschlagung der Membran ergeben sich Kapazitäts- und damit Stromänderungen durch den Widerstand. Der Wechselspannungsabfall am Widerstand wird einem Vorverstärker zugeführt. Für das Mikrofon wird ein möglichst linearer Frequenzgang angestrebt. Bei der *Kunstkopfmesstechnik* handelt es sich im eigentlichen Sinne um einen speziellen Einsatz von Mikrofonmessungen. Ein Kunstkopf besteht aus der Nachbildung eines menschlichen Kopfes (Abb. 7.40a). In die Ohrmuscheln sind dabei Mikrofone eingebaut. Dies ermöglicht beim Abhören der aufgenommenen Schallsignale mit einem Kopfhörer einen räumlichen Höreindruck. Die Bewertung von Geräuschen wird auf diese Weise realistischer möglich als durch gewöhnliche Mikrofonaufnahmen.

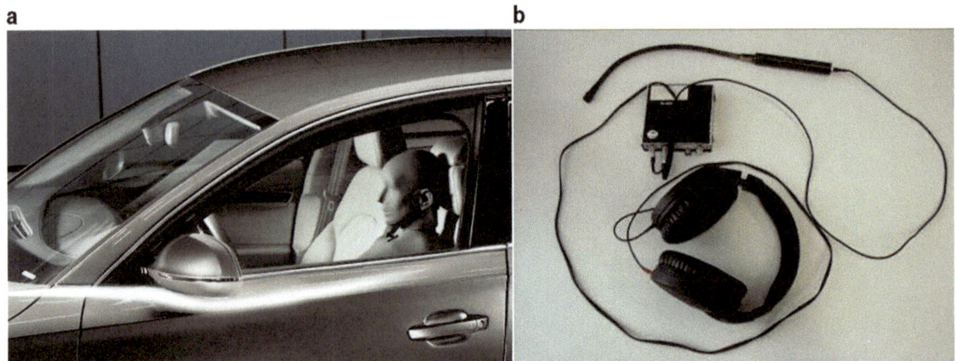

Abb. 7.40 Akustikmessung mit Kunstkopf im Fahrzeug auf der Fahrersitzposition (**a**), Abhörmikrofon mit flexiblem Sondenröhrchen und Kopfhörer (**b**). (AUDI AG [5])

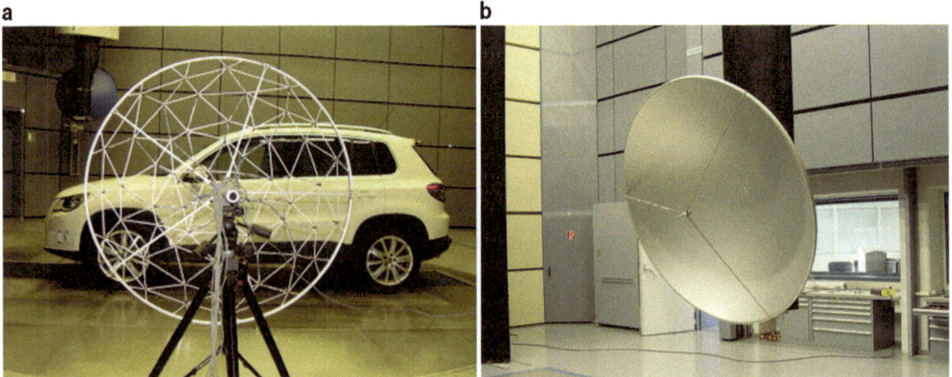

Abb. 7.41 Aeroakustische Messung mit Hilfe eines Mikrofonarrays (**a**), elliptischer Hohlspiegel im Aeroakustikwindkanal der AUDI AG (**b**). (AUDI AG [5])

Zum Aufspüren von Schallquellen im Fahrzeug können neben Stethoskopen auch spezielle *Mikrofonsonden* herangezogen werden. Solche Sonden bestehen aus einem oftmals flexiblen Röhrchen, in das ein Mikrofon eingesetzt ist. Dieses Röhrchen wird in einem Gehäuse gehalten, in dem ein Kopfhörerverstärker mit Lautstärkeregler und eine Spannungsversorgung untergebracht sind. An diesem Gehäuse kann ein Kopfhörer angeschlossen werden, über den das Signal des Mikrofons abgehört werden kann. Ein Beispiel zeigt Abb. 7.40b.

Mikrofonarrays werden häufig dann eingesetzt, wenn Messungen in der Nähe des Messobjektes nicht möglich sind. Sie bestehen aus einer Anzahl von Mikrofonen, die auf einer ebenen Fläche angeordnet sind. Wie diese Anordnung erfolgt, ist nahezu beliebig. Es gibt quasizufallsverteilte, ringförmige, kreuzförmige und lineare Arrays. Abb. 7.41a zeigt ein Mikrofonarray im Windkanal.

Das Messprinzip beruht darauf, das Array auf die verschiedenen Messpunkte auf dem Messobjekt zu fokussieren. Dies erfolgt durch eine der Laufzeit vom Messpunkt zum jeweiligen Mikrofon entsprechenden Zeitverschiebung der von diesem Mikrofon erfassten Signale. Die zeitkorrigierten Signale aller Mikrofone werden dann aufsummiert. Hierdurch ergibt sich ein dem jeweiligen Messpunkt zugeordnetes Zeitsignal. Der Schall der anderen Quellen wird dabei weitestgehend herausgemittelt. Der vom jeweiligen Fokuspunkt abgestrahlte Schall wird hingegen verstärkt.

Der Frequenzbereich von Mikrofonarrays wird nach unten durch die Arraygröße begrenzt. Je größer das Array, desto niedriger seine Grenzfrequenz. Im oberen Frequenzbereich treten verstärkt Fehler durch Scheinschallquellen (Aliase) auf, die zu Fehlinterpretationen führen können. Mikrofonarrays werden vorwiegend bei offenen Messstrecken eingesetzt. Das Array wird dann außerhalb der Strömung im Plenum angeordnet. Selbstverständlich muss in diesem Falle der Einfluss der Strömung und der Scherschicht am Strahlrand eines Windkanals herauskorrigiert werden.

Hohlspiegelmikrofone (Abb. 7.41b) werden in Windkanälen mit offener Messstrecke häufig zur Ermittlung von Außengeräuschen eingesetzt. Für Parabolspiegel wird das Mikrofon so positioniert, dass es im Schnittpunkt der reflektierten parallel einfallenden Schallwellen liegt. Soll die Ortungsgenauigkeit erhöht werden, so ist die Verwendung eines Ellipsoidspiegels vorteilhaft. Beim Ellipsoidspiegel befindet sich im ersten Brennpunkt (direkt vor dem Spiegel) das Mikrofon, im anderen der Messpunkt auf dem zu untersuchenden Objekt. Wenn der Messabstand nicht zu klein ist, können auch Parabolspiegel auf einen Messpunkt fokussiert werden, indem das Mikrofon dementsprechend positioniert wird. Vorteilhaft ist, dass Parabolspiegel recht preiswert zu beschaffen sind (Satellitenschüsseln). Die Signalverstärkung eines Hohlspiegelmikrofones ist frequenzabhängig. Die geringsten Verstärkungen erfolgen im unteren Frequenzbereich. Größere Verstärkungen können dort nur mit größeren Spiegeldurchmessern erreicht werden. Dies bringt auch Vorteile für die räumliche Auflösung.

Körperschall, wie bspw. Blechschwingungen, werden mit *Beschleunigungsaufnehmern* gemessen. Die heute gebräuchlichsten Körperschallaufnehmer arbeiten nach dem piezoelektrischen Prinzip. Künstliche oder polarisierte Elemente produzieren bei Deformation an ihren Polflächen eine Ladungsverschiebung, die zu der auf sie wirkenden Kraft proportional ist.

Das eigentliche Wandlerelement ist ein piezoelektrisches Element, auf dem eine relativ große Masse ruht. Diese Teile sind in einem wasserdichten Edelstahlgehäuse untergebracht, das einen dicken Boden (Basis) hat. Wenn der Beschleunigungsaufnehmer Schwingungen ausgesetzt wird, übt die Masse eine Wechselkraft auf das piezoelektrische Element aus, das hierdurch eine veränderliche Ladung entwickelt, die der Beschleunigung der Masse proportional ist. Je nach Bauart erfährt das am Gehäuse befestigte piezoelektrische Material eine Belastung durch Zusammendrücken oder durch Scherkraft, wenn der Aufnehmer einer Schwingung und damit einer Beschleunigung ausgesetzt wird. Die Kraft ist dabei nach dem Newton'schen Grundgesetz der Beschleunigung der Masse di-

Abb. 7.42 Verschiedene Beschleunigungsaufnehmer der Firma Bruel Kjaer

rekt proportional. Piezoelektrische Beschleunigungsaufnehmer sind aktive Geber, d. h. sie benötigen keine Energieversorgung zur Erzeugung des elektrischen Signals. Sie enthalten außerdem keine beweglichen Teile, die verschleißen können. Das der Beschleunigung proportionale Ausgangssignal lässt sich in geschwindigkeits- und wegproportionale Signale umwandeln. Abb. 7.42 zeigt verschiedene Beschleunigungsaufnehmer.

7.6.6 Verschmutzungsuntersuchungen

Bei Verschmutzungsuntersuchungen wird gemäß den Definitionen in Abschn. 6.3 zwischen Fremd- und Eigenverschmutzung unterschieden. In für derartige Messungen vorgesehenen Windkanälen wird dazu an geeigneten Stellen Wasser zugeführt. Zur Darstellung der Eigenverschmutzung geschieht dies mit Düsen, die sich vor den sich drehenden Rädern befinden. Zur Abbildung der Fremdverschmutzung wird dem Luftstrom vor dem Fahrzeug mit Hilfe einer Sprüheinrichtung Wasser zugeführt. Die erste Aufgabenstellung bei dem Versuch, Fahrzeugverschmutzung zu bewerten, besteht in der Visualisierung des Schmutzeintrags. In den 1980er-Jahren wurde häufig Kreideschlamm eingesetzt, der dem Wasser beigemengt wurde. Abb. 7.43 zeigt die Visualisierung der Fahrzeugeigen- und Fremdverschmutzung mit Kreideschlamm.

Abb. 7.43 Visualisierung der Fahrzeugeigen- und Fremdverschmutzung mit Kreideschlamm im Thermowindkanal der Universität Stuttgart. (Potthoff [43])

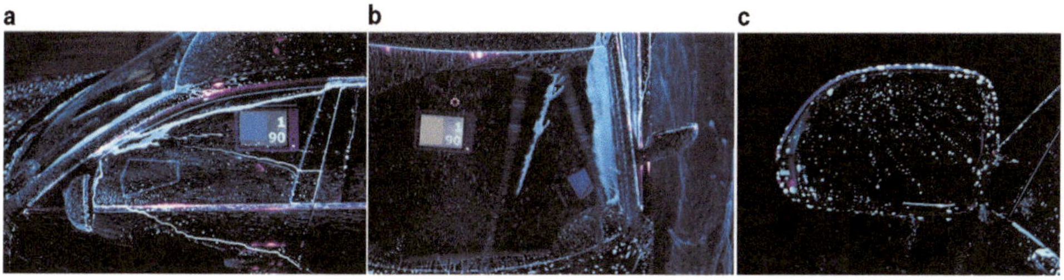

Abb. 7.44 Visualisierung der Fahrzeugfremdverschmutzung mit Tinopal® unter UV-Licht auf der Seitenscheibe (**a**), im Wischerbetrieb (**b**) und auf dem Glas des Außenspiegels (**c**). (AUDI AG [5])

Nachteil der Kreideschlammmethode war, dass die Düsen zur realistischen Darstellung der Gischt bei Straßenfahrt (Fremdverschmutzung) so fein gewählt werden mussten, dass sie leicht verstopften. Außerdem wirkt Kreide abrasiv. Heute wird dem Wasser meist ein Fluoreszenzmittel beigemengt und nach dem Versuch das Fahrzeug mit ultraviolettem Licht bestrahlt. Geeignete floureszierende Mittel sind Tinopal® und Uvitex 2bt flüssig®. Abb. 7.44 zeigt entsprechend sichtbar gemachte Verschmutzungsbilder unter UV-Licht.

Letztere Methode bietet die Möglichkeit, auch quantitative Aussagen zu treffen. Am Institut für Verbrennungsmotoren und Kraftfahrwesen (IVK) der Universität Stuttgart wurde hierzu ein Verfahren entwickelt. DiVeAn® wertet anhand von digitalen Fotos verschiedener Messkonfigurationen den Blauanteil des in einem Bewertungsfeld (Spiegelglas, Seitenscheibe) emittierten Lichts aus und errechnet eine Intensitätszahl. Diese dient als Bewertungsmaßstab des Verschmutzungsgrades. Ein Problem der Verschmutzungsbewertung sowohl subjektiv anhand von Fotos als auch mit digitaler Auswertung ist, dass Fotos erst nach Abschaltung des Winds gemacht werden können. Durch Filmbildung und Abtropfen auf die zu bewertenden Flächen kann während dieser Abschaltzeit aber eine Verfälschung eintreten.

Numerische Berechnung der Fahrzeugaerodynamik

8

Für die Beurteilung der aerodynamischen Eigenschaften eines Fahrzeugs in der frühen Phase der Entwicklung stehen dem Fahrzeugaerodynamiker zwei Möglichkeiten zur Verfügung, Windkanalexperimente und numerische Berechnung (Computational Fluid Dynamics CFD). Das Ergebnis einer Berechnung zeigt sehr detailliert die Strömungsverhältnisse mit allen aerodynamisch relevanten physikalischen Größen an der Fahrzeugoberfläche und im umgebenden Raum. Deshalb kann CFD Informationen liefern, die messtechnisch nicht oder nur unter großem Aufwand zu erfassen sind und so zum Verständnis komplexer Strömungsvorgänge beitragen. Die numerische Strömungssimulation wird vor allem in der frühen Entwicklungsphase eingesetzt, in der Prototypen nur in begrenzter Anzahl oder gar nicht vorhanden sind. In dieser Designphase dient CFD zur Reduzierung von Modellversuchen im Modellwindkanal.

CFD-Verfahren unterscheiden sich zunächst nach Art der verwendeten Grundgleichungen und des Diskretisierungsverfahrens. Auf dem Markt sind eine Reihe kommerzieller Softwarepakete verfügbar, die in der Fahrzeugaerodynamik verwendet werden und unterschiedlichen Kombinationen aus Grundgleichungen und Diskretisierungen nutzen. Des Weiteren ermöglicht CFD einige Analysen, die im Windkanal nicht machbar sind. Diese Punkte sollen im Folgenden behandelt werden. Allen Verfahren ist gemein, dass sie einem ähnlichen Arbeitsablauf folgen (s. Kap. 9) und mehr oder weniger hohe Anforderungen an die Computerressourcen stellen.

8.1 Diskretisierungsverfahren

Differenzialgleichungen müssen zur numerischen Behandlung diskret formuliert werden. Anschaulich bedeutet dies, das kontinuierliche Fluidvolumen wird in einzelne Punkte, sogenannte Stützstellen, aufgeteilt. Die Anordnung dieser Punkte kann auf verschiedenen Wegen erfolgen, vgl. Abb. 8.1. Zur mathematischen Formulierung der Grundgleichungen

© Springer Fachmedien Wiesbaden 2016

T. Schütz, *Fahrzeugaerodynamik*, ATZ/MTZ-Fachbuch, DOI 10.1007/978-3-658-12818-0_8

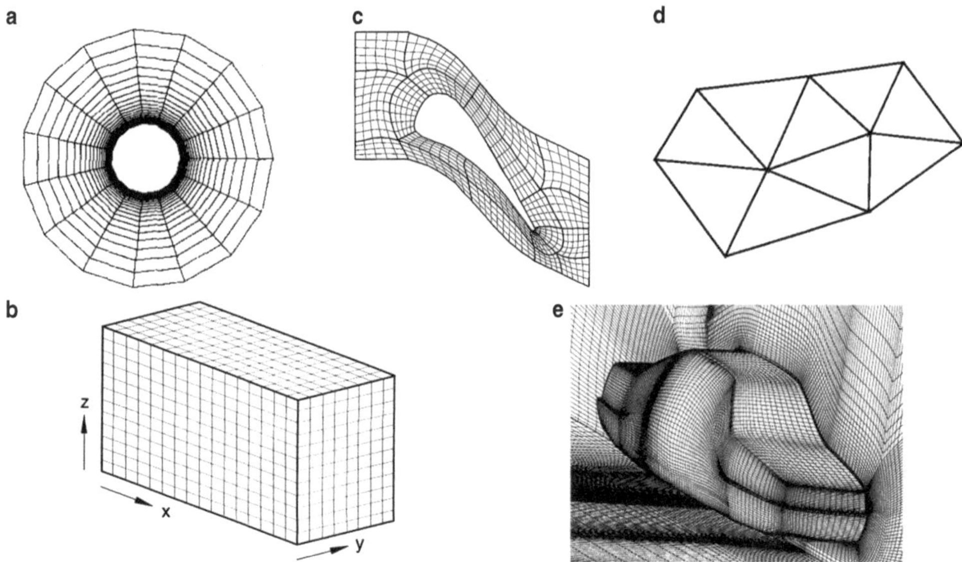

Abb. 8.1 Unterschiedliche Netztypen, strukturiertes Netz (**a**), blockstrukturiertes Netz (**b**), unstrukturiertes Netz (**c**), orthogonales Netz (**d**), Oberflächennetz (**e**). (Oertel und Laurien [40])

an den Stützstellen werden die drei Verfahren Finite-Differenzen-Methode (FDM), Finite-Volumen-Methode (FVM) und Finite-Elemente-Methode (FEM) unterschieden.

Einen Aufschluss über das Verhalten der drei Methoden in Bezug auf deren Genauigkeit und Flexibilität gibt Abb. 8.2. Diese Bezeichnungen charakterisieren grundsätzliche Vorgehensweisen. Innerhalb einer solchen Methodenklasse existiert eine Vielzahl von unterschiedlichen Verfahren, die sich in der detaillierten Vorgehensweise unterscheiden. Als Beispiel sollen die FDM-Verfahren Lax-Wendroff und McCormack genannt sein. Ein Verfahren ist im Übrigen erst durch Angabe von Raum- und Zeitdiskretisierung eindeutig beschrieben. Im Folgenden wird zunächst die zeitliche, dann die räumliche Diskretisierung beschrieben.

Abb. 8.2 Genauigkeit und Flexibilität der Diskretisierungsverfahren. (Oertel und Laurien [40])

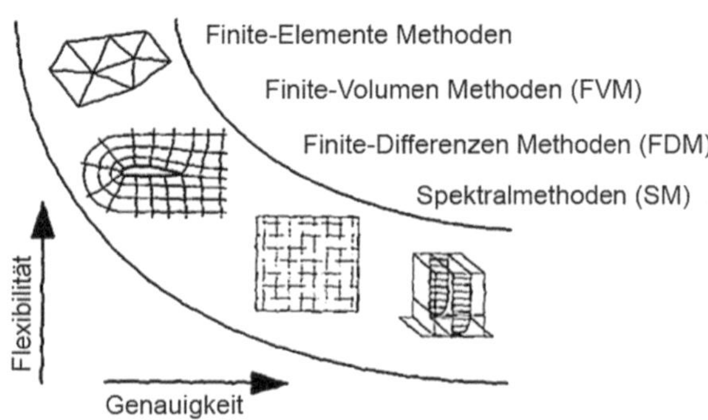

8.1.1 Zeitdiskretisierung

Es existieren eine Reihe von Verfahren zur Diskretisierung der Zeit, hier seien das explizite und das implizite Euler-Verfahren genannt. Im Euler-Verfahren wird der Differentialquotient einer beliebigen Größe H ersetzt durch einen Differenzenquotienten. Beim expliziten Verfahren wird der Rest der Gleichung (hier als $f(H)$ bezeichnet) anhand des vorangegangenen Zeitschrittes t beim impliziten Verfahren anhand des zu ermittelnden Zeitschrittes $t+1$ formuliert. Es gilt:

$$\frac{\partial H}{\partial t} \approx \frac{H^{(t)} - H^{(t-1)}}{\Delta t} = f\left[H^{(t)}\right] \quad \text{bzw.} \quad \frac{\partial H}{\partial t} \approx \frac{H^{(t+1)} - H^{(t)}}{\Delta t} = f\left[H^{(t+1)}\right].$$

$$(8.1)$$

Ein Beispiel ist in Abschn. 8.2.1 genannt. Das implizite Euler-Verfahren gilt als stabiler, bedeutet allerdings auch einen gesteigerten Programmieraufwand.

8.1.2 Finite-Differenzen-Verfahren

Die Finite-Differenzen-Methode (auch Differenzenverfahren genannt) diskretisiert das kontinuierliche Berechnungsgebiet, indem die Differenzialoperatoren der Grundgleichungen in Differenzenquotienten umgewandelt werden. Diese erfüllen an den Netzpunkten die Grundgleichungen näherungsweise. Hinreichende Bedingung für die Anordnung der Netzpunkte ist ein orthogonales, äquidistantes Berechnungsgitter. Kennzahl ist für jede Raumrichtung ξ_i die Schrittweite $\Delta \xi_i$. Ist diese Bedingung für vorhandene Geometrien nicht erfüllbar, kann ein schiefwinkliges Netz definiert und in kartesische Koordinaten transformiert werden. Dies stellt allerdings hohe Anforderungen an die Programmierung und entlarvt das Finite-Differenzen-Verfahren als recht unflexibel. Da orthogonale Netze immer strukturiert sind, ist jede Stützstelle anhand eines Indextripels (i, j, k) identifizierbar. Die orthogonale Anordnung zeigt Abb. 8.3.

Durch Ersetzen der Differentialoperatoren erster und zweiter Ordnung in den Berechungsgleichungen (z. B. NSG) durch die Differenzenquotienten in jedem Punkt (i, j, k) entsteht ein umfangreiches System algebraischer Gleichungen. Die Anzahl der Unbekannten entspricht genau der Anzahl der entstehenden Gleichungen. Als Beispiel wird in Abschn. 8.2.1 die Kontinuitätsgleichung mit der FDM diskretisiert. Zentrale Differenzen haben den Vorteil, dass die Abweichung vom Differenzialquotienten quadratisch mit dem Stützpunktabstand steigt, eine Netzverfeinerung reduziert den numerischen Fehler dann also deutlich. Allerdings wird das algebraische Gleichungssystem komplexer.

8.1.3 Finite-Volumen-Verfahren

Beim Finite-Volumen-Verfahren werden die Grundgleichungen über das gesamte Strömungsgebiet integriert. Zur räumlichen Diskretisierung wird dieses in beliebig geformte

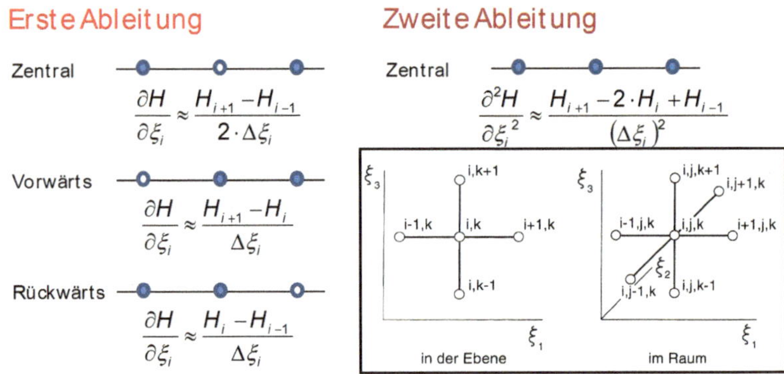

Abb. 8.3 Indizierung des Rechenraumes beim Finite-Differenzen-Verfahren sowie verschiedene Verfahren zur Differenzenbildung. (Oertel und Laurien [40])

Sechsflächner (= Hexaeder) unterteilt. Für jede Zelle des resultierenden numerischen Netzes wird mit Hilfe des Integralsatzes von Gauß das entstehende Volumenintegral in sechs Oberflächenintegrale umgewandelt (für jede Volumenbegrenzungsfläche eines, definiert durch den zugehörigen Normalenvektor), wodurch die Differentialgleichungen linearisiert werden. Die Oberflächenintegrale werden über die in den Zellmittelpunkten definierten Zustandsgrößen ausgedrückt. Dies bedeutet, die Zustandsgrößen sind innerhalb eines Hexaeders konstant. Auch hier entsteht ein System gekoppelter Differenzialgleichungen, das für jeden Zeitpunkt zu lösen ist. Abb. 8.4 zeigt eine FV-Zelle mit den geometrischen Definitionen. Der Vorteil der FVM besteht in der Flexibilität der verwendeten Netze, insbesondere bei komplexen Geometrien (numerische Robustheit). Es muss außerdem kein gesonderter Rechenraum definiert werden, die Formulierung findet direkt im physikalischen Raum statt. Dies vereinfacht auch die Implementierbarkeit in Rechenprogramme. Daher wird dieses Verfahren häufig angewendet.

Abb. 8.4 Finite Volumenzelle (i, j, k) mit Normalenvektoren und Indizes der Nachbarzellen. (Aus Oertel und Laurien [40])

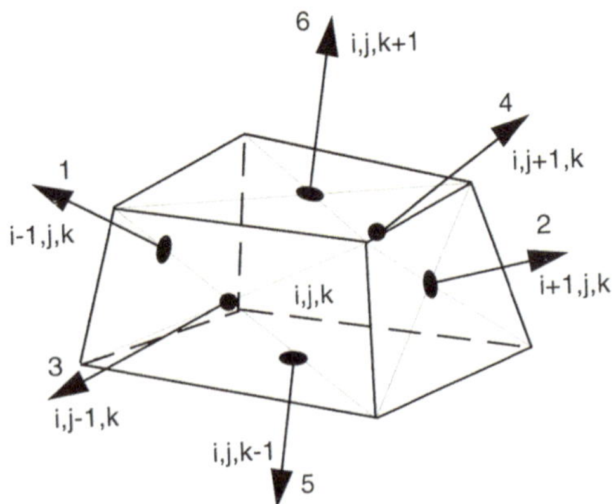

8.1.4 Finite-Elemente-Verfahren

Die Diskretisierung mit FEM gewinnt zurzeit in starkem Maße an Bedeutung, zudem kann aus der Strukturberechnung auf einen großen Erfahrungsschatz hinsichtlich der numerischen Eigenschaften zurückgegriffen werden. Das Verfahren beruht auf der Unterteilung des Strömungsgebiets in so genannte Elemente, meist Dreiecke (2D) oder Tetraeder (3D). Die Knotenpunkte der Elemente sind durch die Netzerstellung global definiert. In jedem Element werden sie darüber hinaus derart durch lokale Koordinaten beschrieben, dass an den Knotenpunkten alle Koordinaten bis auf eine verschwinden und die Koordinaten maximal den Wert eins annehmen können. Für ein Dreieck mit drei lokalen Koordinaten zeigt dies Abb. 8.5. Die Zustandsgrößen werden beim Finite-Elemente-Verfahren in ihrem Verlauf in den einzelnen Elementen durch geeignete Formfunktionen in den lokalen Koordinaten ausgedrückt. Über Transformationsvorschriften der lokalen in globale Koordinaten werden Aussagen für das gesamte Fluid geschaffen. Die Formfunktionen sind beherrschbar zu wählen, sodass sie, in die Grundgleichungen eingesetzt, einfach integriert werden können.

Es entsteht, wie bei FDM und FVM, ein Gleichungssystem, das mit der Zeitschrittweite Δt schrittweise gelöst werden kann. Da die FEM sich durch die Definition der lokalen Koordinaten vor allem auch für beliebig unstrukturierte Netze gut eignet, und an speziellen Geometrieteilen auch Netzverdichtungen einfach darstellbar sind, ist dieses Verfahren sehr flexibel. Nachteilig wirkt sich der größere Speicherbedarf pro Stützstelle im Vergleich zu FDM und FVM aus. Hierdurch kann die Berechnung mit zu grober Diskretisierung Fehler generieren.

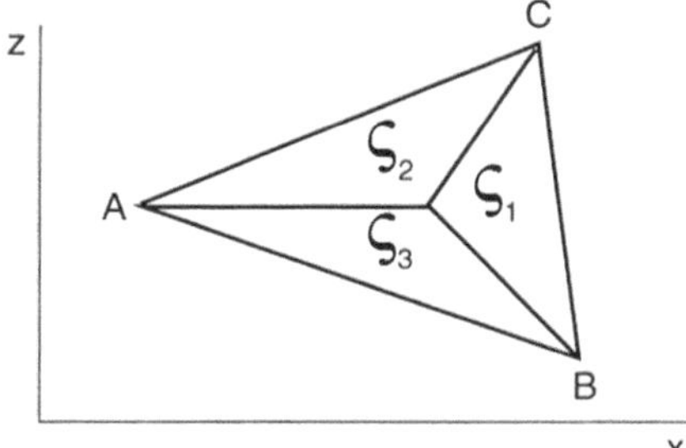

Abb. 8.5 Lokale Koordinaten in einem Dreieckselement zur FEM. (Oertel und Laurien [40])

8.2 CFD-Verfahren

CFD-Verfahren lösen die Grundgleichungen aus Abschn. 3.1 auf numerischem Wege. Zum einen können die Navier-Stokes-Gleichungen inklusive Kontinuitätsgleichung oder aber die Boltzmann-Gleichung verwendet werden. Hinzu kommt dann bei thermischen Fragestellungen noch die Energiegleichung. Abb. 8.6 zeigt eine Einteilung von CFD-Verfahren und einige Eigenschaften davon auf.

8.2.1 Navier-Stokes-basierte Ansätze

Die Navier-Stokes-Gleichungen (NSG inkl. Kontinuitätsgleichung) können mit Hilfe der erwähnten Diskretisierungsverfahren numerisch behandelt werden. Dies macht aber nur Sinn, wenn alle Strömungsdetails, also auch die kleinen Turbulenzskalen, durch das numerische Netz aufgelöst werden können. Es ist also ein sehr kleiner Stützstellenabstand zu wählen. Anhand der Kontinuitätsgleichung soll gezeigt werden, wie die Diskretisierung mit der FDM abläuft. Durch das Ersetzen der Differenzialquotienten in

$$\frac{\partial(\rho)}{\partial t} + \frac{\partial(\rho \cdot u)}{\partial x} + \frac{\partial(\rho \cdot v)}{\partial y} + \frac{\partial(\rho \cdot w)}{\partial z} = 0. \tag{8.2}$$

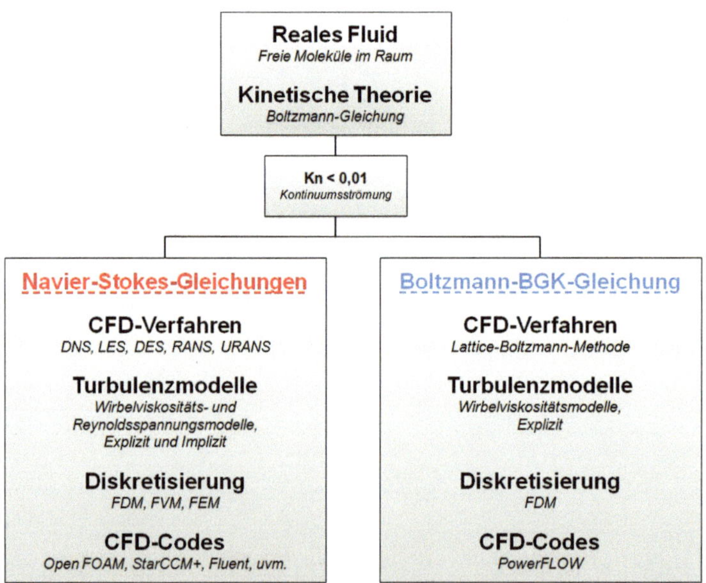

Abb. 8.6 Einteilung und Eigenschaften von CFD-Verfahren

durch Differenzenquotienten am Punkt (i, j, k) und die Anwendung des expliziten Euler-Verfahrens ergibt sich im Zeitpunkt $t + 1$

$$\frac{\rho_{i,j,k}^{t+1} - \rho_{i,j,k}^{t}}{\Delta t} + \frac{(\rho \cdot u)_{i,j,k}^{t} - (\rho \cdot u)_{i-1,j,k}^{t}}{\Delta x}$$
$$+ \frac{(\rho \cdot u)_{i,j,k}^{t} - (\rho \cdot u)_{i,j-1,k}^{t}}{\Delta y} + \frac{(\rho \cdot u)_{i,j,k}^{t} - (\rho \cdot u)_{i,j,k-1}^{t}}{\Delta z} = 0. \tag{8.3}$$

Hier dargestellt ist eine Rückwärtsdifferenz von (i, j, k) zu den Punkten $(i - 1, j, k)$, $(i, j - 1, k)$ und $(i, j, k - 1)$. Andere Differenzenbildungen werden ebenfalls angewendet, z. B. Vorwärts- oder Zentraldifferenz. Es entsteht also in jedem Gitterpunkt eine algebraische Gleichung. Mit den NSG, der Energiegleichung und einem Gasgesetz ist dieses algebraische Gleichungssystem geschlossen. Allerdings müssen die Berechnungsgrößen am Berechnungsrand (Randbedingungen, z. B. Wandhaftbedingung $u = 0$) vorgegeben sein. Außerdem müssen die Strömungsgrößen zum Zeitpunkt 0 bekannt sein (Anfangsbedingungen).

Durch den geringen notwendigen Stützstellenabstand und aufgrund der nichtlinearen Struktur zweiter Ordnung der NSG wird das resultierende System algebraischer Gleichungen sehr komplex. Deshalb ist diese so genannte Direkte Numerische Simulation (DNS) nur bei sehr grundlegenden Umströmungen (Kreiszylinder o. ä.) einzusetzen. Eine instationäre Fahrzeugumströmung würde Rechenzeiten von über einem Jahr bedeuten. Werden die RANS-Gleichungen (inkompressibel, adiabat) gewählt und diskretisiert, kann ein Turbulenzmodell eingesetzt werden. Hierdurch ist ein geringerer Abstand der numerischen Stützstellen als bei DNS möglich, außerdem ist das algebraische Gleichungssystem nicht mehr derart komplex. Stationäre Verfahren werden RANS-Verfahren, instationäre Verfahren URANS (unsteady RANS) bezeichnet. RANS-Verfahren sind zur Berechnung von c_W-Werten in der Kfz-Aerodynamik nur bedingt geeignet. Oftmals sind die Turbulenzmodelle nur teilweise in der Lage, die Nachlaufstrukturen und Ablöselinien realistisch vorauszusagen.

Mit der steigenden Leistung der neueren Supercomputer wird auch auf die Large-Eddy-Simulation (LES) zurückgegriffen, gewissermaßen ein Verfahren mit einer Komplexität zwischen URANS und DNS. Bei der LES werden die Navier-Stokes-Gleichungen räumlich mit einem Filter bearbeitet. Oftmals wirkt bspw. das Gitter als Tiefpass. So lassen sich die großen turbulenten Strukturen (= Large Eddies) direkt berechnen (DNS), die kleinskaligen Turbulenzen werden dagegen über ein Turbulenzmodell einbezogen. Das LES-Verfahren bringt bei Fahrzeugumströmungen verbesserte Ergebnisse im Vergleich zu RANS-Simulationen. Dies liegt insbesondere daran, dass die anisotrope Turbulenz sich auf recht große Skalen beschränkt. Diese werden hier direkt simuliert. Kleinskalige Turbulenz hat einen universellen, isotropen Charakter und lässt sich verhältnismäßig einfach modellieren. Das Spannungsfeld zwischen Ergebnisqualität und benötigter Rechnerleistung zeigt Abb. 8.7 für verschiedene Verfahren auf.

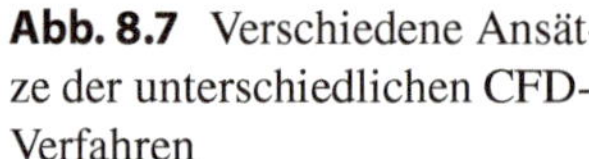

Abb. 8.7 Verschiedene Ansätze der unterschiedlichen CFD-Verfahren

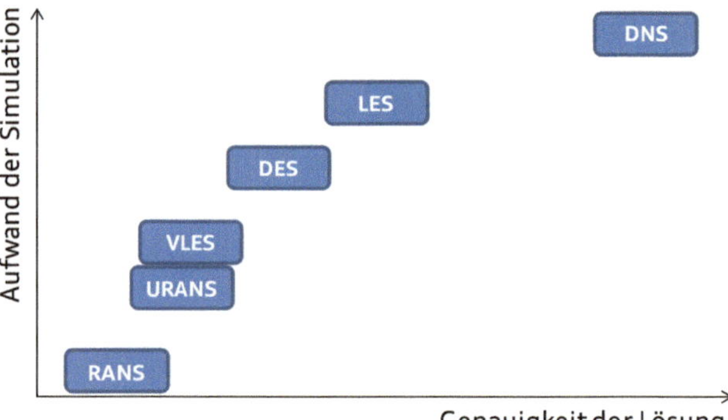

Ein Vorteil der Navier-Stokes-basierten Verfahren ist, dass Energiegleichung und Turbulenzmodell explizit, aber auch implizit, in den Berechnungsalgorithmus eingebunden werden kann. Die impliziten Verfahren sind zwar etwas rechenzeitintensiver, stabilisieren aber den Algorithmus und bringen bessere Ergebnisse. Außerdem können alle drei Diskretisierungsverfahren angewendet werden, was eine optimale Anpassung der Netze an das Strömungsproblem ermöglicht.

8.2.2   Die Lattice-Boltzmann-Methode

Um die Boltzmann-Gleichung numerisch effizient, also mit angemessenen Rechenzeiten nutzen zu können, wird der Geschwindigkeitsvektorraum in eine Anzahl α von diskreten Geschwindigkeiten u_α und entsprechenden Verteilungsfunktionen f_α aufgeteilt. Es entsteht die *diskrete Boltzmann-Gleichung*. Wird diese Gleichung nach dem Finite-Differenzen-Schema auch räumlich und zeitlich diskretisiert, ergibt sich die *diskretisierte Boltzmann-Gleichung*. Indem die Raum- und Zeitschrittweite miteinander in feste Beziehung gesetzt wird ($\Delta x = \xi_\alpha \cdot \Delta t$), entsteht schließlich die *Lattice-Boltzmann-Gleichung*:

$$ f_\alpha \left(x + \xi_\alpha \Delta t, t + \Delta t \right) = f_\alpha \left(x, t \right) + \omega \Delta t \left(f_\alpha^{(Gl)} \left(x, t \right) - f_\alpha \left(x, t \right) \right). \tag{8.4}$$

Die Lattice-Boltzmann-Methode ist aufgrund des beschriebenen Algorithmus eine transiente Berechnungsgleichung. Grundsätzlich zeichnet sich jedes LB-Verfahren durch das gewählte Gitter (engl. Lattice), die gewählte Gleichgewichtsfunktion und die gewählte Bewegungsgleichung (hier Lattice-Boltzmann-BGK) aus. Die Gitterstrukturen, auf denen unterschiedliche Lattice-Boltzmann-Verfahren basieren, werden mit DnQm gekennzeichnet.

Dabei gibt n die räumliche Dimension und m die Anzahl der zugelassenen Bewegungsrichtungen an. Die kartesische Geschwindigkeit ξ_0 im D3Q19-Gitter (Abb. 8.8) ergibt sich aus Zeit- und kleinster Raumschrittweite ($\Delta x = \xi_0 \cdot \Delta t$). Die Geschwindigkeiten ξ_α entlang der α Bewegungsrichtungen des Gitters innerhalb eines Zeitschritts Δt ergeben sich

Abb. 8.8 D3Q19-Gitter als
Beispiel einer Gitterstruktur
für die Lattice Boltzmann-
Methode

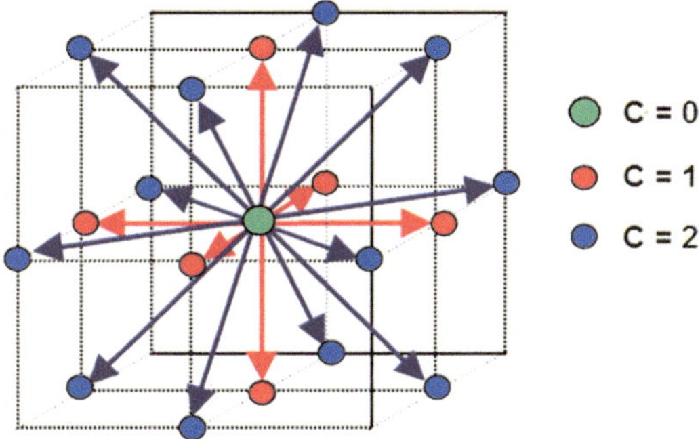

mit $C = 0,1,2$ zu

$$\xi_\alpha = \sqrt{C} \cdot \xi_0. \tag{8.5}$$

Die kartesische Geschwindigkeit ξ_0 und die molekularen Geschwindigkeiten $\boldsymbol{\xi}_\alpha$ sind von der Größenordnung der Schallgeschwindigkeit. Damit kann die Zeitschrittweite bei vorgegebener kleinster Zellgröße Δx_{min} bestimmt werden:

$$\xi_0 = \frac{u_\infty}{Ma} \quad \text{und} \quad \Delta t = \frac{Ma}{u_\infty} \cdot \Delta x_{\mathrm{min}}. \tag{8.6}$$

Das heißt, die Zeitschrittweite hängt von der definierten charakteristischen Geschwindigkeit u_∞, von der vorgegebenen Machzahl Ma und der Gitterweite Δx ab. Die Machzahl kann als Skalierungsgröße dienen und wird oft von vornherein festgelegt. Wird sie klein gewählt, wird die Zeitschrittweite auch klein, sodass der Rechenaufwand deutlich ansteigt. Andererseits kann bei einer Simulation die Machzahl absichtlich zu hoch angesetzt werden, um den Zeitschritt anzupassen. Solange die aufgrund der Kompressibilität gewählte obere Mach-Zahl-Grenze ($Ma < 0,4$) eingehalten wird, kann hiermit unter Inkaufnahme geringfügiger Kompressibilitätsfehler die Rechenzeit für einen vorgegebenes Zeitintervall deutlich verringert werden. So kann bei einer künstlichen Verdopplung der Machzahl eine Halbierung der Rechenzeit erreicht werden.

Die diskreten Gleichgewichtsverteilungen f_α für jede diskrete Geschwindigkeit $\boldsymbol{\xi}_\alpha$ entsteht durch Taylorreihenentwicklung der Maxwell'schen Gleichgewichtsverteilung und Abbruch nach der Größenordnung $O\,(Ma^3)$. Die Wichtungsfaktoren w_α ergeben sich für das verwendete D3Q19-Gitter zu 1/3, 1/18 und 1/36.

$$f_\alpha^{(\mathrm{Gl})} = \rho \cdot w_\alpha \cdot \left[1 + \frac{(\xi_\alpha \cdot \boldsymbol{u})}{R \cdot T} - \frac{\boldsymbol{u}^2}{2 \cdot R \cdot T} + \frac{(\xi_\alpha \cdot \boldsymbol{u})^2}{2 \cdot (R \cdot T)^2} - \frac{(\xi_\alpha \cdot \boldsymbol{u}) \cdot \boldsymbol{u}^2}{2 \cdot (R \cdot T)^2} + \frac{(\xi_\alpha \cdot \boldsymbol{u})^3}{6 \cdot (R \cdot T)^3} \right].$$
$$\tag{8.7}$$

Hierbei ist ρ die Massendichte, R die spezifische Gaskonstante und T die Temperatur des Strömungsmediums sowie $\boldsymbol{u}$ der makroskopische Geschwindigkeitsvektor. Die Lattice-BGK-Methode (LBGK) zeichnet sich durch einen sehr einfachen numerischen Algorithmus aus, was eine hohe Parallelisierung und somit hohe Rechengeschwindigkeiten erlaubt.

Die Lattice-Boltzmann-Gleichung ist ein System aus α (bei D3Q19 sind dies 19 Stück) Gleichungen. Jeder Geschwindigkeit $\boldsymbol{\xi}_\alpha$ ist im Gitterpunkt $\boldsymbol{x}$ also eine diskrete Verteilungsfunktion f_α zugehörig. Geeignete Summation innerhalb einer Zelle führt auf die makroskopischen Größen:

$$\rho\,(x,t) = \sum_{\alpha=1}^{19} f_\alpha^{(Gl)} \qquad \rho v_i\,(x,t) = \sum_{\alpha=1}^{19} \xi_{\alpha,i}\, f_\alpha^{(Gl)}$$

$$\rho E\,(x,t) = \sum_{\alpha=1}^{19} \xi_{\alpha,i}^2\, f_\alpha^{(Gl)} \qquad p = \sum_{\alpha=1}^{19} c_S^2\, f_\alpha^{(Gl)}. \tag{8.8}$$

Weitere makroskopische Größen höherer Ordnung, wie der Spannungstensor, können bei der Lattice-Boltzmann-Methode ebenfalls statistisch ausgerechnet werden, ohne zuvor makroskopische Größen berechnen zu müssen. Mittels *Chapman-Enskog-Entwicklung* kann für LBGK der Zusammenhang zwischen kinematischer Zähigkeit ν und der diskreten Kollisionsfrequenz ω gefunden werden:

$$\omega\,(\nu, T, \Delta t) = \frac{R \cdot T}{\nu + 1/2 \Delta t \cdot R \cdot T} \quad \text{bzw.} \quad \tau\,(\nu, T, \Delta t) = \frac{\nu}{R \cdot T} + \frac{\Delta t}{2}. \tag{8.9}$$

Die Kollisionsfrequenz ω hängt also neben der karthesischen Geschwindigkeit ξ_0 auch von der resultierenden Zeitschrittweite Δt ab. Neben der erwähnten Voraussetzung kleiner Machzahlen aufgrund der gewählten Gleichgewichtsverteilung, müssen auch die Knudsenzahlen eingeschränkt werden ($Kn < 0{,}01$ wegen geringer Abweichungen vom Gleichgewicht, *Chapman-Enskog-Entwicklung*).

Ebenso wie bei der numerischen Strömungssimulation mit Navier-Stokes-Lösern ist auch mit der Lattice-Boltzmann-Methode und heutigen Computerressourcen eine direkte numerische Simulation komplexer Probleme nicht sinnvoll. Deshalb kommen explizit eingebundene Wirbelviskositätsturbulenzmodelle zum Einsatz, die den Einfluss der nicht aufgelösten Turbulenz auf die Hauptströmung berücksichtigen. Die turbulente Viskosität wird dabei bei der Bestimmung der Kollisionsfrequenz (bzw. Zeitschrittweite) zur molekularen Viskosität addiert. Nahe der Wand kommen Wandfunktionen zum Einsatz. Die Simulation von nicht-adiabaten Problemen mit der Lattice-Boltzmann-Methode ist auf zwei Wegen möglich. Zum einen ist unter Hinzunahme von Freiheitsgraden, also zusätzlichen Lattice-Zuständen, eine direkte Berechnung von Energiezuständen aus der Lattice-Boltzmann-Gleichung möglich (vgl. D3Q34- und D3Q54-Gitter). Dies bringt aber einen deutlichen Anstieg der Rechenzeit, einen begrenzten Temperaturbereich ($T_{\max} < 2 \cdot T_\infty$) und eine geringere numerische Stabilität mit sich. Die Berechnung von Strömungstemperaturen mit dem D3Q19 Schema erfolgt durch explizite Einbindung der Energiegleichung.

8.3 Prozessanforderungen

Unabhängig vom gewählten CFD-Verfahren in der Kfz-Aerodynamik wird ein leistungsfähiger Supercomputer verwendet. Diese Großrechner erfuhren in den vergangenen Dekaden eine rasante Entwicklung, wie Abb. 8.9 zeigt.

Die Rechenzeit und damit auch die Prozessfähigkeit des CFD-Verfahrens für die Bestimmung des Strömungsfelds mit all seinen physikalischen Größen hängt einerseits von der numerischen Effizienz (Parallelisierbarkeit, mathematische Struktur der Grundgleichungen) des CFD-Verfahrens ab. Vor allem aber ist die Rechenzeit abhängig von der Leistung des Supercomputers. Tab. 8.1 zeigt für die beiden Verfahren DNS und RANS (stationär) derart abgeschätzte Rechenzeiten für entsprechende, bei den Verfahren benötigte Netze. Im instationären Fall muss das Ergebnis mit der Anzahl der Zeitschritte multipliziert werden. Die Rechenzeit ist außerdem abhängig von der Reynoldszahl des Strömungsproblems, sie steigt proportional zu Re^3 an, vgl. [40]. Diese Abschätzung (für stationäre Rechnungen) kann mit der Anzahl der Gitterpunkte n_{Netz}, der Anzahl der

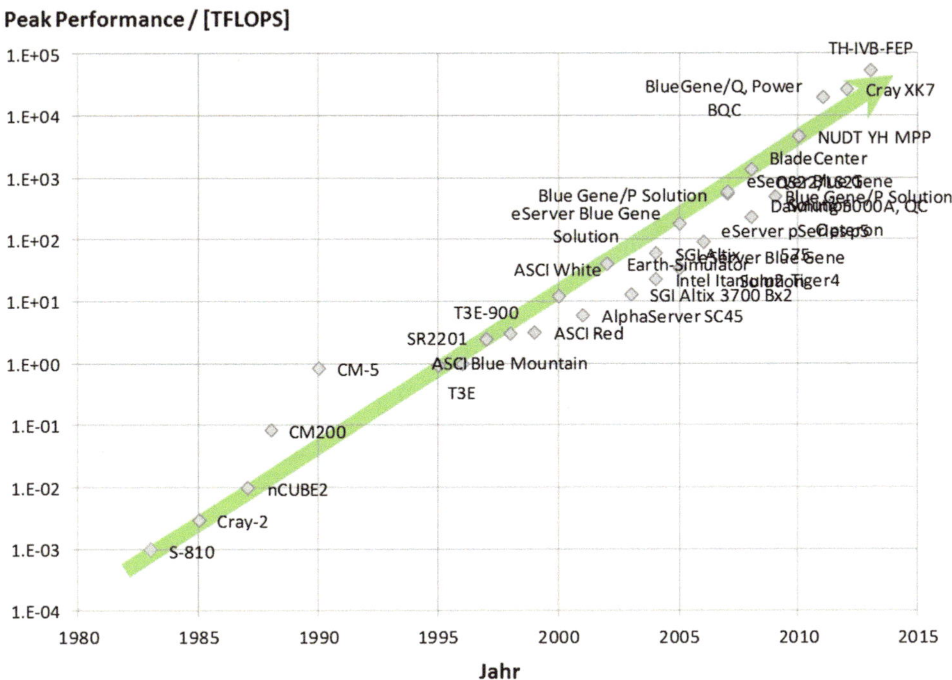

Abb. 8.9 Entwicklung der Rechenleistungen von Supercomputern seit den 1980er-Jahren. (www.top500.org [23])

Tab. 8.1 Prognostizierte Rechenzeiten für zwei CFD-Verfahren

	RANS (stationär)	DNS (stationär)
Benötigte Netzpunkte n_{Netz}	10^7	10^9
n_{OP}	10^7	10^8
t_R (bei 1000 GigaFlops)	100 s	27,8 h

Rechenoperationen pro Gitterpunkt n_{OP} und der Rechnerleistung n_{Flopp} anhand

$$t_R = \frac{n_{\mathrm{Netz}} \cdot n_{\mathrm{OP}}}{n_{\mathrm{Flopp}}} \tag{8.10}$$

erfolgen.

Die eigentliche Rechnung ist nur ein Baustein in der Prozesskette der CFD. Zuvor muss die Geometrie, die aus CAD-Konstruktion oder Modellabtastungen bekannt ist, in ein vom CFD-Code verarbeitbares Format umgewandelt werden. Es handelt sich dabei um oberflächenvernetzte Daten, oftmals von Nastran- oder stl-Format. Diese Vorarbeit wird Preprocessing oder Modellerstellung genannt. Der Simulation nachgeschaltet ist dann die Auswertung und Analyse der Ergebnisse, die Erstellung von Charts und Visualisierungen. Dieses wird als Postprocessing bezeichnet. Anschließend kann mit den gewonnenen Erkenntnissen das Datenmodell modifiziert werden und eine neue Simulation starten. Ein typischer Arbeitsablauf inklusive Turn-Around-Zeiten zeigt Abb. 8.10.

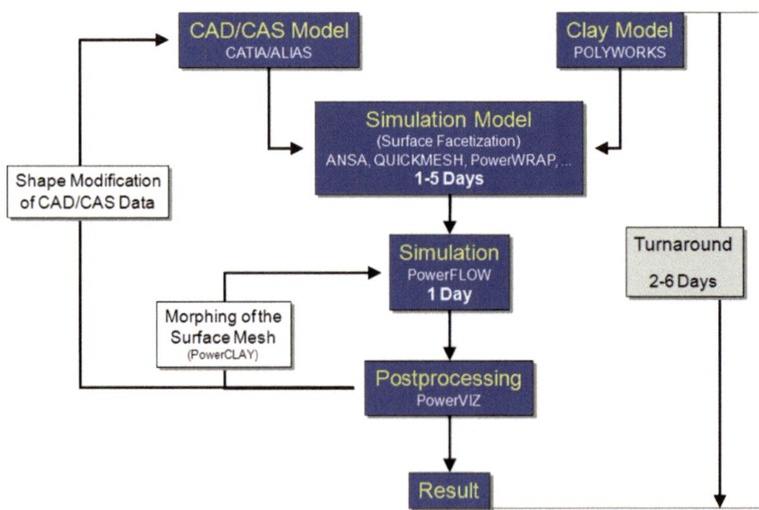

Abb. 8.10 CFD Simulationsprozess bei BMW. (BMW AG [8])

8.4 Darstellung drehender Geometrien

Die Strömung um und durch rotierende Bauteile stellt ein instationäres Strömungsphänomen dar. Dessen Beschreibung erfolgt heute in der numerischen Strömungssimulation mit Hilfe von drei Ansätzen, die in den folgenden Abschnitten beschrieben werden sollen:

- Oberflächenrandbedingung (wird hauptsächlich für translatorische Randbedingungen verwendet, kann aber auch für rotatorische eingesetzt werden),
- Methode der lokalen Referenzkoordinatensysteme,
- Rotierende numerische Netze.

Die einfachste Möglichkeit zur Darstellung von drehenden Geometrien, wie Räder oder Bremsscheiben, stellt die Oberflächenrandbedingung dar. Hierbei wird die bewegte Oberfläche als stationär, d. h. stehend angesehen und ihr anstatt einer realen Drehbewegung durch Angabe der entsprechenden Winkelgeschwindigkeit ω lediglich eine Oberflächengeschwindigkeit aufgeprägt. Diese wirkt sich aufgrund der Haftbedingung an festen, undurchdringlichen Wänden und durch die viskosen Fluidkräfte auf das Fluid aus. Für die Randbedingung am Oberflächenelement der entsprechenden Stelle gilt:

$$u_W = \omega \cdot r_{\text{Element}}. \tag{8.11}$$

Solange diese Geschwindigkeit an jeder Stelle der bewegten Geometrie tangential zur Wand wirkt (bspw. längsprofilierter Reifen, vollkommen verschlossene Felge) bildet diese Darstellungsweise die Physik korrekt ab. Bei offenen Felgen, querprofilierten Reifen und innenbelüfteten Bremsscheiben weisen einige Oberflächenelemente jedoch Geschwindigkeiten senkrecht zur Wand auf. Dies würde jedoch die Haftbedingung außer Kraft setzen und ist daher an diesen Stellen ungültig. Hier gilt dann weiterhin die reguläre Haftbedingung. In diesen Fällen ist die Oberflächenrandbedingung nicht realistisch.

Eine andere Möglichkeit besteht darin, die Geometrie in einem drehenden Referenzkoordinatensystem zu betrachten, innerhalb dem die Strömungsgrößen stationär berechnet werden. Die Geometrie wird in einer fixen Position festgehalten, weshalb diese Methode auch als *Frozen Rotor Method* bezeichnet wird. Anschließend erfolgt mit der Winkelgeschwindigkeit der realen Geometrie eine Transformation der Strömungsgrößen vom drehenden Referenzkoordinatensystem in das ruhende globale Bezugskoordinatensystem. Die gängigste Kurzbezeichnung ist MRF und steht für *Multiple Reference Frame*. Die Berechnung der Strömungsgrößen erfolgt innerhalb des Referenzsystems unter Aufprägung der Trägheitswirkung (Zentrifugal- und Corioliskraft F_Z und F_C). Als Kopplung am Übergang zwischen dem Referenzsystem und dem globalen System wird die Stetigkeit der Geschwindigkeitskomponenten u_i und des Drucks p am Ort x gefordert. Dabei gilt:

$$\boldsymbol{u}_x = \boldsymbol{u}_x^{(r)} + (\boldsymbol{w} \times \boldsymbol{r}_x). \tag{8.12}$$

Die auf das Fluid wirkenden volumenspezifischen Trägheitskräfte F_Z und F_C errechnen sich wie folgt:

$$\frac{d\boldsymbol{F}_Z}{dV} = -\rho\boldsymbol{w} \times (\boldsymbol{w} \times \boldsymbol{r}) - 2\rho\left(\frac{d\boldsymbol{w}}{dt} \times \boldsymbol{r}\right) \quad \text{und} \quad \frac{d\boldsymbol{F}_C}{dV} = -2\rho\,(\boldsymbol{w} \times \boldsymbol{u})\,. \quad (8.13)$$

Am Rad gilt $d\omega/dt = 0$, wenn Konstantfahrt untersucht wird. Das Strömungsfeld ist bei dieser Berechnungsmethode abhängig von der jeweiligen relativen Position des Rotors gegenüber seiner ruhenden Umgebung und stellt gewissermaßen nur eine Momentaufnahme dar (daher *Frozen Rotor*). Die in der Realität auftretende Verdrängungswirkung der nicht tangential zur Umfangsrichtung bewegten Geometrie wird modelliert, nicht aber das instationäre Weiterdrehen der Geometrie. Für eine vollständige Analyse müsste diese Berechnung sukzessive in vielen unterschiedlichen Positionen erfolgen.

Der Effekt, der bspw. bei einem Laufrad einer Radialmaschine auftritt, dass Materie unter einem gewissen Winkel in einen Kanal eintritt und durch die Weiterdrehung unter geändertem Winkel wieder ausströmt, kann nur mit rotierendem Netz dargestellt werden. Die Verwendung rotierender Netze stellt eine echte instationäre Betrachtungsweise dar. Hier werden ein stehendes globales und ein oder mehrere drehende Koordinatensysteme verwendet, aber im Gegensatz zu den vorangegangenen Methoden wird die Rotationsbewegung berücksichtigt. Die Rechengebiete am Übergang sind nicht fest zusammenhängend, so dass eine Verdrehung der Netze möglich ist. Die Drehung der Geometrie wird durch Rotation des entsprechenden Rechennetzes dargestellt. Das Rechennetz dreht in jedem Zeitschritt mit der rotierenden Geometrie um den entsprechenden Winkelbetrag weiter (daher engl.: *Multi-Stage*). Dieses Verfahren liefert realistische Ergebnisse zur Instationarität der Strömung, erfordert aber auch ein Vielfaches an Rechenressourcen im Vergleich zu den übrigen beiden Methoden.

8.5 Kommerzielle CFD-Software

Die meisten CFD-Programmpakete werden kommerziell vertrieben und sind lizensiert. Fluent, StarCD und Ansys CFX sind CFD-Programme, die Navier-Stokes-basiert arbeiten. Diese sogenannten Multi-Purpose-Anwendungen bieten eine nahezu freie Wahl an CFD-Verfahren (DNS, LES, RANS), Diskretisierungsverfahren (FDM, FVM, FEM), Turbulenzmodellierung (diverse Wirbelviskositätsmodelle, RSM), Wandbehandlung (Wandfunktionen, Low-Reynolds-Modelle). Auch Strömungsprobleme mit Wärmeübergang können berechnet werden. Durch die problemangepasste Wahlmöglichkeit an Diskretisierungsverfahren ist auch ein problemangepasstes numerisches Netz verwendbar. Lange Zeit galt aber die Netzerstellung als sehr aufwändig, da diese oft „händisch" erfolgte, oder zumindest optimiert werden mussten. Mittlerweile sind hier aber automatische Vernetzungsprogramme verfügbar. Aktuelle Programmversionen (2013) sind ANSYS Fluent und CFX 15, sowie StarCD V4 und Star-CCM+ von CD-Adapco. Sie bieten dem

Anwender grafische Schnittstellen zur einfachen und übersichtlichen Aufbereitung der Simulationsfälle.

OpenFOAM ist ein Open-Source-Code, der vor allem im Hochschulbereich, aber mittlerweile auch in der Fahrzeugindustrie eingesetzt wird. Er ist GPL-lizensiert und daher frei verfügbar. Auch hier sind mittlerweile eine Reihe von CFD-Verfahren, Diskretisierungsverfahren, Turbulenzmodellierung und Methoden der Wandbehandlung formuliert worden und ebenfalls frei verfügbar. Nachteil ist, dass die Rechenfälle auf der Programmierebene aufgesetzt werden müssen, was das Arbeiten unübersichtlich gestaltet und eine gewisse Anwendungserfahrung voraussetzt. Grafische Schnittstellen sind auf dem Markt allerdings entgeldlich verfügbar. Die aktuelle Programmversion (2013) ist OpenFOAM 2.1.

Das CFD-Programmpaket EXA PowerFLOW® basiert auf der Lattice-Boltzmann-Methode. Es verwendet den Lattice-Boltzmann-BGK-Ansatz, eine auf der Maxwellverteilung basierende Gleichgewichtsfunktion der Ordnung Ma^3 und ein D3Q19-Gitter. Optional wird die Energiegleichung auf explizitem Wege eingebunden. Die wandnahe Strömung wird über Wandfunktionen dargestellt.

Da PowerFLOW® aufgrund des Lattice-Boltzmann-Algorithmus ein transientes Berechnungsverfahren ist, werden große Wirbel direkt berechnet und die kleinen, dissipativen Wirbel unterhalb der Gittergröße durch ein Turbulenzmodell abgebildet. Dieser Ansatz wird als Very Large Eddy Simulation (VLES) bezeichnet. Die Modellierung der Energieproduktion und -dissipation der kleinen Wirbel erfolgt durch zwei Transportgleichungen für k und ε und durch die zuvor beschriebene Einbindung einer Wirbelviskosität in den Lattice-Boltzmann-Algorithmus. PowerFLOW bietet insbesondere den Vorteil einer automatischen Gittergenerierung für das Strömungsvolumen. Diese führt zu verkürzten Vorbereitungszeiten für die Simulation, insbesondere bei Parameterstudien. Außerdem ermöglicht die grafische Schnittstelle PowerPREP eine einfache und übersichtliche Generierung der Rechenfälle. Es liegt eine große Anzahl von Validierungsberichten an Grundkörpern und komplexen Fahrzeugen für PowerFLOW vor. Die zurzeit aktuelle Programmversion ist PowerFLOW 5.0 (Stand 2013).

Als Eingabeformat für die zu berechnende Geometrie ist eine mit Dreiecken diskretisierte Oberfläche erforderlich (sog. „Facets"). Das Strömungsvolumen wird durch ein automatisch erzeugtes, äquidistantes Hexaedergitter beschrieben. Die würfelförmigen Zellen werden als „Voxels" bezeichnet. Die Schnittflächen zwischen Voxels und Facets, die „Surfels", werden ebenfalls automatisch erzeugt und zur Berechnung verwendet. Die geometrischen Zusammenhänge sind für ein zweidimensionales Beispiel in Abb. 8.11 dargestellt.

8.6   Spezielle Analyseverfahren und Validierung

Das Ergebnis einer aerodynamischen Strömungssimulation beinhaltet alle relevanten Strömungsgrößen im Strömungsfeld um das Fahrzeug. Zunächst kann hieraus durch Integration der Normal- und Schubspannungen auf der Oberfläche die Luftkraft ausgewertet

Abb. 8.11 Bezeichnung der
Oberflächen- und Volumen-
elemente in der CFD-Software
EXA PowerFLOW® im zwei-
dimensionalen Beispiel

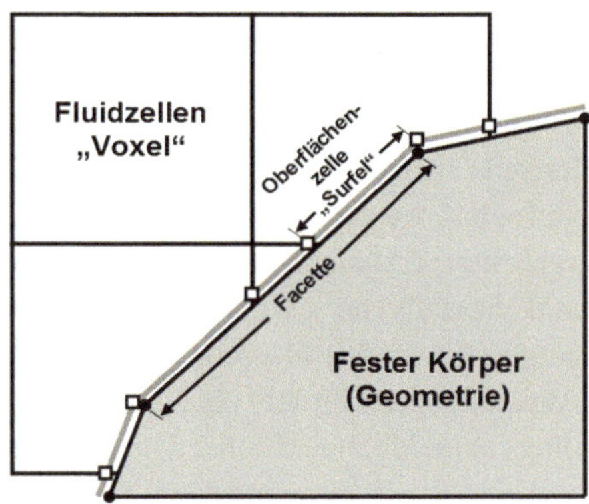

werden. Bei zeitabhängigen (transienten) Simulationen (LES oder URANS) werden hierzu die Strömungsfelddaten über einem Zeitintervall gemittelt, um reproduzierbare Werte
zu erhalten. Das Mittelungsintervall wird über Zeiten gespannt, in denen die Simulation
als konvergiert angesehen werden kann. Eine Einschätzung kann anhand des transienten
c_W-Verlaufs erfolgen (vgl. Abb. 8.12).

Allerdings sind noch einige andere wertvolle Analysen möglich, die bspw. im Windkanal gar nicht, oder nur unter großem Aufwand durchführbar wären. Abb. 8.13 zeigt die
Verteilung des Betrags der Strömungsgeschwindigkeit in der Ebene $y = 0$. Mit Hilfe solcher Ansichten kann bspw. festgestellt werden, ob die Strömung bis zur Dachhinterkante
anliegt oder welche Qualität die Unterbodenströmung hat.

Abb. 3.17 zeigte bereits die Druckverteilung auf der Fahrzeugoberfläche. Hiermit können Kräfte auf Einzelflächen (Scheiben, etc.) beurteilt werden. Außerdem kann am Fahrzeugunterboden visualisiert werden, ob und wie stark dortige Bauteile windbeaufschlagt
werden. Änderungen des Drucks auf der Fahrzeugheckfläche (Basisfläche) können anschaulich eine Widerstandsveränderung erklären. Solche Strömungsinformationen wären
ohne CFD nur schwer zu erhalten. In Abb. 8.14 ist die Verteilung der wandnahen Geschwindigkeit (= Geschwindigkeit in der wandnächsten Berechnungszelle) auf der Fahr-

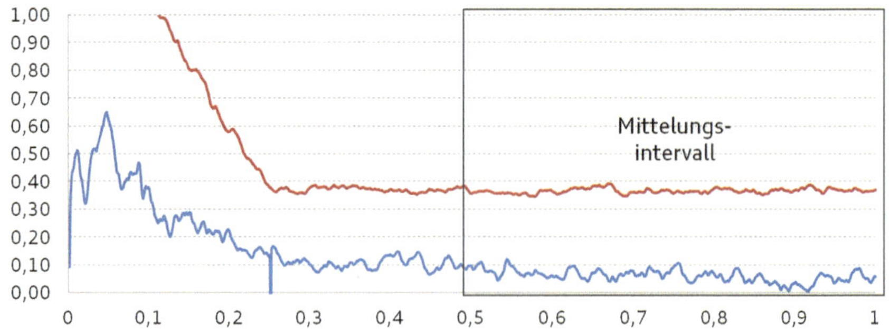

Abb. 8.12 Zeitlicher Verlauf des c_W- und c_A-Werts einer CFD-Simulation. (AUDI AG [5])

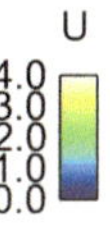

Abb. 8.13 Verteilung des Betrags der Strömungsgeschwindigkeit in der Ebene $y=0$ aus CFD. (AUDI AG [5])

zeugoberfläche dargestellt. Diese Größe (oder alternativ die Wandschubspannung) lässt sich im Experiment nicht ermitteln. Sie gibt aber eine genaue Information über den Verlauf von Ablösegebieten (bspw. am Fahrzeugheck) oder aber darüber, ob Anbauteile im Windschatten anderer Elemente liegen oder nicht.

Eine Analysemethode ohne aufwändiges Postprocessing, die im Windkanal ebenfalls nicht zur Verfügung steht, ist die Darstellung der Luftkraftentwicklung entlang der Fahrzeuglängsachse. Abb. 8.15 zeigt diese Entwicklung für c_W und c_A in den Fällen mit und ohne Kühlluft. Hier ist bspw. erkennbar, dass der Vorderwagen im Fall Mock-up (keine Kühlluft) deutlich mehr Widerstand erzeugt. Die Kühlluft führt dann aber durch Wechsel-

Abb. 8.14 Verteilung der wandnahen Geschwindigkeit auf der Fahrzeugoberfläche, CFD. (AUDI AG [5])

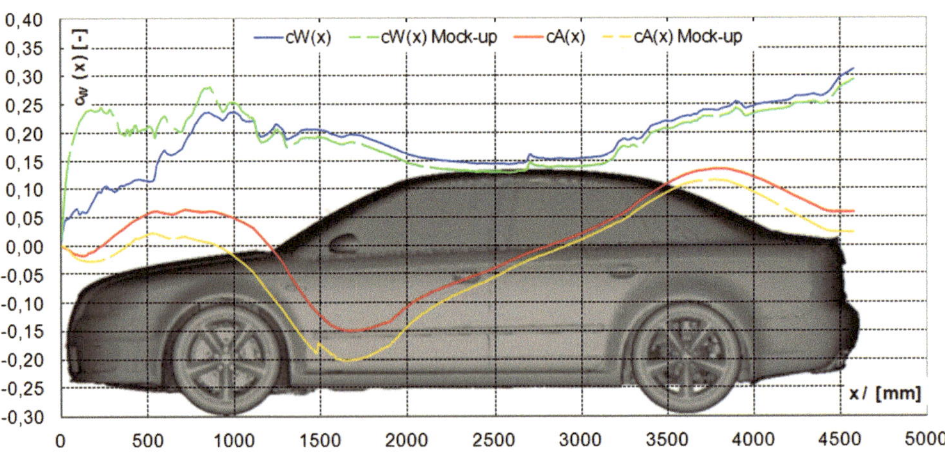

Abb. 8.15 Entwicklung von Widerstands- und Auftriebsbeiwert, aufgetragen über der Fahrzeuglängsachse für ein Fahrzeug mit und ohne Kühlluftdurchströmung. (AUDI AG [5])

wirkung mit der Stirnwand und durch teilweise unkontrolliertes Ausströmen (Impulssatz!) zu einem Widerstandsanstieg, der bis zum Fahrzeugheck beibehalten wird.

In Abb. 8.15 sind die im Windkanal gemessenen Widerstands- und Auftriebsbeiwerte eines Fahrzeugs verglichen mit Ergebnissen verschiedener CFD-Verfahren. Beim Widerstandsbeiwert weicht die LES um weniger als 5 Punkte und die LBM um ca. 20 Punkte ab. RANS ist hier mit 50 Punkten Abweichung nicht zielführend. Beim Vergleich der Auftriebsbeiwerte werden hier, wie im Allgemeinen, weit größere Abweichungen festgestellt. LES und LBM weichen hier um ca. 50 Punkte, RANS um 80 Punkte ab.

Der Vergleich von Strömungsfeldmessungen und CFD-Ergebnissen von zwei Turbulenzmodellen im Code StarCD und EXA PowerFLOW ist für ein drehendes, freistehendes Rad in Abb. 8.17 dargestellt. Die kolorierte Größe ist die Strömungsgeschwindigkeit (auf Anströmgeschwindigkeit normiert). Deutlich erkennbar ist, dass es sowohl Abweichungen

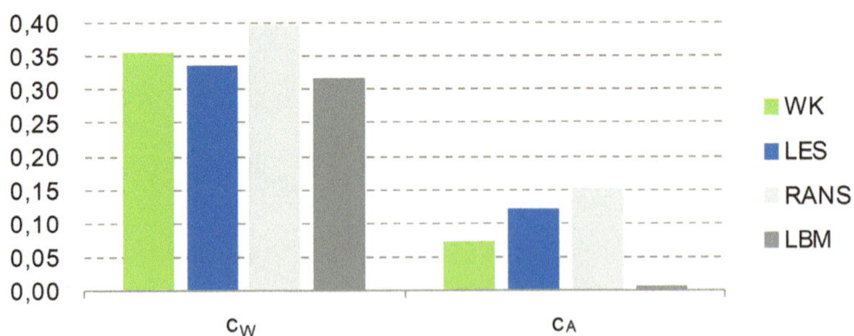

Abb. 8.16 Vergleich von Windkanalmessergebnissen (WK) mit unterschiedlichen CFD-Verfahren (LES, RANS und LBM). (AUDI AG [5])

Abb. 8.17 Geschwindigkeitsverteilung hinter einem
rotierenden Rad im Freistrahl.
(Wäschle [58])

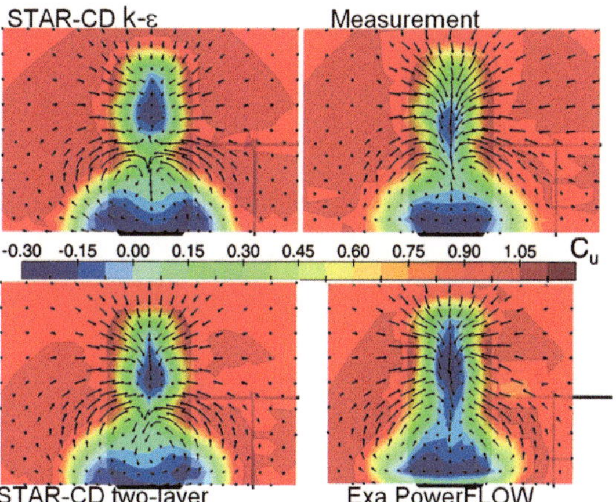

zwischen Messung und Simulation, als auch unter den CFD-Werkzeugen gibt. Absolut-
werte weichen insbesondere im Kernnachlauf von den Messwerten ab, ebenso wie die
Strömungstopologie, ausgedrückt durch die Vektorfelder in der Anzeigeebene.

Der Arbeitsablauf zur aerodynamischen Produktentwicklung ist hochgradig komplex. Bei allen Herstellern sind bereits von Beginn des Produktentstehungsprozesses an Arbeitsschritte vorgesehen; die Arbeit des Aerodynamikers endet dann erst mit dem Ende der Produktion. Dabei gliedert sich die Aerodynamikentwicklung in den Produktentstehungsprozess eines gesamten Unternehmens ein. Abb. 9.1 zeigt einen solchen Produktentstehungsprozess.

Forschungs- und Vorentwicklungsthemen (z. B. ausfahrbarer Heckspoiler (AUDI), Kühlluftjalousie (BMW), Air Cap (DB)) werden oftmals losgelöst von spezifischen Produkten entwickelt. Ergebnisse dieser Arbeiten können sowohl zu Beginn neuer Projekte oder aber auch zu späteren Zeitpunkten notgedrungen in die Produktentstehung einfließen.

Eine wichtige Aufgabe zu Beginn der Produktdefinition ist die Analyse der Wettbewerbssituation. Aufgrund der nicht gegebenen Vergleichbarkeit von verschiedenen Windkanalmessergebnissen (vgl. Kap. 7) und der teilweise geschönten Pressemitteilungen bzgl. c_W-Werten von neuen Fahrzeugen ist es notwendig, die interessanten Wettbewerbsfahrzeuge unter gleichen Bedingungen im gleichen Windkanal zu analysieren. Im Rahmen solcher Windkanalmessungen werden Widerstands- und Auftriebskräfte ausgewertet so-

Abb. 9.1 Produktentstehungsprozess (Pep) in der Fahrzeugindustrie. (Braess und Seiffert [9])

© Springer Fachmedien Wiesbaden 2016

T. Schütz, *Fahrzeugaerodynamik*, ATZ/MTZ-Fachbuch, DOI 10.1007/978-3-658-12818-0_9

Abb. 9.2 Benchmark-Untersuchung im Windkanal

wie Akustikspektren aufgenommen. Oft wird auch der Einfluss von innovativen Bauteilen (bspw. Unterboden, Spiegel, Kühlluftführung etc.) gezielt untersucht. Abb. 9.2 verdeutlicht am Beispiel der gehobenen SUV-Klasse den Aufwand, der mit solchen Benchmarkuntersuchungen verbunden ist.

Während der Produktdefinition ist zunächst die Bewertung des Grobpackages (Hauptabmessungen) einzelner konzeptbestimmender Module (Kühlerpaket, Achsen, Abgasanlage) und verschiedener Stylingvarianten von Bedeutung. Abb. 9.3 zeigt die Fixierung neuer Designideen auf Skizzen und die Finalisierung anhand eines Konzeptfahrzeugs.

Einen beispielhaften aerodynamischen Entwicklungsablauf während der Produktentstehung und der Serienentwicklung zeigt Abb. 9.4. Die Bewertung diverser Stylingentwürfe geschieht teils in Maßstabswindkanalmodellen (2:5 oder 1:4 aus Schaum oder Plastilin), teils mit CFD. Experimente sind einerseits teuer, sowohl in Bezug auf (für aerodynamische Zwecke ausgerüstete) Modelle als auch wegen der Messzeit im Windkanal. CFD-Untersuchungen erfordern andererseits relativ zu analytischen Methoden wenig einschränkende Annahmen. Sie können für geometrisch komplizierte Konfigurationen angewandt werden. Einige dem Windkanalversuch anhaftende Unzulänglichkeiten, z. B. Reynoldszahl-

Abb. 9.3 Produktentstehung und erste Stylings eines Fahrzeugs auf Skizzen; Konzeptfahrzeug als Demonstrator am Beispiel des AUDI Q7 (Pikes Peak). (AUDI AG [5])

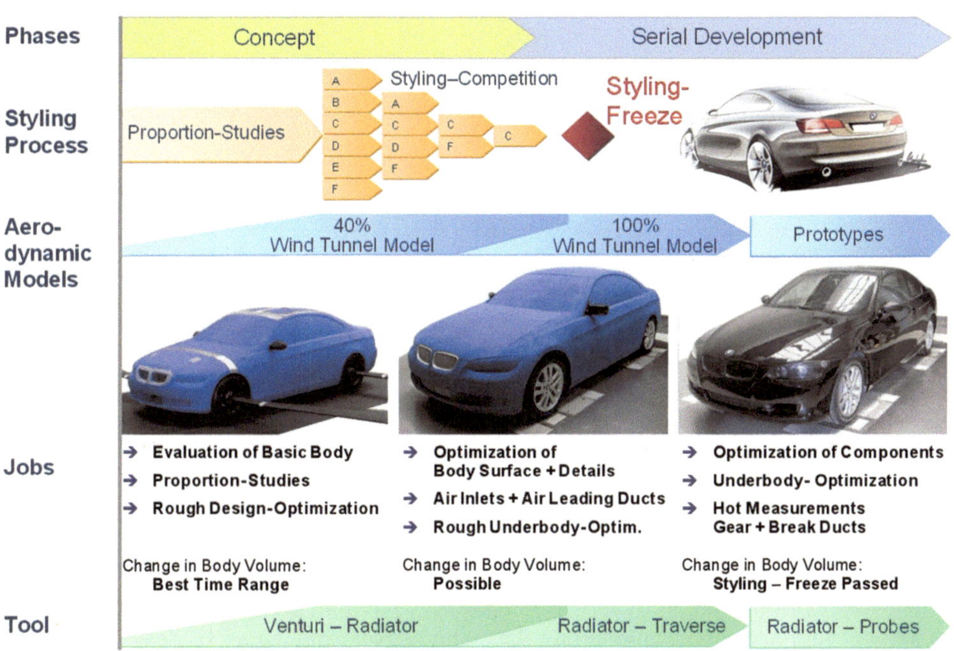

Abb. 9.4 Der aerodynamische Entwicklungsprozess der BMW AG. (Thibaut et al. [56])

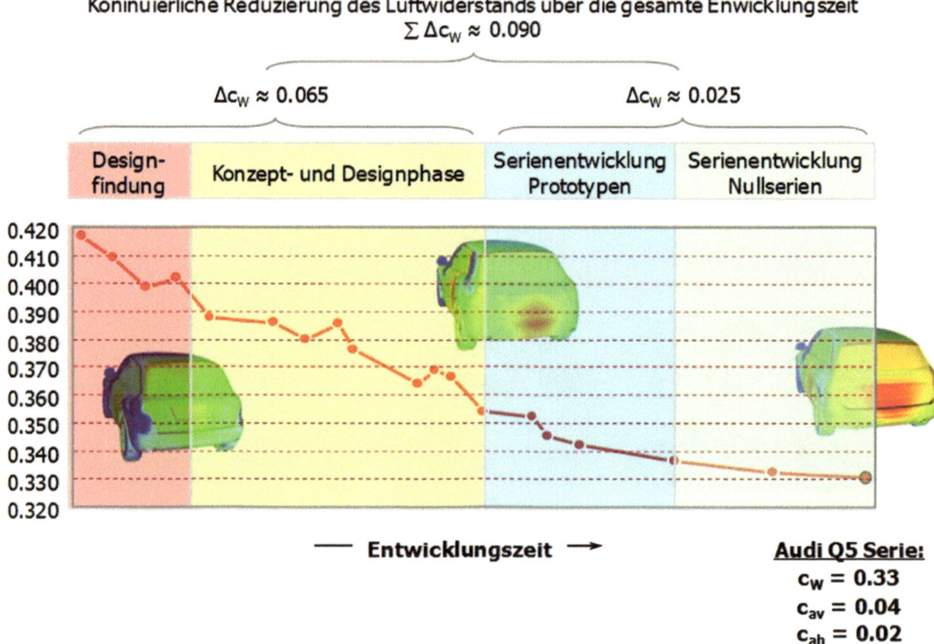

Abb. 9.5 Die Entwicklung des Widerstandsbeiwerts während der Produktentstehung. (Wagner in [59])

Unterschiede bei skalierten Modellen, unvollständige Simulation der Fahrbahn, endliche Ausdehnung des Windkanalstrahls usw. treten bei der numerischen Simulation nicht auf.

Zu Beginn der Designfindung stehen oftmals fünf bis zehn Außenhautvarianten zur Diskussion. Aufgrund der zuvor genannten prozesstechnischen Randbedingungen wird mit Hilfe von CFD eine Vorauswahl formuliert, die interessanten Entwürfe werden dann gezielt im Maßstabswindkanal optimiert.

Nach einiger Zeit findet eine Designauswahl statt, nach der nur noch ein oder zwei Designvarianten weiterverfolgt werden. Die Außenkonturen dieser Varianten gewinnen immer mehr an Reife. Daher werden jetzt in der Aerodynamik 1:1-Modelle eingesetzt, die Optimierungsmaßnahmen gehen vom Groben immer mehr ins Detail. Optimiert werden in dieser Phase Lufteinlässe oder auch die Unterbodengestaltung. Nach dem Meilenstein Styling-Freeze werden Prototypen gebaut. Neben der aerodynamischen Optimierung der Unterbodengruppe oder verschiedener Anbauteile tritt nun auch die aeroakustische Entwicklung und auch die Optimierung der Fahrzeugverschmutzung in den Vordergrund. Insbesondere die Optimierung verschiedener Anbauteile wird hier verfolgt, vor allem des Außenspiegels.

In Abb. 9.5 ist die Entwicklung des Luftwiderstandsbeiwerts bei der Entwicklung des AUDI Q5 dargestellt. Während der Konzept- und Designfindung wird der Grundstein für

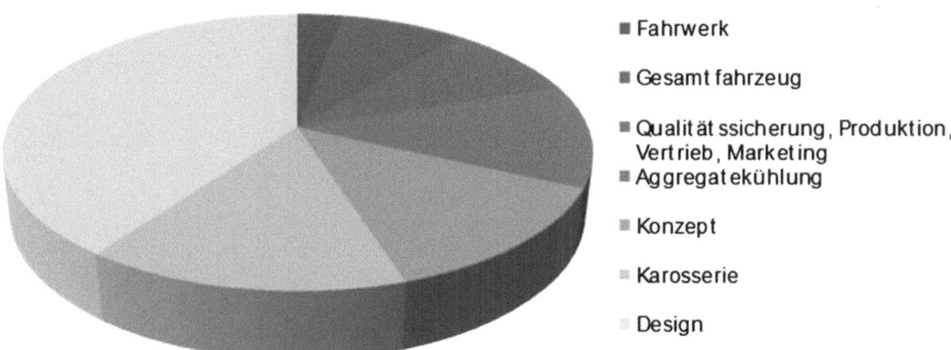

Abb. 9.6 Schnittstellen der Aerodynamikentwicklung im Unternehmen. (Nach Lindener [33])

eine aerodynamisch optimale Abstimmung gelegt. Hier konnte der Widerstandsbeiwert um 65 Punkte reduziert werden. Eine weitere Verbesserung um 25 Punkte wurde dann noch an Prototypen und Nullserienfahrzeugen erreicht.

Während des Entwicklungsprozesses ergeben sich mit den übrigen Entwicklungsdisziplinen und Fachbereichen eine Reihe von Schnittstellen zu den unterschiedlichsten Themen. In Abb. 9.6 ist die Kontakthäufigkeit mit anderen Fachbereichen abgeschätzt. Hauptschnittstellen sind die Abstimmungen mit der Design- (Außenform) und der Konzeptentwicklung (Abmessungen, Package). Aber auch mit der Fahrwerksentwicklung (Achskonstruktion, Abgasanlage, Fahrniveau, Bremsenkühlung), der Aggregatekühlungsentwicklung und der Karosserieentwicklung (Dichtungen, Außenspiegel) ergeben sich Berührungspunkte. Die Gesamtfahrzeugentwicklung ist für die Vorgabe von Verbrauchszielen und für die akustische Gesamtabstimmung verantwortlich. Die Zusammenarbeit mit der Qualitätssicherung beruht vor allem auf der Absicherung hoher aeroakustischer Qualität während der Produktion bis hin zum EOP.

Literatur

1. Ahmed, S. R.; Ramm, G.; Faltin, G.: Some Salient Features of the Time-Averaged Ground Vehicle Wake. SAE paper 840300
2. Ambros, P.: Persönliche Informationen, BEHR GmbH & Co
3. Appel, H., Breuer, B., Essers, U., Helling, J., Willumeit, H.-P.: UniCar – Der Forschungspersonenwagen der Hochschularbeitsgemeinschaft. der Automobiltechnischen Zeitschrift **84** (1982). Sonderdruck
4. ATZ/MTZ Sonderausgabe „Der neue Golf" (Oktober 2003)
5. AUDI AG, Ingolstadt (2010)
6. Beese, E.: Untersuchungen zum Einfluss der Reynoldszahl auf die aerodynamischen Beiwerte von Tragflügelprofilen in Bodennähe. Dissertation, Ruhr-Universität Bochum (1982)
7. Berndtsson, A., Eckert, W.T., Mercker, E.: The Effect of Groundplane Boundary Layer Control on Automotive Testing in a Wind Tunnel. SAE-paper **880248** (1988)
8. BMW AG
9. Braess, H.H., Seiffert, U.: Handbuch Kraftfahrzeugtechnik, 3. Aufl. Vieweg Verlag (2003)
10. Buchheim, R., Leie, B., Lückhoff, H.-J.: Der neue Audi 100 – Ein Beispiel für konsequente aerodynamische Personenwagen-Entwicklung. ATZ **85**, 419–425 (1983)
11. http://www.dnw.aero
12. Dubs, F.: Aerodynamik der reinen Unterschallströmung. Birkhäuser Verlag, Basel/ Stuttgart (1954)
13. Emmelmann, H.-J., Berneburg, H., Schulze, J.: The Aerodynamic Development of the Opel Calibra. SAE-paper **900317** (1990)
14. Ford Werke GmbH (1987)
15. Gnadler, R., Unrau, H.-J., Fischlein, H., Frey, M.: Ermittlung von m-Schlupf-Kurven an Pkw-Reifen. FAT Schriftenreihe **119** (1995)
16. Glück, H.-D.: Histogramm der cW-Werte von Pkw nach EADE-Daten (2004)
17. Gorlin, S.M., Slezinger, I.I.: Wind Tunnels and their Instrumentation. Israel Program for Scientific Translation, Jerusalem (1966)
18. Hähnel, D.: Molekulare Gasdynamik. Springer Verlag (2004)
19. Heißing, B., et al. (Hrsg.): Fahrwerkhandbuch. ATZ/MTZ-Fachbuch. Springer Fachmedien, Wiesbaden (2013)
20. Helfer, M.: Aerodynamische Schallquellen und ihr Beitrag zum Fahrzeugaußengeräusch. DAGA, Bochum (2002)
21. Helfer, M.: Fahrzeugakustik I. Umdruck zur Vorlesung im Sommersemester 2010. Institut für Verbrennungsmotoren und Kraftfahrwesen, Universität Stuttgart, Stuttgart (2010)
22. Helfer, M., Busch, J.: Contribution of Aerodynamic Noise Sources to Interior and Exterior Vehicle Noise DGLR-workshop Aeroacoustic of Cars. (1992)

© Springer Fachmedien Wiesbaden 2016   209
T. Schütz, *Fahrzeugaerodynamik*, ATZ/MTZ-Fachbuch, DOI 10.1007/978-3-658-12818-0

23. www.top500.org

24. Hoerner, S.: Fluid Dynamics Drag. Selbstverlag, Midland Park, N.J. (1965)

25. Howell, J.: Shape and Drag. In: Hucho, W.-H. (Hrsg.): Using Aerodynamics to Improve the Properties of Cars. 1st Euromotor Short Course, Expert-Verlag, Stuttgart (1998)

26. Hucho, W.-H.: Aerodynamik der stumpfen Körper, 2. Aufl. Vieweg Verlag (2012)

27. Hucho, W.-H.: Strömungsmechanische Probleme an Fahrzeugkühlsystemen. Bericht aus der Forschung der Volkswagen AG

28. Janssen, L., Hucho, W.-H.: Aerodynamische Entwicklung von VW Golf und Scirocco. ATZ **77**, 1–5 (1975)

29. Kiske, S., Vasanta Ram, V., Schulz-Hausmann, F.K. v: Hitzdrahtmeßtechnik – Grundlagen und Anwendung. Ruhr-Universität Bochum (1983)

30. Kuthada, T.: Die Optimierung von Pkw-Kühlluftführungssystemen unter dem Einfluss moderner Bodensimulationstechniken. Dissertation Universität Stuttgart (2006)

31. Landhäußer, A.: Kalibrierung einer 5-Lochsonde und Erprobung eines Auswerteverfahrens zur Strömungsfeld-Messung. Institut für Experimentelle Strömungsmechanik Göttingen, Mitt, S. 86–19 (1986)

32. Leyhausen, H.-J.: Die Meisterprüfung im Kfz-Handwerk. 13. Auflage, Vogel Verlag

33. Lindener, N.: Zeitgemäße Aerodynamik Entwicklung bei Audi Vortrag AUDI Sommerforum. (2004)

34. Lindener, N.; Miehling, H.; Cogotti, A.; Cogotti, F.; Maffei, M.: Aeroacoustic Measurements in Turbulent Flow on the Road. SAE-paper 2007-01-1551

35. Mair, W.A.: Drag-Reducing Techniques for Axi-Symmetric Bluff Bodies. Plenum Press, New York (1978)

36. Mercker, E., Breuer, N., Berneburg, H., Emmelmann, H.-J.: On the Aerodynamic Interference due to the Rolling Wheels of Passenger Cars. SAE SP **855** (1991)

37. Mercker, E., Wickern, G., Wiedemann, J.: Contemplation of Nozzle Blockage in Open Jet Wind-Tunnels in View of Different „Q" Determination Techniques. SAE-paper **970136** (1997)

38. MIRA Ltd.

39. Möller, E.: Widerstandsmessungen am Kraftwagenmodell VW 29. Bericht Bd. 49/1. Institut für Strömungsmechanik der Technischen Hochschule, Braunschweig (1949)

40. Oertel Jr, H., Laurien, E.: Numerische Strömungsmechanik. Grundgleichungen – Lösungsmethoden – Softwarebeispiele, 2. Aufl. Vieweg Verlag, Wiesbaden (2003)

41. Pfadenhauer, M.: Konzepte zur Verringerung des Luftwiderstandsbeiwerts von Personenkraftwagen unter Berücksichtigung der Wechselwirkung zwischen Fahrzeug und Fahrbahn sowie der Raddrehung. Diplomarbeit, TU München (1995)

42. http://www.pininfarina.it/en/services/wind_tunnel

43. Potthoff, J.: Einzelne Photos. Forschungsinstitut für Kraftfahrwesen und Fahrzeugmotoren Stuttgart (FKFS)

44. Potthoff, J., Wiedemann, J.: Die Straßenfahrt-Simulation in den IVK-Windkanälen – Ausführung und erste Ergebnisse 5. Internationales Stuttgarter Symposium. (2003)

45. Riegel, M., Wiedemann, J.: Bestimmung des Windgeräuschanteils im Vergleich zu Antriebs- und Rollgeräusch im Innenraum von Pkw 5. Internationales Stuttgarter Symposium für Kraftfahrwesen und Verbrennungsmotoren. (2003)

46. Schenkel, F.K.: The Origins of Drag and Lift Reductions on Automobiles with Front and Rear Spoilers. SAE paper 770389

47. Schlichting, H.: Aerodynamische Untersuchungen an Kraftfahrzeugen. Hochschultag Kassel (1953)

48. Schlichting, H., Gersten, K.: Grenzschichttheorie, 10. Aufl. Springer (2006)

49. Schlichting, H., Truckenbrodt, E.: Aerodynamik des Flugzeugs, 2. Aufl. Springer Verlag, Berlin/Heidelberg/New-York (1967)

50. Schmidt, U.: Fahrzeugstirnflächenermittlung. Forschungsinstitut für Kraftfahrwesen und Fahrzeugmotoren Stuttgart (FKFS)

51. Schölzel, M.: Beitrag zur Steigerung der konvektiven Wärmeübertragung an selbstbelüftenden Bremsscheiben. Dissertation TU Chemnitz-Zwickau (1996)

52. Schütz, T.: Aerodynamics of Modern Sport Utility Vehicles 8th MIRA International Aerodynamic Conference. (2010)

53. Schütz, T.: Ein Beitrag zur Berechnung der Bremsenkühlung an Kraftfahrzeugen. Dissertation IVK, Universität Stuttgart (2009)

54. Schütz, T. (Hrsg.): Hucho – Aerodynamik des Automobils, 6. Aufl. Springer Vieweg Verlag (2013)

55. Schwarz, V.: Aerodynamikentwicklung der neuen A-Klasse 6. Internationales Stuttgarter Symposium. Kraftfahrwesen und Verbrennungsmotoren. Universität Stuttgart (2005)

56. Thibaut, J., Wiedemann, J., Winkelmann, H.: Optimization of Vehicle Design Regarding Internal Airflow in the Aerodynamic Development Process 7. Internationales Stuttgarter Symposium. Kraftfahrwesen und Verbrennungsmotoren. Universität Stuttgart (2007)

57. Truckenbrodt, E.: Fluidmechanik, 3. Aufl. Springer Verlag, Berlin / Heidelberg / New-York (1989)

58. Wäschle, A.: Numerische und experimentelle Untersuchung des Einflusses von drehenden Rädern auf die Fahrzeugaerodynamik. Dissertation, Universität Stuttgart (2006)

59. Wagner, A.: The Aerodynamics of the new AUDI Q5 6th MIRA International Aerodynamic Conference. (2008)

60. VW AG

61. Wickern, G.: On the Application of Classical Wind Tunnel Corrections for Automotive Bodies. SAE Paper 2001-01-0633

62. Wickern, G.; Lindener, N.: The Audi Aeroacoustic Wind Tunnel: Final Design and First Operational Experience. SAE-paper 2000-01-0868

63. Wickern, G.; Wagner, A.; Zörner, C.: Induced Drag of Ground Vehicles and its Interaction with Ground Simulation. SAE-paper 2005-01-0872 (2005)

64. Wüst, W.: Strömungsmesstechnik. Vieweg, (1969)

65. Wiedemann, J.: Der Einfluss von Ausblasen und Absaugen an durchlässigen Wänden auf Strömungen bei großen Reynolds-Zahlen. Dissertation, Ruhr-Universität Bochum (1983)

66. Wiedemann, J.: Leichtbau bei Elektrofahrzeugen. Automobiltechnischen Zeitschrift

67. Wiedemann, J.: Der lange Weg zur Beherrschung der Fahrzeug-Aerodynamik. Haus der Technik, München (2010)

68. Wiedemann, J.: Kraftfahrzeuge I. Umdruck zur Vorlesung im Wintersemester 2008 / 2009. Institut für Verbrennungsmotoren und Kraftfahrwesen, Universität Stuttgart, Stuttgart (2008)

69. Wiedemann, J.: Optimierung der Kraftfahrzeugdurchströmung zur Steigerung des aerodynamischen Abtriebes. ATZ **88**, 429–431 (1986)

70. Wiedemann, J., Ewald, B.: Turbulence Manipulation to Increase Effective Reynolds Numbers in Vehicle Aerodynamics. AIAA Journal **27**(6), 763–769 (1989)

71. Wiedemann, J.; Soja, H.: The interference between exterior and interior flow on road vehicles. Société des Ingenieurs de l'Automobile (S. I. A.). Journée d'etude: Dynamique du vehicule – Sécurité active (1987)

72. Wiedemann, J.: Kraftfahrzeug-Aerodynamik. Manuskript zur Vorlesung, Institut für Verbrennungsmotoren und Kraftfahrwesen, Universität Stuttgart (Sommersemester 2004)

Sachverzeichnis